江苏省高等学校重点教材（编号：2021-1-086）

BAOFEI QICHE LÜSE CHAIJIE
YU LINGBUJIAN ZAIZHIZAO

# 报废汽车
## 绿色拆解

第二版
## 与 零部件再制造

贝绍轶　韩冰源　李国庆　等 编著

U0243779

化学工业出版社

·北京·

## 内容简介

报废汽车回收利用是循环经济的重要组成部分，也是完善整个汽车工业产业链、实现绿色低碳发展的重要途径。本书全面论述了报废汽车绿色拆解与零部件再制造领域的新成果、新进展及发展趋势。在原书第一版出版后的八年多时间里，报废汽车拆解与再制造技术取得了显著进展，这些技术与研究成果均在本书第二版中得到了充分反映，包含了许多国内外更新的研究成果。

本书内容系统、全面，紧密联系实际，图文并茂，具有较好的实用价值和可操作性。本书既可以作为汽车服务工程、车辆工程等相关专业的教学参考书或教材，对从事报废汽车拆解及汽车再生资源回收利用的研究人员、工程技术人员也具有重要的参考价值和现实指导意义。

**图书在版编目（CIP）数据**

报废汽车绿色拆解与零部件再制造/贝绍轶等编著．
2版．—北京：化学工业出版社，2025.1. — ISBN
978-7-122-46575-7

Ⅰ．X734.2

中国国家版本馆 CIP 数据核字第 202478XC01 号

---

责任编辑：朱　彤　　　　　　文字编辑：蔡晓雅
责任校对：张茜越　　　　　　装帧设计：刘丽华

---

出版发行：化学工业出版社
　　　　　（北京市东城区青年湖南街 13 号　邮政编码 100011）
印　　装：北京科印技术咨询服务有限公司数码印刷分部
787mm×1092mm　1/16　印张 13½　字数 403 千字
2025 年 1 月北京第 2 版第 1 次印刷

---

购书咨询：010-64518888　　　售后服务：010-64518899
网　　址：http://www.cip.com.cn
凡购买本书，如有缺损质量问题，本社销售中心负责调换。

---

定　　价：65.00 元

# 第二版前言

随着经济持续发展，人民生活水平日益提高，我国汽车工业蓬勃发展，汽车产销总量已多年蝉联全球第一。与此同时，随着大量汽车进入报废期，如何对报废汽车进行资源化再利用成为人们面临的重要课题。根据国际经验，汽车上的各种再生资源90%以上可回收利用，经处理后的报废汽车零部件仍有较高的使用价值。

为了努力构建资源节约型和环境友好型社会，促进报废汽车资源循环产业的健康发展，笔者于2016年在化学工业出版社出版了《报废汽车绿色拆解与零部件再制造》一书。但随着报废汽车拆解新技术和工艺的进步以及汽车结构的不断优化，特别是当前新能源汽车行业的迅猛发展，对报废汽车拆解技术和工艺提出了新的挑战和要求，也是促使我们重新修订本书的动力。

本次新修订的《报废汽车绿色拆解与零部件再制造》（第二版）在编写过程中，结合报废汽车回收利用在循环经济中的地位和作用，注重吸取新技术和新成果，增加了基于绿色环保理念的报废汽车回收利用、新能源汽车整车拆解作业、绿色拆解设备、新能源汽车拆解环境保护与场地建设、报废汽车拆解信息管理系统功能与需求等大量新内容，并对报废汽车拆解标准与规范、拆解工艺、拆解企业场地设计与管理、环境污染防治措施与方法以及零部件再制造等知识点进行了重新梳理和完善，使全书内容、结构更加合理、丰富和新颖，拆解工艺更加科学、规范，具有较强的适用性和实际可操作性。

本书由贝绍轶、韩冰源、李国庆等编著。编写分工如下：李国庆（第1章、第2章、第9章、第11章）、韩冰源（第8章、第10章、第12章）、杭卫星（第3章、第7章）、蒋科军（第5章、第6章）、王群山（第4章）。江苏理工学院贝绍轶教授负责全书的审稿和定稿工作。

限于时间和水平，书中难免有疏漏之处，恳请广大读者批评、指正。

编著者
2024年6月

# 目录

# 第4章  报废汽车发动机拆解技术工艺   22

# 第5章  报废汽车底盘及车身拆解工艺   39

## 第6章　报废汽车电气系统拆解技术工艺　　60

## 第7章　污染物、危险物及废弃物的管理与处理　　87

## 第8章 报废汽车拆解专用设备 99

## 第9章 报废汽车拆解场地设计与管理 105

## 第12章 报废汽车零部件修复与再制造 149

## 参考文献

# 第 1 章 绪论

报废汽车回收是循环经济的重要组成部分，也是提高生态环境质量、实现绿色低碳发展的重要途径。报废汽车回收作为再生资源产业的一个核心环节，承担着将各种分散在报废汽车中的废旧物资和材料进行"汇聚"与初加工的任务，是循环经济的重要实现手段和发展保障，受到国家有关部门的高度重视以及社会的普遍关注。

随着国民经济的快速发展，汽车市场潜在需求逐步凸显，报废汽车回收对汽车行业的健康发展贡献也越来越大。我国如今已成为汽车消费大国，这必然涉及更加宽广的经济领域，如汽车销售、二手车流通、汽车配件流通、对外贸易、汽车报废乃至报废汽车的回收与利用等，这些领域都将逐步与汽车生产厂家建立更加紧密的联系。因此，报废汽车回收、拆解、材料再利用所实现的社会效益在循环经济和汽车行业中的地位和作用就显得尤为重要。

## 1.1 报废汽车绿色环保回收在循环经济中的作用

报废汽车回收利用是汽车工业产业链的延伸，也是完善整个汽车工业产业链十分重要的环节，其主要目标一是节约资源，二是保护环境，而且在保障公共安全事务方面也负有社会责任。国家发展改革委、科技部、环保总局（现生态环境部）早在 2006 年颁布的第 9 号公告《汽车产品回收利用技术政策》第四条中就曾指出："要综合考虑汽车产品生产、维修、拆解等环节的材料再利用，鼓励汽车制造过程中使用可再生材料，鼓励维修时使用再利用零部件，提高材料的循环利用率，节约资源和有效利用能源，大力发展循环经济。"由此可见，报废汽车的回收利用在循环经济中具有不容忽视的地位和作用。

汽车的购买、使用与报废更新是汽车消费的"三部曲"。汽车使用达到一定期限，就不能保障汽车的安全行驶，应当及时报废更新；一方面，通过报废汽车拆解加工后产生的可利用材料，再用于制造或维修汽车；另一方面，通过汽车报废更新，促进汽车消费，拉动了汽车的销售，促进了汽车的生产。总之，要实现汽车工业的可持续发展，必须重视材料的循环再利用问题。

## 1.2 报废汽车回收利用现状

### 1.2.1 国内报废汽车回收利用概况

我国报废汽车的市场管理始于 20 世纪 80 年代初期，当时汽车保有量刚刚超过 200 万辆，为节约能源，当时的国家有关部门遵照国务院关于"近期要把节能放在优先地位""逐步更新耗能高的动力机具，明年（1981 年）先从载重汽车试点""以节约油料"等的指示精神，联合发文《关于印发〈载重汽车更新试行办法〉的通知》，规定了汽车更新和回收手续，明确"回收部门接收旧车后，应及时解体作为废钢铁处理，不得用旧零部件拼装汽车变卖"。

我国报废汽车回收拆解行业目前已经历了三个发展阶段，回收拆解行业的管理体系也已趋于完善，发展进程及管理体系的完善主要归纳如下。

20 世纪 80 年代是报废汽车回收拆解行业管理体系初步形成时期。该时期国家规定了汽车更新和回收手续；成立了全国老旧汽车更新改造领导小组；制定了我国老旧汽车的报废标准，初步形成报废汽车回收拆解行业管理体系。

20 世纪 90 年代是国家对报废汽车回收拆解激励政策得到完善的时期：颁布、实行了报废汽车回收拆解企业的资格认证制度；对回收拆解企业实行税收优惠政策；制定并实施了老旧汽车更新补贴政策等国家给予的各项激励政策。

21 世纪初至今，则是健全各项法规政策，强化市场监督管理的时期。2001 年 6 月，国务院颁布了《报废汽车回收管理办法》（国务院 307 号令），使报废汽车回收拆解行业管理进入法治轨道；相继出台的相关政策还包括：《报废汽车回收企业总量控制方案》《老旧汽车报废更新补贴资金管理暂行办法》《汽车产品回收利用技术政策》《报废机动车拆解环境保护技术规范》《报废汽车回收拆解企业技术规范》《关于开展报废汽车回收拆解企业升级改造示范工程试点的通知》《关于加强报废汽车监督管理有关工作的通知》等规章与制度。2019 年 5 月，国务院发布《报废机动车回收管理办法》（国务院第 715 号令）或简称《办法》，作为新的报废机动车回收管理行政法规。此外，国家有关部门还制定了《报废机动车回收拆解企业技术规范》（GB 22128—2019），以适应报废机动车回收拆解行业发展形势的需要。

目前我国报废汽车回收拆解业已经形成了一定规模，成为我国经济建设中一支不可或缺的重要力量。据不完全统计，截至 2022 年 6 月，全国有资质的报废机动车回收拆解企业有 1139 家，较《办法》出台前增加了 446 家。从回收拆解数量来看，2021 年全国共回收报废机动车约 301.2 万辆，同比增长约 20.02%。其中，报废汽车回收约 244.5 万辆，同比增长约 16.88%。随着我国国民经济的快速发展，社会对汽车的需求量将逐年增多，汽车保有量加速积累，随之大批量报废汽车产生，而且报废时间周期将进一步缩短，这将大大促进报废汽车回收利用产业的发展。然而目前我国报废汽车回收拆解行业还存在一些问题，主要表现如下。

① 环保问题较为突出、危险废物处置渠道不畅；

② 有些企业管理水平相对落后，经济效益低下；

③ 非法回收、拆解经营现象严重，正规企业收车难；

④ 报废汽车再利用产值低，期待再制造政策进一步放开。

发达国家汽车保有量的报废率为 6%～8%，而我国目前仅为 1% 左右。汽车的报废时间周期过长，必将影响到汽车工业发展、技术进步，造成交通隐患、环境污染等一系列问题。因此，国家和有关部门重视报废汽车行业的发展程度不亚于关注新车行业的发展程度。

## 1.2.2　国外报废汽车回收拆解行业概况

发达国家报废汽车拆解处理行业已成为循环经济产业的重要支柱之一，其重要地位在行业规模和废弃物质利用量上得到了充分体现。据不完全统计，在每年超过 6000 万辆的报废汽车中，1200 万辆来自美国，930 万辆来自欧盟，500 万辆来自日本，200 万辆来自英国。

世界发达国家关于报废机动车相关法律的立法背景主要是机动车保有量巨大，报废机动车的数量越来越多，由此引起的非法丢弃以及在机动车拆解（破碎）过程中产生的废弃物最终填埋量增加给环境保护带来很大压力。通过系统、完善的法律法规，发达国家理顺了报废机动车回收拆解各个环节的责任、权利、义务，规范了报废机动车回收、拆解、破碎过程中的企业及个人行为，最终实现填埋量最小化，达到环境保护的目的。

此外，为了最大限度地实现资源再利用，发达国家还鼓励报废机动车零部件及材料的再利用。报废机动车零部件在国外的维修行业中使用比较普遍，但值得注意的是，欧盟相关法规规定某些报废机动车零部件不能在新车上使用。实际上，目前各国汽车制造商还没有在新车上使用任何回收件或翻新件。

（1）德国

① 主管部门及管理模式。德国报废机动车回收的管理主要由政府部门和认证机构负责。政府主要起监管作用，根据有关法规委托认证机构对申报从事拆解机动车的企业进行审查，发放营业执照；定期检查或抽查机动车拆解企业是否符合条件，拆解是否符合标准，一般 1 年检查 1～4 次；对违反法规的企业进行处罚。

由政府授权开展报废机动车拆解企业认证的机构既体现一定的政府职能，又保留了企业性质。认证机构根据政府的要求提出有关企业的资质条件，同时在为企业服务的过程中收取一定费用。目前德国有 3 家认证机构，分别是 TüV Nord、DEICOCA、FRIES SALM，每年对这些已获得其发放证书的企业进行一次检查，检查企业的工作环境、拆解下来的零件是否回收保管，并通过回收利用情况推断其质量。

② 政策法规。德国参照 2000/53/EC 指令制定的《旧车回收法》于 2002 年 7 月开始生效。此前，德国机动车报废回收管理的法律依据是《废物限制和废弃物处理法》，此法案是在 1972 年颁布的《废物处理法》的基础上于 1986 年修订发布的。1992 年，德国通过的《限制报废车条例》中规定，机动车制造商有义务回收报废车辆。1996 年生效的德国《循环经济和废物管理法》，对报废机动车拆解材料的比例作了具体的规定。其他相关的法规标准包括安全、环境保护、保险赔偿等。在德国的机动车年检中，机动车报废列在"机动车与环境保护"栏。2002 年 3 月，政府批准了环境部提出的一项法律草案，即规定机动车生产厂商与进口商有义务免费回收废旧机动车以及在事故中完全损坏的机动车；在环境影响评价法、环境赔偿法等法规中，对废旧机动车拆解场所也有明确要求。

③ 报废机动车回收处理企业基本情况。德国是生产汽车历史最悠久的国家之一，其汽车工业经过多年发展，已经达到广泛应用高科技的阶段。

德国车辆的平均使用年限为 7~9 年。据统计，历年实际报废（注销）的汽车（包括拆解报废、旧车出口及停放时间超过 18 个月）数量比较稳定，比例在保有量的 5.6%~8%，基本维持在 280 万~330 万辆；然而国内实际拆解量尚不到 60 万辆，约 85% 的报废车辆被出口到其他国家。2021 年德国共报废汽车 305.52 万辆，其中大约 230 万辆被出口到欧盟其他国家，约 30 万辆出口到东欧和非洲国家，45.83 万辆进入常规的报废汽车回收领域完成了拆解程序。

④ 报废机动车处理企业资质及作业要求。德国对拆解企业关于报废机动车处理、零件再利用以及对环境的影响等都有明确规定。工作场地要有指示牌，报废车、零部件的堆放位置、拆解工位等有相关的要求。

作业相关要求如下：没有处理的报废机动车不能侧放、倒放、堆放。拆解机动车必须做的准备工作如下：拆掉机动车蓄电池，安全气囊，取暖、制冷用的特殊装置，因为其中含有毒气体，在粉碎过程中会出现废气泄漏；制冷剂、油液需用专门管道分别吸出。必须拆的驱动装置包括发动机、雨刷器等，同时要求保存报废机动车拆解记录等。

（2）英国

① 主管部门及管理模式。英国贸易工业部负责管理车辆的年检，以及与制造商、销售商协会、回收及拆解企业等相关行业的监管工作。英国环境、食品和乡村事务部通过其政府代理机构英国环境署（EA）实施车辆回收和拆解的资质认证、环保许可。

② 政策法规。2005 年，英国政府发布了《报废车辆规定（制造商责任）》法规（2005 法定文件第 263 号），明确了各部门、机构及相关组织的责任，该法规是对欧盟指令的具体化（如管理部门或者机构、制造商责任、回收网点要求等）。此前在英格兰和威尔士地区已经有 2003/2635 法定文件（法规）《报废车辆规定》；在苏格兰和北爱尔兰地区已经有类似法规（S. S. I. 2003/593 和 S. R. 2003/493），这些法规构成了对报废车辆及回收的整体要求。

③ 报废机动车回收处理企业基本情况。英国法规规定制造商建立回收网点和体系，或者与已有回收机构（预处理机构）签约（要求签约时间为 10 年）。在英国，多数拆解厂为小型家族公司，一些大型拆解公司的雇员有 1000 人左右。为指导拆解企业恰当地拆解和处理报废车辆，英国环境、食品和乡村事务部和贸易工业部联合提出了《报废车辆的无害化处理（认可的拆解机构指南）》，对拆解企业资质提出相关要求。回收拆解企业在收到车辆后给车辆所有者发放销毁证书，并通知贸易工业部。拆解企业将零部件从车辆上拆卸下来，对车辆进行无害化处理（清除燃油和液体、电池、安全气囊等），以进行后续的再利用或处理，剩余的车辆残骸直接由挤压设备压成扁体。破碎企业将挤压后的车辆送入大型破碎机，切成碎块后进行筛选、分类，以实现分别回收利用。

（3）美国　美国是世界上最大的机动车生产和消费国家之一，每年报废的车辆超过 1000 万辆。

美国现已成为世界上报废机动车回收卓有成效的国家之一，报废机动车回收行业一年获利达数十亿美元。在美国，汽车回收业相当发达，据统计全国有超过 12000 家报废汽车拆解企业和大约 200 家破碎企业，每年回收报废汽车约 1200 万辆，回收超过 1600 万吨废钢铁、85 万吨铝、24 万吨铜、11.2 万吨锌、38.6 万吨轮胎，以及超过 4.6 万吨的再利用零部件。

另外，美国的汽车生产企业都积极致力于报废汽车的回收利用，并提供相应的拆解技术资料。例如美国通用汽车公司，建立并公布了自己产品的拆解手册，并在国际拆解信息系统（IDIS）上免费提供给各拆解企业。其中，详细叙述了拆解时每一步骤涉及的车型部件、材料、数量、质量及体积等。

汽车拆解时，拆解企业先将报废汽车预处理，再将各总成部件如发动机、变速箱、前后桥、门窗、电机等零部件拆下，经过检验，若未到报废程度，经修整和翻新后按旧零件价格出售。然后将拆解后的报废汽车车体送往破碎企业，破碎后按材料的性质归类，分别进行回炉加工。目前美国报废汽车的回收利用率达到 82%~84%。

（4）日本　日本经济产业省和环境省，主要负责制定报废机动车回收处理行业（主要是拆解企业及破碎企业）的准入要求。《机动车回收利用法》等规定报废机动车的回收处理费用由车辆用户承担，而具体数目则由机动车制造商根据 ASR（汽车粉碎残余物）回收处理方式、安全气囊个数及拆卸难易程度、是否带有空调等具体情况确定，并体现在新车价格里。报废机动车处理费用由用户在购买新车时预缴给资金管理中心，在该法律实施前购买的车辆在车检或报废时补缴。当机动车制造商按照法律要求完成相应的回收义务后，从资金管理中心获取相应的处理费用，并支付给氟利昂、安全气囊、ASR 回收处理企业。

车辆用户将报废机动车交给机动车回收拆解企业，然后报废车依次由氟利昂回收拆解企业、拆解企业、破碎企业进行回收处理；氟类、安全气囊类、ASR 等回收则由机动车制造商负责。

## 思考题

1. 简述报废机动车回收在循环经济中的作用。
2. 阐述目前我国报废汽车回收拆解行业存在的主要问题。
3. 阐述国外在报废汽车回收、拆解与利用方面有哪些值得借鉴的经验。

# 第 ② 章　报废汽车回收管理

为了加强对报废汽车的回收管理，进一步规范报废汽车回收利用的经营活动，保障道路交通安全和人民生命财产安全，坚持清洁生产和保护环境，国务院于 2001 年 6 月颁布了《报废汽车回收管理办法》（国务院第 307 号令），这是指导报废汽车回收拆解利用活动全过程的行动准则，也是专门针对报废机动车回收拆解行业管理而出台实施的一部行政法规。

截至 2022 年 6 月底，全国机动车保有量达 4.06 亿辆，其中汽车约 3.10 亿辆，新能源汽车约 1001 万辆。在我国汽车保有量不断增长的环境下，随着经济和社会发展，2019 年 5 月国务院又发布了新的《报废机动车回收管理办法》（国务院第 715 号令），于 2019 年 6 月 1 日正式实施。

此外，为了进一步促进汽车消费与行业绿色发展，加强报废机动车回收利用，商务部、国家发展改革委、工业和信息化部等七部门于 2020 年 7 月 18 日联合发布了《报废机动车回收管理办法实施细则》（商务部 2020 年第 2 号令，简称《细则》），已于 2020 年 9 月 1 日起正式实施。

## 2.1　《报废机动车回收管理办法》制定背景及作用

汽车业作为国民经济重要的战略性、支柱性产业，产业链长、涉及面广、带动性强，也是稳增长、扩消费的关键领域，必然要求汽车业实现高质量发展，并遵循"应废尽废、可用尽用"的原则，以不断提高汽车业发展的质量和效益。

国务院于 2001 年 6 月颁布的《报废汽车回收管理办法》作为当时规范报废汽车回收管理的政府性文件，为规范报废汽车回收管理以及规范当时报废汽车拆解设备行业秩序、防止拼装车上路等奠定了重要的法律基础。但因为时间关系，部分规定已与近年先后出台的法律、法规不衔接，需要作出相应调整并进行修订。为此 2019 年 5 月国务院发布了新的《报废机动车回收管理办法》（简称715 号令），以落实绿色发展理念、强化报废回收行业环境保护要求。715 号令明确了国家对报废机动车回收企业实行资格认定制度，取得报废机动车回收资质认定时应符合环境保护等有关法律，鼓励报废机动车"五大总成"再制造、再利用等，明显提升了报废机动车回收利用价值，有助于形成汽车报废更新的长效机制，加快淘汰老旧机动车，助力大气污染防治的源头治理等。

715 号令在解决了诸多阻碍行业发展问题的同时增加了关于绿色发展、事中事后监管等符合现阶段要求且具有前瞻性的内容。作为目前报废机动车回收拆解行业具有最高法律效力的管理性文件，715 号令的出台具有十分重大的意义，不仅将引导汽车回收利用行业迈向一个新的发展时期，同时对整个汽车产业的发展也将具有积极的促进作用，主要表现在以下方面。

① 促进了汽车回收利用行业的高质量发展。通过坚持市场化导向，完善了报废机动车回收企业资质认定制度，打破实行数量控制的垄断管理，体现了我国推行市场经济的理念和原则；通过构建有利于报废汽车回收行业充分竞争的营商环境，进一步激发了市场活力，促进行业走向绿色、创新、可持续的发展之路。

② 畅通汽车产业循环发展链条。通过取消之前报废车辆按照报废金属价格回收的规定、允许"五大总成"交售给再制造企业等改革举措，还原了报废汽车的商品属性，有利于充分发挥市场调节资源配置的作用；同时，行业发展从"以废为主"向"废用结合"的思路转变，促进了回收利用上下游的有序连接，使报废、回收、拆解、再利用环环相扣，形成了有机整体。

③ 落实了国家"放管服"的改革要求。放开总量控制、放开"五大总成"、放开价格管理的

"三放开"，以及强化经营作业和环保监管的"事中事后监管"，是完善社会主义市场经济体制的必然要求，也是推进国家治理体系和治理能力现代化的重要举措。

总之，715 号令的出台，扫清了汽车回收利用体系构建中的诸多障碍，使绿色、环保理念日益深入人心，对促进汽车回收利用行业的高质量发展起到了积极的推动作用。目前作为"汽车后市场"的一部分，报废汽车回收行业已引起很多投资者的关注，其未来发展潜力巨大。

## 2.2 《报废机动车回收管理办法实施细则》简介

为加强报废机动车回收拆解行业管理，规范机动车零部件再制造行为和市场秩序，加快再制造产业规范化、规模化发展，根据《报废机动车回收管理办法》（国务院第 715 号令），商务部、国家发展改革委、工业和信息化部、公安部、生态环境部、交通运输部、国家市场监督管理总局七部门于 2020 年 7 月 18 日联合发布了《报废机动车回收管理办法实施细则》（商务部 2020 年第 2 号令，以下简称《细则》），该《细则》共 7 章 59 条，已于 2020 年 9 月 1 日起正式实施。

《细则》提出，禁止任何单位或者个人利用报废机动车"五大总成"拼装机动车，机动车维修经营者不得承修已报废的机动车。

《细则》要求，回收拆解企业应当建立报废机动车零部件销售台账，如实记录报废机动车"五大总成"数量、型号、流向等信息，并录入"全国汽车流通信息管理应用服务"系统。回收拆解企业应当对出售用于再制造的报废机动车"五大总成"按照商务部制定的标识规则编码，其中车架应当录入原车辆识别代号信息。

《细则》强调，回收拆解企业应当按照国家对新能源汽车动力蓄电池回收利用管理有关要求，对报废新能源汽车的废旧动力蓄电池或者其他类型储能装置进行拆卸、收集、储存、运输及回收利用，加强全过程安全管理。回收拆解企业应当将报废新能源汽车车辆识别代号及动力蓄电池编码、数量、型号、流向等信息，录入"新能源汽车国家监测与动力蓄电池回收利用溯源综合管理平台"系统。

《细则》落地将进一步提升报废机动车拆解行业整体水平，促进行业健康发展。

## 2.3 报废机动车回收拆解企业基本条件与技术规范

### 2.3.1 报废机动车回收拆解企业基本条件

报废机动车回收拆解企业应具备的基本条件在《报废机动车回收管理办法》（简称 715 号令）第六条中已有相应规定，即取得报废机动车回收资质认定，应当具备下列条件：

① 具有企业法人资格；

② 具有符合环境保护等有关法律、法规和强制性标准要求的存储、拆解场地，拆解设备、设施以及拆解操作规范；

③ 具有与报废机动车拆解活动相适应的专业技术人员。

《报废机动车回收管理办法》明确规定，拟从事报废机动车回收活动的企业必须向省、自治区、直辖市人民政府负责报废机动车回收管理的部门提出申请。省、自治区、直辖市人民政府负责报废机动车回收管理的部门应当依法进行审查，对符合条件的，颁发资质认定书；对不符合条件的，不予资质认定并书面说明理由。

### 2.3.2 《报废机动车回收拆解企业技术规范》

为贯彻落实 715 号令，适应报废机动车回收拆解行业发展形势需要，根据国家标准委下达的标准修订计划，商务部组织中国汽车技术研究中心有限公司等单位开展《报废机动车回收拆解企业技术规范》（GB 22128—2019）的制定和修订工作，全面取代了原《报废汽车回收拆解企业技术规范》（GB 22128—2008）。颁布和实施的 2019 年版《报废机动车回收拆解企业技术规范》，不仅有利于促进行业拆解技术和安全环保水平提升，也有利于规范企业回收拆解经营行为，促进行业健康发展。

（1）标准修订遵循的主要原则

① 突出科学性。根据我国地区差异较大的国情，将回收拆解企业分成 6 个等级进行管理，在回收拆解企业拆解产能设计、经营面积以及设施设备要求等方面，提出符合不同等级企业实际状况的、可操作性强的技术要求。

② 强化针对性。对报废机动车回收拆解过程中产生多种固体、液体废物，存在安全环保隐患等问题，增加了安全环保相关要求；针对电动汽车动力蓄电池易燃易爆的特性，在电动汽车及动力蓄电池拆卸、储存等方面提出了严格的技术要求等。

③ 体现前瞻性。多方面考虑行业发展需求，保证标准对行业的长期指导作用。在回收拆解企业产能方面，指导地区及企业根据当地机动车保有量来规划拆解能力；考虑到电动汽车即将批量进入报废期，增加电动汽车拆解要求，以促进电动汽车安全环保拆解，促进行业技术水平提高等。

④ 注重协调性。依据 715 号令的改革要求以及国家相关标准的制定情况，修改、调整标准主要技术内容，保证与相关标准和要求协调一致。

（2）标准制定和修订的主要变化

① 增加企业建设和拆解技术要求等内容。重点增加地区年总拆解产能和单个回收拆解企业最低年拆解产能、建设项目选址、分等级经营面积和设施设备、拆解电动汽车等相关技术要求。

② 调整原 2008 年版标准技术要求较低或不完善的有关内容。补充完善部分术语定义、标准的适用范围、信息化管理、技术人员、场地建设、设施设备、安全环保管理、回收储存及传统燃料汽车拆解技术等内容。

③ 删除原标准不适合行业发展的部分内容。删除了与 715 号令等法律法规中已经明确的或与之相冲突的管理要求，以及不适应行业发展需要的管理要求。

（3）相对于 2008 版标准新增的主要内容

① 新增企业建设项目选址及产能要求。明确项目选址应符合所在地城市总体规划或国土空间规划，不得建在城市居民区、商业区、饮用水水源保护区及其他环境敏感区内，且避开受环境威胁的地带、地段和地区；宜建设在工业园区或再生利用园区内。新增地区年拆解总产能、单个企业最低年拆解产能、分等级经营面积等要求，指导企业审慎理性进入回收拆解行业。

② 新增企业设施设备要求。将设施设备分为一般类、安全环保类、高效拆解类及拆解电动汽车类，明确各类别下应具备的设施设备。例如，新增气动、简易拆解工具等一般类设施设备，新增解体机、拆解线等高效拆解设施设备，新增吊具、夹臂、机械手和升降工装等电动汽车拆解设施设备等。

③ 新增拆解电动汽车相关要求。明确规定拆解电动汽车应设有不同功能类别的场地，建有防腐防渗紧急收集池，对拆解场地、储存场地提出特殊要求；应具备专门设施设备，包括绝缘检测设备、动力蓄电池绝缘处理材料等；应具备专业人员，包括具备 2 名以上持电工特种作业操作证人员；明确对回收报废电动汽车动力蓄电池漏液（电）检查处理的相关要求等。

④ 强化场地建设和设施设备环境保护要求。明确场地建设应满足回收拆解企业建设环境保护相关要求［《报废机动车拆解企业污染控制技术规范》（HJ 348—2022）］；拆解和储存场地防渗漏的处理应满足《建筑地面设计规范》（GB 50037—2013）；固体废物储存场地中应具有危险废物储存设施，选址、设计、标识应满足危险废物储存污染控制标准《危险废物贮存污染控制标准》（GB 18597—2023）要求等；应具备 HJ 348—2022 要求的安全环保类设施设备，符合环境保护和污染控制的相关要求；调整和增加对危险废物和固体废物的储存、处理要求，企业应妥善处置固体废物，严禁非法转移、倾倒、利用和处置，拆解产生的固体废物储存应满足《危险废物收集、贮存、运输技术规范》（HJ 2025—2012）的要求；扩大典型固体废物种类和对应处理方法，明确危险废物管理要求。

 **思考题**

1. 简述《报废机动车回收管理办法》制定的作用。
2. 阐述报废汽车回收拆解企业具备条件有哪些主要内容。
3. 阐述《报废机动车回收拆解企业技术规范》制定和修订的主要变化。

# 第3章 报废汽车整车拆解作业与整车破碎工艺流程

## 3.1 报废汽车整车拆解作业

报废汽车拆解作业的组织是否合理，不仅影响到汽车拆解质量、生产效率、拆解成本，而且关系到汽车拆解任务的完成。

汽车拆解作业的组织方法，包括汽车拆解作业方式、作业流程及基本方法、劳动组织形式等。

### 3.1.1 汽车拆解作业方式

汽车拆解作业方式，一般分为定位作业法和流水作业法。

(1) 定位作业法　汽车车架、驾驶室的拆解等，被放置在一个固定工位上进行作业，拆卸后的总成拆解，则可分散至专业组进行。进行拆解作业的工人按不同的劳动组织形式，在规定的时间内，分部位和按顺序完成作业。定位作业法占地面积小，所需设备比较简单，同时便于组织生产，一般适用于拆解车型较复杂的拆解场所。

(2) 流水作业法　汽车拆装作业是在间歇流水线上的工位上完成的。对于其他总成，如发动机的拆解作业，也可根据设备条件，组成流水作业线。不能组成流水作业的其他拆解作业，则仍分散在各专业组进行。这种作业方法专业化程度高，总成和组合件运距短，工效高，但设备投资大，占地面积也大。一般适用于生产规模大的场所，拆解车型单一、有足够的拆解作业量，才能保证流水作业线的连续性和节奏性。

### 3.1.2 汽车拆解工艺流程

#### 3.1.2.1 定位作业拆解工艺流程

由于每次拆解的报废车型不一定相同，因此拆解操作及其程序不仅具有个性，同时也存在共性。同流水作业拆解工艺流程类似，定位作业拆解的一般工艺流程是：登记验收、外部情况检视、预处理（放净油料、先拆易燃易爆零部件）、总体拆卸、拆解各总成的组合件和零部件及检验分类。由于轿车和载货车结构存在差别，因此，拆解程序也可能有所不同。报废汽车的解体应按照由表及里、由附件到主机，并遵循先由整车拆成总成，再由总成拆成部件，最后由部件拆成零件的原则进行。

(1) 载货汽车总体拆解　报废汽车的总体拆解就是将汽车拆卸成总成和组合件的过程。载货汽车总体拆解的一般作业程序如下。

① 准备工作。

a. 鉴定。对报废车辆的完好程度进行细致分析，确定拆解深度和解体程序。

b. 预处理工作。检查报废车辆是否有易燃物和危险品；放净油箱内残余油料；放净润滑油并收集在专用容器内。

② 拆解程序。

a. 吊拆车厢。拆解车厢与车架连接的 U 形螺栓，把车厢拆下。

b. 拆卸全车电器及线路。包括蓄电池，起动机，发电机，点火、仪表、照明设备和信号装置等。

c. 拆卸发动机室罩和散热器。拆下发动机室罩；拆卸散热器与车架连接处的螺母、橡胶软垫、弹簧以及橡胶水管、百叶窗拉杆、拉手和百叶窗等；最后拆下散热器。

d. 拆卸汽油箱。拆卸与汽油箱连接的油管、带衬垫的夹箍，再把汽油箱拆下。

e. 拆卸转向盘和驾驶室。拆卸转向盘、驾驶室与车架连接处的橡胶软管及螺栓、螺母，吊下驾驶室。

f. 拆卸转向器。将转向摇臂与直拉杆分开，拆下转向管柱和转向器。

g. 拆卸消声器。先拆下消声器与排气歧管夹箍的固定螺栓，然后拆下消声器。

h. 拆卸传动轴。先拆下万向节凸缘与变速器及主减速器凸缘连接螺栓，后拆卸中间支承。

i. 拆卸变速器、发动机及离合器总成。先拆下变速器与发动机连接的螺栓，后拆下变速器；拆卸发动机与车架的支承连接，吊下发动机及离合器总成。

j. 拆卸前、后桥。分别将车架前、后部吊起，拆卸前、后桥与车架连接的钢板弹簧和吊耳；或先将前、后桥与钢板弹簧的 U 形螺栓拆下，然后将前、后桥推出车架。

（2）乘用汽车总体拆解　按照"先易后难，先少后多"的原则，并正确选择拆解部位。对于遇到的新车型，先拆容易作业的部位，后拆作业空间小、结构复杂的部位。切忌"遇到什么拆什么"的做法，要先观察，再作行动。对于前置后驱动结构的车型，其基本拆解程序如下：发动机、变速器离合器、传动轴、驱动桥、悬架、制动系统、转向系统及车身。

（3）常见连接的拆解　汽车上有上万个零件，部件相互间的连接形式有多种，主要有螺纹、过盈配合、铆接焊接、黏结和卡扣连接等。这些连接拆解量大，技术要求高，其拆解方法介绍如下。

① 螺纹连接的拆解。螺纹连接在全车拆解工作量中约占 50%～60%。在拆解过程中通常遇到最麻烦和困难的是拧松锈蚀的螺钉和螺母。在这种情况下，一般可采用下列方法。

a. 非破坏性拆解。在螺钉及螺母上注上一些汽油、机油或松动剂，待浸泡一段时间后，用铁锤沿四周轻轻敲击，使之松动，然后拧出；用氧-乙炔火焰将螺母加热，然后迅速将螺母拧出；先将螺钉或螺母用力旋进 1/4 圈左右，再旋出。

b. 破坏性拆解。用手锯将螺钉连螺母锯断；用錾子錾松或錾掉螺母及螺栓；用钻头在螺栓头部中心钻孔，以破坏其紧固结构，便于后续处理；用冲子将螺栓从螺母中冲出；用氧-乙炔火焰割去螺钉的头部，并把螺栓和螺母从孔内冲出。

② 螺钉组连接件的拆解。在同一平面或同一总成的某一部位上有若干个螺钉和螺栓连接时，在拆解中应注意，先将各螺钉按规定顺序拧松一遍（一般为 1～2 圈）。如无顺序要求，应按先四周、后中间或按对角线的顺序拧松一些，然后按顺序分层次地进行拆解，以免造成零件变形、损坏或力量集中在最后一个螺钉上而导致拆解困难。

首先，拆卸难拆部位的螺钉；对外表不易观察的螺钉，要仔细检查，不能疏漏。在拆去悬臂部件的螺钉时，最上部的螺钉应最后取出，以防造成事故。

③ 折断螺杆的拆解。如折断螺杆高出连接零件表面时，可将高出部分锉成方形焊上一螺母将其拧出；如折断螺杆在连接零件体内，可在螺杆头部钻一小孔，在孔内攻反扣螺纹，用丝锥或反扣螺栓拧出，或将淬火多棱锥钢棒打入钻孔内拧出。

④ 销、铆钉和电焊零部件的拆解。销钉在拆解时，可用冲子冲击。对于用冲子无法冲击的销钉，只要直接在销孔附近将被连接的铰链加热就可以取出。当上述方法失效时，只能在销钉上钻孔，所有钻头的尺寸比销钉直径小 0.5～1mm 即可。

对于拆解铆钉连接的零件，可用扁尖錾子将铆钉头錾去，尤其对拆解用空心柱铆钉连接的零件十分有效。当錾去铆钉头比较困难时，也可用钻头先钻孔，再铲去。用点焊连接的零件，在拆解时，可用手电钻将原焊点钻穿，或用扁錾将焊点錾开。

⑤ 过盈配合连接件的拆解。汽车上有很多过盈配合连接，如气门导管与缸盖承孔间的连接、气缸套与缸体承孔间的连接、轴承件的连接等。拆解时，一般采用拉（压）法，如果包容件材料的

热膨胀性好于被包容件，也可用温差法。

⑥ 卡扣连接件的拆解。卡扣连接是应用于汽车上的新型连接方式，一般用塑料制成。在拆解时，要注意保护所连接的装饰件不受损坏，对一些进口车上的卡扣更要小心，因为无法购买到备件，要使之完好，以便二次利用。拆解的工具比较简便，主要是平口螺丝刀（螺钉旋具）及改制的专用撬板等。

### 3.1.2.2 小型载客汽车流水作业拆解工艺流程

将待拆解报废汽车运送到汽车拆解线，并固定在拆解工作台上。然后，按工位进行拆解操作。流水作业拆解工艺流程如图 3-1 所示。

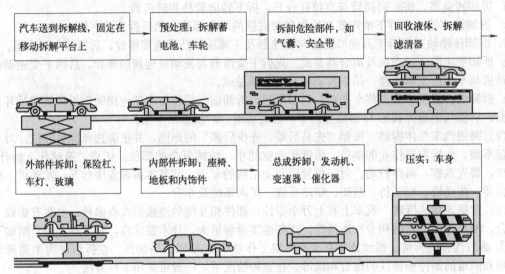

图 3-1 流水作业拆解工艺流程

（1）预处理 对报废汽车进行拆解前，首先进行预处理工作。各工位主要作业内容如下。

① 拆卸蓄电池和车轮。

② 拆卸危险部件。由认定资格机构培训后的人员按制造商的说明书要求，拆解或处置易燃易爆部件，并进行无害化处理，如安全气囊、安全带预紧器等。

③ 抽排液体。在其他拆解未处理前，必须抽排下列液体：燃料（液化气、天然气等）、冷却液、制动液、挡风玻璃清洗液、制冷剂、发动机机油、变速器齿轮油、差速器双曲线齿轮油、液力传动液、减振器油等。液体必须被抽吸干净，所有的操作都不应当出现泄漏，储存条件符合要求。根据制造商提供的说明书，处置拆卸液体箱、燃气罐和机油滤芯等。

燃油的清除必须符合安全技术要求，冷却液的排出必须是在封闭系统内进行。处理可燃性液体时，必须遵守安全防火条例，以防止爆炸。在作进一步拆解前，由于某些部件的危险或有害等特性，还应拆解以下物质、材料和零件：根据制造商的要求，拆卸动力控制模块（PCM）、含油减振器（如果减振器不被作为再利用件，在作为金属材料回收前，一定要抽尽液体——减振器油）、含石棉的零件、含水银的零件、编码的材料和零件、非附属机动车辆的物质等。

报废汽车拆解作业的预处理工艺流程，如图 3-2 所示。

（2）拆解 拆解厂必须组织技术人员，将可再利用部件无损坏地拆卸下来。拆解过程是从外到里，分为外部拆卸、内部拆卸和总成拆卸 3 个工位。

（3）分类 从报废的汽车上拆下的零件或材料应首先考虑再使用和再利用。因此，拆解过程应保证不损坏零部件。在技术与经济可行的条件下，制动液、液力传动液、制冷剂和冷却液可以考虑再利用，废油也可被再加工，否则按规定废弃。再利用的与废弃的油液容器应标明清楚，以便分辨。在将拆解车辆送往破碎厂或作进一步处理时，应分拣全部可再利用和可再循环使用的零部件及材料，主要包括：三元催化转换器，车轮平衡块（含铅）和铝轮辋，前后侧窗玻璃和天窗玻璃，轮胎，塑料件（如保险杠、轮毂罩、散热器格栅），含铜、铝和镁的零部件等。

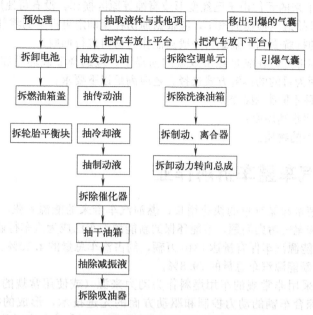

图 3-2 汽车拆解预处理工艺流程

（4）压实 预处理后或拆解后的汽车可以压实后进行运输。

（5）废弃处理 对报废汽车的拆解过程必须按照要求填写操作日志，主要记录内容有：证明文件编号，拆解过程，再使用、再利用、能源利用和能量回收材料及零部件的比率等。操作日志应包含拆解处理的最基本数据，保证对报废处理过程的透明性和可追溯性。所有进出的报废车辆的证明、货运单、运输许可、收据及其各种细目，都应作为必备内容填写日志。

### 3.1.3 汽车拆解作业劳动组织形式

汽车拆解作业的劳动组织形式有综合作业法和专业分工作业法。

（1）综合作业法 适用于定位作业法的一种劳动组织形式。在汽车拆解场内，综合作业法将能够进行全面拆解作业的人员集中在一起，共同进行汽车的拆解和总成的拆解等作业。综合作业法对工人的要求是技术全面而不精通，因此，质量不能保证，工效低，施工周期长，设备比较简单。这种作业法，适用于生产规模小、车型复杂的汽车拆解场所。

（2）专业分工作业法 将汽车拆解作业，按工种、部位、总成、组合件或工序，划分为若干个作业单元，每个单元的拆解工作固定由一个或几个工人专门负责进行。作业单元分得愈细，专业化程度也就愈高。这种劳动组织形式，既适用于定位作业法，也适用于流水作业法。这种形式，便于采用专用工艺装备，能保证拆解质量、提高工效，易于提高工人的操作技术水平，缩短拆解时间，同时也便于组织各单元的平衡交叉作业。采用这种形式时，要注意拆解进度的相对平衡，要搞好生产计划调度，才能保证生产的节奏。一般适用于拆解车辆多、车型单一的拆解场所。

### 3.1.4 汽车拆解作业方法

应根据生产规模和拆解车型、工艺装备条件、工人技术水平等具体情况，选择最合理的拆解作业方法和形式。根据报废汽车的状态或零部件损坏程度，首先选择拆解方式，然后再确定拆解深度。

对于零部件的拆解不能完全按照装配的逆顺序来进行考虑，主要原因是报废汽车的拆解具有以下特性。

① 有效性。选择非破坏性拆解，但没有效益和效率可言。

② 经济性。根据经济效益最大和环境影响最小的原则，确定拆解深度。

③ 残值性。拆卸下来的元件由于已经变形或腐蚀等原因损坏，没有可使用的价值。

例如，对于由于事故造成损伤的汽车，应根据损伤程度确定可拆解的零部件。但汽车顶棚被压扁时，其内部零部件的拆解受到了限制，一般只能作为材料进行回收。

对于可再使用的零部件，在满足经济效益的前提下，应选择非破坏性和准破坏性方式进行拆解。对以材料回收利用为目的的拆解方式选择，还应满足以下要求：

① 可有效分离各种不同类型材料；
② 可提高材料的回收利用率；
③ 可分离危险有害的物质。

## 3.2 新能源汽车整车拆解作业

随着全球汽车产销量和保有量的快速增长，燃油汽车带来的能源紧张、环境污染问题愈发突出。为解决能源短缺和尾气污染问题，节能环保的新能源汽车已成为汽车行业发展的主要方向。截至2022年底，我国新能源汽车保有量达1310万辆，约占汽车总量的4.10%。其中，纯电动汽车保有量1045万辆，约占新能源汽车总量的79.8%。

新能源汽车是指采用非常规的车用燃料作为动力来源（或使用常规的车用燃料，但采用新型车载动力装置），综合车辆的动力控制和驱动方面的先进技术，形成的技术原理先进，具有新技术、新结构的汽车。新能源汽车主要包括四大类型：混合动力电动汽车（HEV）、纯电动汽车（BEV）、燃料电池电动汽车（FCEV）、其他新能源（如超级电容器、飞轮等高效储能器）汽车等。

新能源汽车区别于传统车最核心的技术是"三电"，包括驱动电机、动力电池、电控系统。动力电池是电动汽车的动力源，为整车提供电能，支持整车按照驾驶员的意图运行，并支持高压附件系统（电动压缩机、PTC加热器、DC/DC转换器等）正常工作。

### 3.2.1 新能源汽车拆解要求

随着扶持政策、技术成熟及市场环境的利好驱动，我国新能源汽车产销量快速攀升。按照新能源汽车使用寿命为8～10年计算，2025年我国就将步入新能源汽车大规模报废期。新能源汽车动力电池包，由若干电池模组和电池单体组成，而这些电池单体的额定电压总和通常在300～750V，如果拆解方式稍有不当，容易造成人员触电事故。另外，动力电池发生短路时，其瞬时电流可高达100A，瞬间释放出大量的热量，容易引发起火甚至爆炸。因此，对新能源汽车拆解场地、人员、设施必须做到严格要求。

#### 3.2.1.1 场地要求
① 拆卸及储存场地应为封闭式车间或建筑，地面应硬化并防渗漏，应防雨、通风、光线良好、消防安全设施齐全，并远离居民区。
② 拆卸及储存场地的总排水口应设置有油水分离装置和与其相接的排水沟。
③ 操作区域应单独隔离，地面应做绝缘处理，并设置高压警示标识和隔离标识。

#### 3.2.1.2 人员要求
① 专业拆卸人员应不少于3人，其专业技能应满足规范拆卸、环保作业、安全操作（含危险废物收集、储存、运输）、急救知识等相应要求。
② 拆卸过程应双人作业，并持有电工证，还应经过企业内部、汽车企业等有关专业培训。

#### 3.2.1.3 设施要求
① 场地应配备称重设备。
② 应配备冷却液、燃油等油液自动化抽排系统和专用收集容器。
③ 应配备绝缘工具、专用起吊工具、伸缩夹臂、专用托架、动力蓄电池专用升降承载装置、专用移除装置等。
④ 应配备高压绝缘手套、绝缘靴等绝缘防护装备，配备防护面罩、防机械伤害手套、防触电

绝缘救援钩等安全防护装备。

⑤ 应配备绝缘检测设备，如绝缘电阻测试仪等。

⑥ 应配备动力蓄电池安全评估设备，如漏电诊断检测设备、非接触式远程红外温度探测仪、验电棒、放电棒、专用标签和标志。

⑦ 应配备电动汽车拆解过程管理的信息追溯系统。

⑧ 应配备国家相关规定的消防设施，如消防栓、沙箱、灭火器等。

## 3.2.2 新能源汽车拆解工艺流程

比较传统汽车和新能源汽车的异同，在传统燃油车拆解工艺流程的基础上，针对新能源汽车的特点，特制定以下具体拆解工艺流程和安全注意事项。

### 3.2.2.1 拆解工艺流程

新能源汽车回收拆解工艺流程如图 3-3 所示，具体如下。

① 穿戴防护装备。工作人员穿戴好绝缘手套、绝缘胶鞋、头盔、护目镜和非化纤材质的服装等防护用具。

② 车身验电处理。接触新能源车身前，使用高压验电器验电，如车身带电，进行放电处理；确认车身不带电，方可进行后续操作。

③ 动力电池评估。用汽车诊断仪或蓄电池测试仪对动力电池进行诊断和检测，检查动力电池各个模块的电压、功率、容量大小，检查结果填入废旧动力蓄电池安全判定检测项目表，如表 3-1 所示。

④ 拆卸低压电池。关闭点火开关，拆卸低压电池，切断车辆电源后等待 5min，等待高压电器内部电容放电。

⑤ 拆除维修开关。拆除维修开关并存放在规定的地方。

⑥ 动力电池拆卸。安装于底盘的动力电池，移至龙门双柱举升机，举升后对动力电池进行常规检查。后将动力电池承载车移至车底电池安装位置，升高承载车托架，使其将动力电池托住，拆除动力电池控制线和电源线；拆卸动力电池四周紧固螺栓，然后操作承载车使托架下降，将动力电池移出汽车底部。

安装于后备箱或后排座椅下的动力电池，先后拆除外围附件、电池控制线和电源线，再拆除动力电池四周紧固螺栓，用吊车和绝缘吊带把动力电池从后备箱中移出。

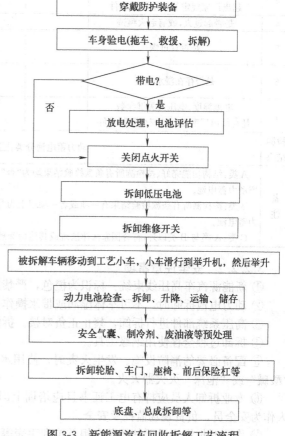

图 3-3 新能源汽车回收拆解工艺流程

⑦ 动力电池检测、储存。将动力电池转移到动力电池周转车上，使用动力电池安全评估设备对动力电池进行安全评估：检测有无破损漏液、漏电，电池电压、温度等状态，检查结果填入废旧动力蓄电池安全判定检测项目表，如表 3-1 所示。再根据检验结果情况进行综合判定。判断结果为 A 类、B 类和 C 类。按照 A、B、C 类电池储存要求进行存放。

⑧ 按传统车处理拆除动力电池的新能源汽车。按照传统燃油车的工艺要求首先进行预处理，然后再进行后续拆解。

表 3-1　废旧动力蓄电池安全判定检测项目表

| 检测人员信息 | 姓名 | | | 联系方式 | |
|---|---|---|---|---|---|
| 装配车辆类型 | □纯电动乘用车 | | | □插电式混合动力乘用车 | |
| | □纯电动商用车 | | | □插电式混合动力商用车 | |
| 动力蓄电池产品类型 | | □单体 | □模组 | □包（组） | |
| 动力蓄电池编号 | | | | 品牌 | |
| 动力蓄电池类型 | | □磷酸铁锂 | □三元 | □其他： | |

| 序号 | 检测项目 | 检验结果 | | 推荐处理 |
|---|---|---|---|---|
| | | 是 | 否 | 防护措施 |
| 1 | 是否漏电或存在绝缘失效 | | | 进行绝缘或者放电处理 |
| 2 | 电解液是否泄漏 | | | 收集电解液并采用防泄漏<br>专用包装箱或者采用有效的防泄漏<br>措施解除风险 |
| 3 | 外壳变形、破损或腐蚀是否<br>超出厂家规定的安全限制条件 | | | 诊断并解除风险 |
| 4 | 是否起过火，或有起火痕迹 | | | |
| 5 | 是否冒过烟 | | | 隔离放置，待危险解除后进行<br>包装运输或者开包检查，解除风险 |
| 6 | 是否存在浸水痕迹 | | | 判别浸水的安全风险程度，<br>进行风险解除或者风干去除水分 |
| 7 | 电池温度、电压等关键参数<br>是否超出厂家规定的安全限制条件 | | | 隔离放置，待危险解除后进行包装运输<br>或者开包检查，解除风险 |
| 检测<br>结果 | 动力蓄电池分类：□A 类 □B 类 □C 类 | | | |
| 备注 | A 类：结构功能完好、按检测所有条款检验结果均为"否"，或经防护处理后重新检测所有条款检验结果均为"否"的废旧动力蓄电池。<br>B 类：按检测所有条款检验结果有一项或者一项以上为"是"，且国家法律法规对其包装运输没有特殊规定的废旧动力蓄电池。<br>C 类：A 类与 B 类以外，符合国家法律法规或其他特殊规定的废旧动力蓄电池 | | | |

#### 3.2.2.2　安全注意事项

① 新能源汽车高压线束统一标识为橙色，严禁用手直接触摸高压部件。

② 动力电池拆卸时，不可车体湿润或带水操作，在车体顶部放置"警告标识"。

③ 高压系统部件进行拆卸，禁止正负对接。拆卸后的高压线接口要进行绝缘包扎处理。

④ 拆卸过程全程使用绝缘工具。

⑤ 配备必要的消防设施。发生火灾时，使用水基型灭火器或二氧化碳灭火器灭火，严禁使用"酸碱"或"泡沫"灭火器灭火。

⑥ 专业拆卸人员应持有电工证书且应培训上岗，拆卸人员应在三人以上，两人协同拆卸，一人作为安全员，负责现场监控及安全。

⑦ 作业时拆卸人员严禁佩戴金银首饰和手表等金属饰品。

⑧ 如有蓄电池电解液泄漏并接触到眼睛、皮肤，及时用大量清水冲洗，必要时立即就医。

### 3.2.3　新能源汽车动力电池利用与储存

新能源汽车动力电池使用年限为 5～10 年，其性能随着充电次数的增加而衰减，当电池容量衰减至额定容量的 80％以下时，动力电池不再适用于新能源汽车。退役的电池经过检测、维护、重组后，可形成小型电池组用于低速电动车、电动工具、太阳能路灯等；也可将多个完整的电池包合并，用于光伏、风能储能装置等领域。当电池无法进行梯次利用时，则进行回收拆解，企业根据不同的电池，通过不同的方法，如利用化学反应置换出里面的金属锂、锰、钴等，再通过沉淀、吸附等方式从溶液里提取出来，由电池生产厂商重新制造新电池，形成闭环回收再生利用体系，如图 3-4 所示。

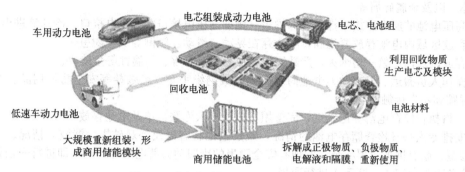

图 3-4 动力电池闭环回收再生利用体系

新能源汽车动力电池内部存在高电压，在储存和运输过程中如处理不当，易发生内部短路，产生高温，发生燃烧和爆炸等事故，因此对动力电池分类保管、库房建设要求如下。

① 拆卸后的动力蓄电池登记及录入信息追溯系统，并建立纸质档案和电子数据库，备份后纸质档案随动力蓄电池转移。拆卸下的废旧动力蓄电池首先根据材料类别（磷酸铁锂、三元等）进行分类，再按照规定的检测项目，对废旧动力蓄电池按危险程度分成 A、B、C 三类进行分类管理，动力蓄电池种类安全判定作业流程如图 3-5 所示。

A 类废旧动力蓄电池之间应采用隔开储存，B 类废旧动力蓄电池之间应采用隔开储存，C 类废旧动力蓄电池之间应采用隔离储存。A 类、B 类及 C 类废旧动力蓄电池之间应采用隔离储存。隔离储存无法保证安全的，应采用分离储存，储存方式和要求见表 3-2。

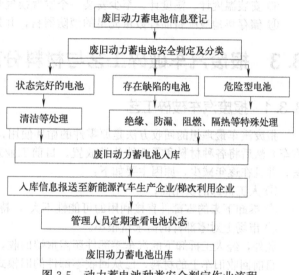

图 3-5 动力蓄电池种类安全判定作业流程

表 3-2 储存方式和要求

| 储存方式要求 | 隔开储存 | 隔离储存 | 分离储存 |
| --- | --- | --- | --- |
| 储存区间距/m | 0.3～0.5 | 0.5～1.0 | 0.5～1.0 |
| 通道宽度/m | 1～2 | 1～2 | 5 |
| 墙距宽度/m | 0.3～0.5 | 0.3～0.5 | 0.3～0.5 |

隔开储存：在同一区域，将不同的废旧动力蓄电池分开一定距离，用通道保持空间距离的储存方式。
隔离储存：在同一区域，用具备防火特性的隔板或墙，将不同的废旧动力蓄电池隔离的储存方式。
分离储存：在不同的空间或独立于所有建筑物的外部区域内的储存方式

② 储存场地应建在地面一层，存放区域地面与外部地面连接处应保持平滑。场地地面应铺设环氧地坪或进行硬化处理，做好防腐防渗及绝缘处理，按照要求设置固体废物的警告标志，同时在显著位置设置危险、易燃易爆、有害物质、禁烟、禁火等警示标识，在地面设置黄色标志线，并在作业设备及消防设备上粘贴禁止覆盖标识。场地应保持通风、干燥，避免潮湿、灰尘、高温、阳光直射。储存场地的温度保持在 18～25℃范围内，相对湿度应不超过 85%。

③ 保持存放区域清洁，地面、货架等与电池接触区域严禁积水，严禁存有油污、油脂等易燃

易爆液体，以及金属碎屑等。

④ 高压电池的所有连接口都需要保护盖（例如高压电接口、低压电接口、冷却液进出口等）。

⑤ 存放区域内电池存放要稳固，防止存在晃动、滑动、倾倒等安全隐患。

⑥ 存放区域内严禁一切烟火，严禁同时存放易燃、易爆、易腐蚀等危险品。

⑦ 操作人员搬运、检查动力电池时，必须佩戴绝缘手套、绝缘鞋等安全防护用品。严禁人员对电池踩踏和不良接触。

⑧ 严格执行储存电池登记制度，完整填写电池出入库登记单及电池存放检查表。

⑨ 安排专人每日检查储存电池的情况，观察电池状态以及外观破损、漏液等情况。应采用绝缘、防渗漏、耐腐蚀的容器盛装；发现有安全隐患的废旧动力蓄电池时，应立即进行安全处理；同时，向应急事故负责人、联系人进行通报。

⑩ 安装监控摄像头，在 24 小时内监控电池储存情况

⑪ 安装烟雾报警装置和消防应急灯等安全防护设施。

⑫ 安装温度计、湿度计，至少安装一个空气换气装置。

⑬ 储存场地应配备品种数量充足的消防器材，并处于良好状态。

## 3.3　报废汽车破碎工艺与材料分离方法

### 3.3.1　报废汽车破碎工艺

报废汽车最理想的回收方法是原零件的循环使用，这是一种人工为主的回收方法，即人工分解汽车，然后将各种材料和零部件分类放置。目前工业发达国家用人工拆卸旧车已不再是唯一的方法，并且在逐年减少，原因主要如下：

① 人工拆卸的费用高；

② 拆卸下来的零部件直接利用的可能性不大，特别是轿车更新换代很快；

③ 市场上对零部件的需求量很小。

此外，经人工拆卸下的汽车零部件还需重熔回收，拆卸费加上重熔回收费使总费用提高。

目前回收旧车上的材料，已从回收零部件的旧模式向回收原材料的新模式转变，即从人工拆卸零部件转向机械化、半自动化回收原材料。现在较多采用切碎机切碎旧车主体后再分别回收不同的原材料，方法如下。

① 将旧车内所有液态物质排放后用水冲洗干净。

② 先局部地将易拆卸下来的大件（车身板、车轮、底盘等）拆卸下来。

③ 将旧车拆卸下的大件和未拆卸的旧车剩余体，先压扁，然后放入破碎系统流水线破碎。

④ 流水线对碎块进一步处理。相关顺序是：全部碎块通过空气吸道，利用空气吸力吸走轻质塑料碎片；通过磁选机，吸走钢和铁碎块；通过悬浮装置，利用不同浓度的浮选介质分别选走密度不同的镁合金和铝合金。由于铅、锌和铜的密度较大，浮选方法不太适用，利用熔点不同分别熔化分离出铅和锌，最终余下来的是高熔点铜。

该种回收方法优点是流程合理、成本相对不很高，缺点是轿车上用的铝、镁合金不能再进一步分离。因此，新分离方法也在不断被开发出来，如铝废料激光分离法、液化分离法等。

例如，湖北力帝机床股份有限公司结合多年生产废钢铁加工机械的经验，借鉴国外先进技术，大胆创新，开发出适合我国国情的国产废钢铁破碎分选、输送生产线，即 PSX-6080 废钢破碎生产线。该生产线主要对废汽车、废机器、废家电设备以及其他适合破碎加工的废钢铁进行破碎、分拣、净化处理，从而得到理想的优质废钢，满足钢铁厂"精料入炉"的要求。

PSX-6080 废钢破碎生产线的工艺流程，如图 3-6 所示。经压扁或打包处理过的废钢铁原料，通过鳞板输送机运至进料斜面，进料斜面上装有可转动的一高一低的两个碾压滚筒将其压扁并送入破碎机内。在破碎机内，有 10 个固定在主轴上的圆盘和 10 个安在圆盘之间可以自由摆动的锤头，通过高速旋转产生的动能，对废钢铁进行砸、撕等破碎处理，将废钢处理成块状或团状，并穿过下

部或顶部的栅格，落于振动输送机上。第一次未处理到足够小的废钢铁，会在破碎机内被转动的圆盘和锤头再次处理，直到能穿过栅格为止。意外进入破碎机内的不可破碎物，由操作人员及时打开位于顶部下方的排料门，将它们弹出。在破碎机进行破碎的同时，对破碎机内进行喷水，以便降温和避免扬尘。

从破碎机出来的破碎物，经过振动输送机、皮带输送机、磁力分选系统，把黑色金属物、有色金属物、非金属物分离开，并由各自的输送机送出归堆。有色金属和非金属物在输送机上会再次受到磁选设备的筛选，从而提高黑色金属物的回收率，同时通过人工挑选有色金属，提高回收效益。整条流水线由计算机控制，能实现自动及手动运行，效率高。

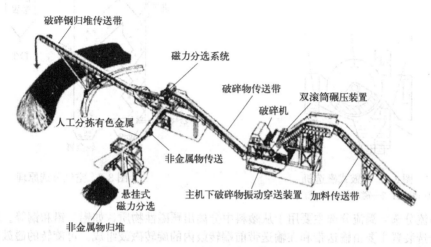

图 3-6 PSX-6080 废钢破碎生产线工艺流程

## 3.3.2 破碎材料分离方法

对于以材料回收利用为目的被拆解的车辆，采用破坏性拆解方式，而且压扁或剪切后，不同类型的材料仍混合在一起。为了将它们分离出来，主要进行的加工过程有材料破碎和分选。

### 3.3.2.1 破碎方法

由拆解厂运送到破碎厂的报废汽车材料有两种基本形态：第一种是压缩或压扁了的报废汽车或车体，主要是轿车；第二种是被剪切成尺寸较小的散料，主要是载货汽车的车架车身。

目前减小或破碎原料的方法主要源于矿产技术。常用的破碎有以下三种方式。

（1）剪碎 剪切的破碎原理与剪刀一样，剪切机中产生剪切作用的刀片可在不同的方向旋转；同时，在两个不同方向上产生作用于同一物体的力。

（2）磨碎 基于摩擦原理，通过搅动磨料产生间接作用力使物体磨碎。

（3）击碎或压碎 将作用力直接作用于可压缩的物体上，使其尺寸减小或破碎。

基于以上原理制造的设备如下：颚式破碎机、冲击式破碎机、滚筒式破碎机、锤击式破碎机和锥式破碎机等。

### 3.3.2.2 分选方法

破碎材料分选的基本方法主要有筛分、磁选、空气分选（气选）、涡流分选和机械分离法等，可以分离钢铁、有色金属、塑料和其他杂质。这些方法不仅在分选报废汽车破碎材料中得到了应用，而且在材料的提纯中也得到了应用。

（1）筛分 筛分是将材料分成大于和小于规定的筛分尺寸的方法。为了提高筛分效率，可以采用湿式或干式方法。对报废汽车破碎材料中的非金属材料，可以首先采用振动、转动或过滤的方法进行初选。

（2）磁选 磁选主要用于初选和气选之后，目的是分离物质中的铁磁性物质和非磁性物质。例如，塑料中的钢铁材料。磁选参数主要包括磁场强度、强度梯度分布、机械系统输送速度及磁体类型。转鼓式磁选机的原理示意，如图3-7所示。

（3）空气分选　空气分选是按动力学特性将混合材料分成轻、重两类物质的过程，分选效果主要基于材料的密度、尺寸和形状。空气分选原理如图3-8所示。该系统主要由鼓风机产生分选气流。气选主要用于从轻的材料中分离出重的材料，可作为报废汽车破碎后的首次分选方法。气选对非磁性物质的分选效率是：铅100％、锌97％、铝85％、铜70％，并且初始投资和运行费用都较低。

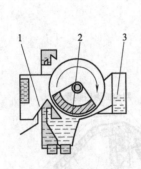

图3-7　转鼓式磁选机
1—铁屑；2—磁转鼓；3—粉碎料

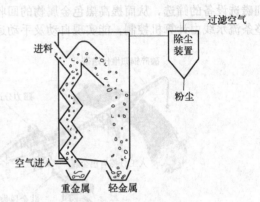

图3-8　空气分选原理

（4）涡流分选　涡流分选主要用于从塑料中分离出顺磁性物质，如铝、铅和铜等。基于涡流分选原理的分选装置主要由输送带和在输送带前端转鼓内的旋转磁鼓组成。可旋转的磁鼓是由若干宽度相同的永磁铁相间组合安装而成的，表面沿圆周呈N极和S极周期变化。所以，当磁鼓旋转起来时，可以产生交变磁场。如果导电材料处在这样的磁场中，就会导致材料表面产生电涡流；同时，这个涡流也对磁场产生作用，并产生排斥力。

有色金属被旋转的输送带抛离得最远，并形成有色金属、钢铁和非金属三个不同的抛物落点，如图3-9所示。

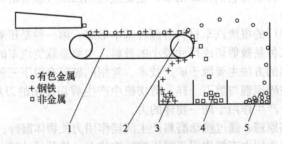

图3-9　涡流分选原理
1—输送带；2—磁转鼓；3—非金属；4—钢铁；5—有色金属

（5）机械分离法　机械分离法主要是基于材料密度与液体分离介质密度不同，利用被分离材料所受到的浮力不同，或产生的离心力和惯性力不同的原理进行分类的。机械分离方法广泛应用于塑料的分选和金属的分离。但是，在分选多种树脂材料时将受到限制，这是因为树脂材料之间的密度差别较小。几种机械分离方法的原理与应用，见表3-3。

表3-3　机械分离方法原理与应用

| 序号 | 名称 | 原理 | 应用 |
|---|---|---|---|
| 1 | 沉浮分离法 | 当被分离的粉碎材料密度与液体分离的介质密度不同时，被分离材料将在液体中产生沉浮现象 | 液体分离介质可以选用水和水-甲醇混合物（分选密度比其小的树脂材料），氯化钠溶液和氯化锌溶液（分选密度比其大的树脂材料） |

续表

| 序号 | 名称 | 原理 | 应用 |
|---|---|---|---|
| 2 | 离心分离法 | 当离心分离器绕水平轴旋转时，能将密度大于液体分离介质密度的粉碎材料分离出来 | 用于将塑料碎片分成两类 |
| 3 | 旋流分离法 | 当分离器绕垂直轴旋转时，能将密度大于液体分离介质密度的粉碎材料分离出来 | 可以将塑料碎片分成两类 |
| 4 | 射流分离法 | 将被分离的材料投入射流中，密度较大的被冲得较远；相反，密度较小的被冲得较近 | 可以同时分离两种或多种密度不同的材料 |

# 3.4 拆解企业实例

## 3.4.1 宝马汽车公司再循环和拆解中心

宝马汽车公司在德国慕尼黑建有一家再循环和拆解中心，负责研究旧车的拆解技术和工具。该中心的场地上存放有数百辆报废车辆，包括宝马公司生产的各种型号的汽车，也包括 MINI 和劳斯莱斯。宝马公司再循环和拆解中心外景，如图 3-10 所示。

宝马汽车公司再循环和拆解中心报废汽车拆解主要工序如下。

（1）引爆气囊 气囊实际上使用了易爆充气物质，是没有弹片的微型炸弹。为了保证拆解安全，首先要将其引爆。安全气囊引爆如图 3-11 所示，气囊是通过电流引爆的。图 3-11 中显示的设备是可以移动的引爆器。为了减少对环境的影响，引爆气囊应在一个封闭的环境中进行。该中心采用类似帐篷的罩子，引爆后将排出的气体进行过滤。

图 3-10 宝马公司拆解中心外景

图 3-11 安全气囊引爆

（2）废液回收 将报废汽车置于一个专用台架上，如图 3-12 所示，用于回收各种油料和废液，如油箱中的剩余燃油、发动机底壳中的机油、变速器油、冷却液和制动液等。这些废液通过不同的管道分别回收，由专门的工厂进行再处理。专用架子装有摇摆装置，可以晃动车身，使废液彻底流出。

（3）电器电子元件回收 报废汽车电器电子元件回收，例如汽车各控制单元、仪表等，如图 3-13 所示。

（4）外部拆解 例如挡风玻璃、保险杠等的拆解。报废汽车玻璃拆解，如图 3-14 所示。利用专门的玻璃工具切割，将挡风玻璃完整地切割下来。

（5）内部拆卸 将汽车内部物件或装饰条进行拆卸，例如地板、内饰件、座椅、仪表台等。

（6）材料分类回收 报废汽车材料分类回收，如图 3-15 所示。

图 3-12 报废汽车废液回收

图 3-13　报废汽车电器电子元件回收

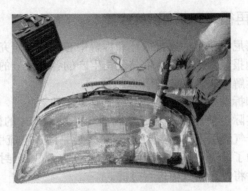

图 3-14　报废汽车玻璃拆解

图 3-15　报废汽车材料分类回收

（7）压实　拆解完内部主要零部件的车体，在压缩机或打包机中压扁，如图 3-16 所示。压扁以后，用旁边的机械手将铁块取出，放到容器内运走。

（8）粉碎　压扁的车体经粉碎后，再采用重力和磁力分选，如图 3-17 所示。分离出钢铁、塑料或纸张等，再分别处理，无法处理的碎屑进行填埋。

图 3-16 车体压缩

图 3-17 粉碎处理

## 3.4.2 上海宝钢钢铁资源有限公司拆解生产线

发达国家对报废汽车的处理已形成了完善的体系，对资源的再生利用和环境保护有明确的规定和要求。在这些国家，报废汽车的处理和资源循环利用已形成了具有相当规模的产业链。我国报废汽车的拆解企业还处于起步阶段，选择环保及生产率高的拆解工艺可避免或尽可能减少由此带来的污染，创造良好的工作环境，提升资源回收利用率。

早在 2002 年，上海宝钢钢铁资源有限公司就开展了报废汽车的拆解生产经营业务，按照业务许可规定，负责上海市小客车、摩托车的回收拆解以及市内其他拆车企业的"五大总成"回收销毁工作。该公司自行设计了报废汽车拆解线，并与国内相关厂商联合开发了汽车发动机压碎机，通过建立的报废汽车拆解生产线，为当时国内报废汽车的拆解处理探索出了一条新路。相关拆解线特点与效果如下。

(1) 室内拆解，节省占地面积　生产线采用流水作业。在厂房内拆解，拆解区域面积约为 $500m^2$，每天拆解 20 辆（一班制、20 名员工）。该公司自行研发了立体停车架，节省占地面积。室内拆解采用了多种专业设施与设备，对工作人员的劳动状况有极大的改善。

(2) 作业清洁环保　整条生产线不用水，也不产生废水；各类废油、废液经集中抽取分别回收，分罐储存；氟利昂抽取后用专门钢瓶储存；蓄电池集中回收；橡胶、塑料、玻璃等资源分类回收；废钢、有色金属得到回收利用。整个拆解生产线对各类回收物资与资源进行了严格分类与存放，然后送交各类有资质的回收企业回收，确保生产环境的清洁。不能利用的垃圾则交环保部门指定的单位填埋处理。

(3) 拆解过程无明火　以前的汽车拆解企业几乎全用火焰切割处理以拆解报废汽车，对空气造成污染，且油箱为密封件，而汽油、柴油也极易燃烧、爆炸。此外，拆解时产生的废气对工人也有较大的伤害。而这条拆解线最大的特点是不动火，采用气动拆解系统与液压剪拆解，整个过程清洁、高效。

(4) 拆解过程实行微机管理　从报废汽车进厂到拆解过程以及所有可利用物资的回收入库，都由计算机系统进行数据管理，掌控每台车及发动机的拆解情况。

上海宝钢钢铁资源有限公司自行开发的报废汽车拆解生产线获得了良好的社会与经济效益，为国内报废汽车回收拆解行业提供了有益的经验。

 **思考题**

1. 阐述报废汽车拆解作业方式与种类。
2. 试分析报废汽车整车破碎工艺流程，开发出适合本企业的作业流水线。

# 第 ④ 章  报废汽车发动机拆解技术工艺

## 4.1  报废汽车发动机拆解工艺

本节以桑塔纳 2000GLi 型轿车采用的电喷发动机为例，详细介绍电喷发动机的拆解步骤。

### 4.1.1  发动机总成拆解

一般先将发动机与变速器脱开，再用吊具将发动机从汽车上吊下来，如图 4-1 所示。发动机总成的拆解步骤如下。

① 抽取发动机油底壳中的废旧机油，并加以收集，废旧机油渗漏地面对环境会造成严重污染。

② 从蓄电池上拆卸下搭铁线并从汽车上卸下蓄电池。

③ 将暖风开关拨到"暖气"位置。

④ 打开散热器盖。

⑤ 抽取废旧冷却液，并用容器收好。

⑥ 拆除全部在发动机上的与电子控制系统相关联的线接头，并移开线束。

⑦ 拆除并移开所有与发动机连接的真空管、油管。

⑧ 拆下散热器支架，取出散热器、风扇。

⑨ 拧松发电机张紧支架螺栓和空调压缩机架螺栓，卸去皮带。

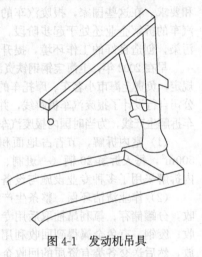

图 4-1  发动机吊具

⑩ 拆下空气滤清器及管道。

⑪ 使用专用空调制冷剂回收设备回收制冷剂，制冷剂不允许直接排放到空气中，拆开或分离各管道，如图 4-2 所示，待发动机总成拆卸后再取下压缩机。

⑫ 拆下节气门拉索和离合器拉索。

⑬ 拆下起动机上导线接头，拆卸起动机紧固螺栓，拆下起动机总成。

⑭ 拆下排气管与排气歧管接口处螺栓，将排气管分开。

⑮ 拆下发动机和变速器的连接螺栓和飞轮壳的固定螺栓，将变速器脱开。

⑯ 如图 4-3 所示，拆下发动机支承橡胶缓冲块锁紧螺母。

⑰ 将吊座夹头放在发动机后端，拧紧连接螺栓，如图 4-4 所示。

⑱ 拆卸正时齿形带防护罩。

⑲ 如图 4-5 所示，放入吊架。插销与吊钩均用弹簧开口销固定。

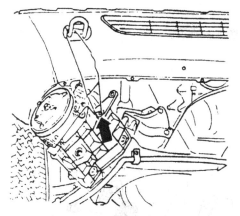

图 4-2　空调压缩机

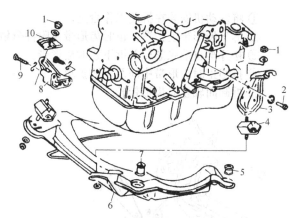

图 4-3　发动机的支承

1—固定螺母；2—支架固定螺栓；3—发动机左支架；4—橡胶缓冲块；
5—发动机悬架后橡胶支承；6—发动机悬架；7—发动机悬架前橡胶支承；
8—发动机右支架；9—右支架固定螺栓；10—垫板

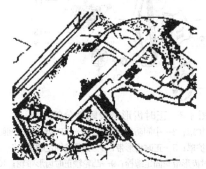

图 4-4　安装吊座夹头

图 4-5　安装吊架

⑳ 起吊发动机，使发动机脱离发动机安装支座。

㉑ 用托架将发动机固定在拆解旋转架上准备进一步拆解。

### 4.1.2　发动机外围附件拆解

发动机外围附件的拆卸包括发动机上的发电机、动力转向油泵、正时齿形带与 V 带的拆解，发电机、动力转向油泵、V 带的分解如图 4-6 所示。

（1）发电机拆解

① 断开发电机上连接线束。

② 拆卸发电机的上、下连接螺栓。

③ 拆下发电机。

（2）空调压缩机拆解

① 用开口扳手转动 V 带张紧轮，使 V 带松弛。

② 拆下空调压缩机 V 带，如图 4-7 所示。

③ 拆卸空调压缩机与支架的连接螺栓。

④ 拆下空调压缩机。

（3）发动机正时齿形带的拆解

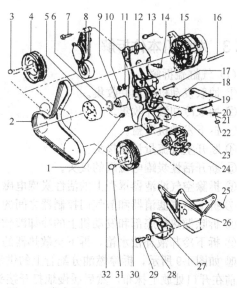

图 4-6　发电机、动力转向油泵、V 带的分解

1, 3, 7, 10, 13, 14, 16～18, 20, 22, 23, 25, 29, 31, 32—螺栓；
2—V 带；4—V 带轮；5—曲轴传动带轮；6—保持夹；
8—V 带张紧轮；9—过渡轮；11, 21, 28—垫圈；
12, 19, 26—支架；15—发电机；24—动力转向油泵；
27—扭力臂止位块；30—动力转向油泵带轮

① 将发动机安装在拆装工作台上。

② 拆下齿形带上护罩，正时齿形带及附件分解如图 4-8 所示。

③ 松开半自动张紧轮并拆下正时齿形带。

④ 拆卸正时齿形带中间及下防护罩。

⑤ 拆卸曲轴正时齿形带轮。

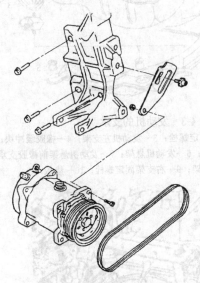

图 4-7　空调压缩机 V 带

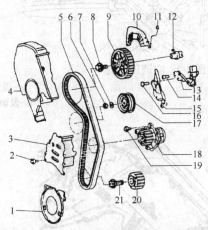

图 4-8　正时齿形带及附件分解

1—正时齿形带下防护罩；2—中间防护罩螺栓；3—正时齿形带中间防护罩；4—正时齿形带上防护罩；5—正时齿形带；6—张紧轮固定螺栓；7—波纹垫圈；8—凸轮轴正时齿形带轮固定螺栓；9—凸轮轴正时齿形带轮；10—正时齿形带后上防护罩；11—防护固定螺栓；12—半圆键；13—霍尔传感器；14，16，19—螺栓；15—正时齿形带后防护罩；17—半自动张紧轮；18—水泵；20—曲轴正时齿形带轮；21—曲轴正时齿形带轮螺栓

### 4.1.3　发动机本体拆解

**（1）气缸盖拆解**

① 抽取发动机机油并收集。

② 抽取冷却液并收集。

③ 拆下发动机罩盖。

④ 断开空气流量计的接头。

⑤ 断开活性炭罐电磁阀的接头。

⑥ 拆除空气滤清器罩壳上的活性炭罐电磁阀。

⑦ 拆下空气滤清器和节气门控制器之间的空气管路，拆下空气滤清器罩壳。

⑧ 拆除散热器底部和发动机上的冷却液软管。

⑨ 拆下冷却液补偿水箱，拆下至散热器的冷却液软管。

⑩ 如图 4-9 所示，拆除燃油分配管上的供油管和回油管。注意如果燃油系统有压力，在打开管路之前在开口处放上抹布，然后缓慢地打开接头以排出管路油液。

⑪ 如图 4-10 所示，拆下节气门拉索。

⑫ 拆除通向活性炭罐电磁阀的真空管 1，如图 4-10 所示。

⑬ 拆除通向制动助力装置的真空管 2，如图 4-10 所示。

⑭ 拆除喷油器、节气门体、霍尔传感器、进气温度传感器接头，如图 4-11 所示。

⑮ 如图 4-12 所示，拆除通向暖风热交换器的冷却液软管。

⑯ 拆除冷却液温度传感器上的接头，拆除机油温度传感器的接头。旋下进气歧管支架的紧固螺栓，如图4-13所示。从排气歧管上拆下前排气管的螺栓。拆除氧传感器插头，如图4-14所示。拔出火花塞插头，并放置在一边。拆下气门罩盖。按照图4-15所示从1到10的顺序松开气缸盖螺栓。

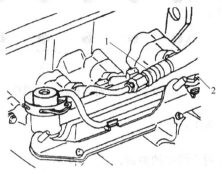

图4-9 拆下供油管和回油管
1—供油管；2—回油管

图4-10 拆下节气门拉索
1—通向活性炭罐电磁阀的真空管；
2—通向制动助力装置的真空管

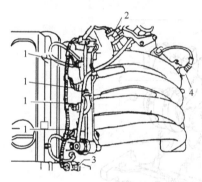

图4-11 拆除各个接头
1—喷油器；2—节气门体；3—霍尔传感器；
4—进气温度传感器

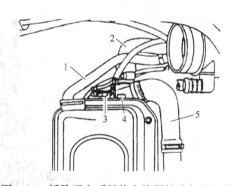

图4-12 拆除通向暖风热交换器的冷却液软管
1—通向膨胀水箱软管；2—通向暖风热交换器软管；
3—冷却液温度传感器；4—空调控制开关；
5—通向散热器软管

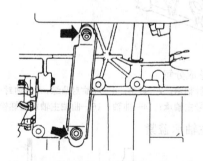

图4-13 旋下进气歧管支架紧固螺栓

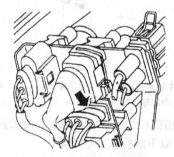

图4-14 拆除氧传感器的插头

将气缸盖与气缸盖衬垫一起拆下。

（2）油底壳拆解

① 使发动机前端位于拆装工作台上。

② 确认发动机机油已经排放并收集。

③ 旋下油底壳上的所有螺栓。

④ 拆卸油底壳，必要时用橡胶锤子轻轻敲击。

（3）机油泵拆解

① 旋松分电器轴向限位卡板的紧固螺栓，拆下卡板。

② 拔出分电器总成。

③ 旋松并拆下两个机油泵壳与发动机机体的连接长紧固螺栓，将机油泵及吸油部件一起拆下。

④ 拆除吸油管组紧固螺栓，拆下吸油管组，检查并清洗滤网。

⑤ 旋松并取下机油泵盖短螺栓，取下机油泵盖组。

⑥ 分解主、从动齿轮，再分解齿轮和齿轮轴。

⑦ 拆下中间轴。

⑧ 拆下左、右支承。

（4）气缸体拆解　发动机气缸体总成分解如图 4-16 所示。

① 将气缸体反转倒置在工作台上。

② 拆下中间轴密封凸缘，拆下气缸体前端中间轴密封凸缘中的油封。

③ 在汽油泵及分电器已拆卸的情况下，拆下中间轴。

④ 拆下正时齿形带轮端曲轴油封。

⑤ 拆下前油封凸缘及衬垫。

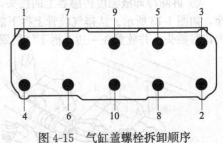

图 4-15　气缸盖螺栓拆卸顺序

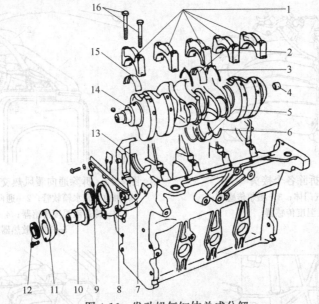

图 4-16　发动机气缸体总成分解

1—主轴承盖；2，5—3 号主轴承；3，6—半圆形止推环；4—滚针轴承；7—衬垫；8—前油封凸缘；9—油封；10—中间轴；11—密封凸缘；12—油封；13，15—1、2、4 和 5 号主轴承；14—曲轴；16—曲轴主轴承盖螺栓

⑥ 如图 4-17 所示，分两次从两边到中间逐渐拧松主轴承盖紧固螺栓，取下螺栓和主轴承盖。

⑦ 拆下曲轴各主轴承。

（5）曲轴飞轮组拆解　发动机曲轴飞轮组的拆卸分解如图 4-18所示，具体操作过程如下。

① 用专用工具卡住飞轮齿圈，拧下飞轮紧固螺栓，从曲轴上拆下飞轮。

② 使用专用工具，拆卸飞轮内孔中的滚针轴承。

## 4.1.4　发动机电控系统典型传感器拆解

发动机电控系统典型传感器包括空气流量计、发动机转速传感

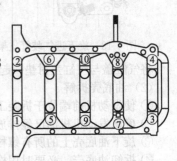

图 4-17　曲轴主轴承盖螺栓的拆卸顺序

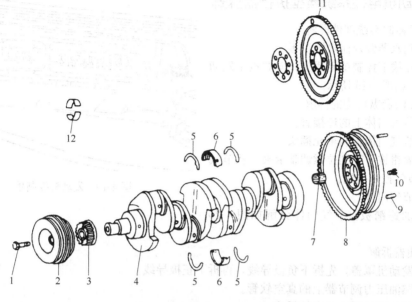

图 4-18 曲轴飞轮组拆卸分解

1—曲轴 V 带轮、正时齿形带轮的轴向紧固螺栓；2—V 带轮；3—曲轴正时齿形带轮；4—曲轴；5—半圆形止推环；
6—主轴承；7—滚针轴承；8—飞轮齿圈；9—定位销；10—飞轮紧固螺栓；11—飞轮；12—连杆轴承

器、进气温度传感器、霍尔传感器、爆震传感器、氧传感器和冷却液温度传感器，具体拆解步骤如下。

（1）空气流量计拆解

① 空气流量计安装在空气滤清器与进气软管之间，拔下空气流量计五孔插头。

② 松开进气软管与空气流量计连接的卡箍，并拔下进气软管。

③ 脱开空气流量计与空气滤清器的连接，取下空气流量计。

（2）发动机转速传感器拆解

① 发动机转速传感器安装在缸体下部，拔下转速传感器的三孔插头。

② 拧下发动机下部的紧固螺栓，取下发动机转速传感器。

（3）进气温度传感器拆解

① 进气温度传感器安装在进气歧管上节气门控制单元后，拔下进气温度传感器的两孔插头。

② 松开进气温度传感器的紧固螺栓，拆下传感器。

（4）霍尔传感器拆解

① 霍尔传感器安装在缸盖右侧，进气凸轮后端，拔下霍尔传感器插头。

② 松开霍尔传感器的紧固螺栓，拆下传感器。

（5）爆震传感器拆解

① 爆震传感器安装在气缸壁上，拔下爆震传感器两孔插头。

② 松开传感器的紧固螺栓，拆下传感器。

（6）氧传感器拆解

① 氧传感器安装在排气管上，拧下防护罩螺栓。

② 拔下氧传感器的插头。

③ 拆下催化器前部、后部的氧传感器。

（7）冷却液温度传感器拆解

① 冷却液温度传感器安装在发动机缸盖出液口处，拔下四孔插头。

② 拔出固定冷却温度传感器的卡簧，拆下传感器。

### 4.1.5　发动机电控系统典型执行器拆解

（1）电子控制系统部件拆解

① 拆下刮水器臂及流水槽护板。

② 松开并拔下控制单元插头，向右拉出发动机控制单元，如图 4-19 所示。

（2）节气门操纵机构的拆解

① 拆下节气门体上的连接管。

② 拔下节气门体控制单元插头。

③ 用尖嘴钳拔下控制拉索调整卡夹，从节气门体上拆下节气控制拉索。

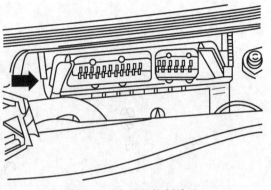

图 4-19　发动机控制单元

④ 拆下节气门体。

⑤ 拆下加速踏板，节气门体分解如图 4-20 所示。

（3）喷油器拆解

① 打开发动机罩盖，先拆下负极导线，再拆下正极导线。

② 拔掉燃油压力调节器上的真空软管。

③ 脱开每个喷油器上的电控插头。

④ 松开软管接头前，先将燃油管卸压，松开支架紧固螺栓，从燃油管上拆下喷油器紧固夹。将喷油器从燃油导管中拔出来，如图 4-21 所示。

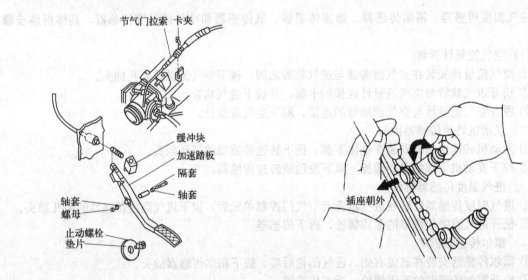

图 4-20　节气门体分解

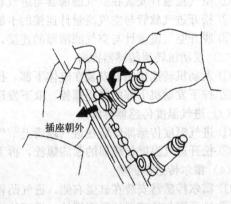

图 4-21　喷油器拆卸

（4）点火系统部件拆解　现在许多电喷发动机的点火系统采用无分电器点火方式。这种点火方式改变了传统的配电方式，无机械零件，采用单缸独立点火。图 4-22 所示为轿车发动机点火系统，点火线圈直接安装在火花塞顶上，取消了点火高压线。其拆解步骤如下。

① 打开发动机罩盖。

② 拆下蓄电池负极，再拆下蓄电池正极。

③ 拔下带功率放大器的点火线圈上的四孔插头。

④ 拔出带功率放大器的点火线圈。

⑤ 用火花塞专用工具拆下火花塞。

（5）活性炭罐拆解

① 拔下活性炭罐上的电线插头。

② 松开连接软管上的夹紧卡箍，从活性炭罐拔下连接软管。

③ 松开并拧下固定活性炭罐的紧固螺栓，卸下活性炭罐，如图 4-23 所示。

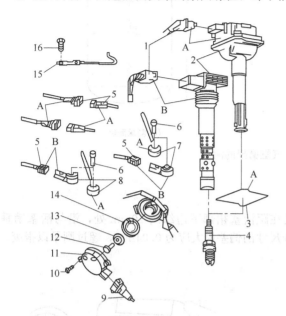

图 4-22　轿车发动机点火系统

1—孔插头；2—带功率放大器的点火线圈；3—密封圈；
4—火花塞；5—插头（ARZ 3 孔，AUM 2 孔）；6，10，12，16—螺栓；
7—爆震传感器 1（G61）；8—爆震传感器 2（G66）；
9—插头 3 孔；11—霍尔传感器 G163；13—垫片；14—转子；
15—接地线；A—ARZ 发动机；B—AUM 发动机

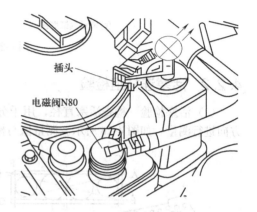

图 4-23　活性炭罐电磁阀的拆解

# 4.2　发动机典型零件检验及分类

在发动机拆解过程中，通过检验可以把发动机零件分为以下三类：第一类是报废件，经检测不能继续使用的零件，需要更换；第二类是可修件，经过维修可以再次使用的零件；第三类是可用件，经过检测不需要维修，零件可以继续使用。在报废汽车拆解中，许多零件通过修复再制造可以二次利用，如发动机气缸体、曲轴等。

## 4.2.1　气缸体检验

（1）检查裂纹　一般用水压法检查，即把气缸盖装在气缸体上，用水管与水压机相连，封住水口，在 200～400kPa 的压力下，保持 5min，应无渗水现象。否则，应修理或报废。

（2）检查气缸磨损　这是判断发动机技术状态和修理尺寸的重要依据。将缸径分上、中、下三个位置，即在离缸体上平面 10mm、中间部位、离下平面 10mm 处进行纵向、横向垂直测量，如图 4-24 所示。

要求与标准尺寸的最大偏差为 0.08mm。

（3）气缸体上平面变形检查　如图 4-25 所示，用直尺和厚薄规检查气缸体上平面的平面度。在如图 4-25 所示的方向放置直尺，并用厚薄规测量直尺和气缸体上平面之间的间隙，此间隙最大值为气缸体上平面度误差，其上平面度误差一般不超过 0.1mm。超过极限值 0.1mm 时，气缸体可进行磨削或铣削加工。若超过 0.3mm，则应予以报废。

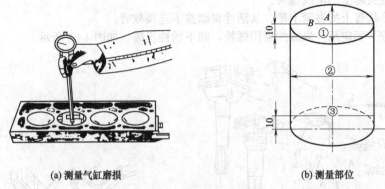

(a) 测量气缸磨损　　　　　　　　　　　(b) 测量部位

图 4-24　气缸磨损的测量

### 4.2.2　活塞连杆组检验

（1）活塞检验　检查活塞直径，用千分尺在距活塞裙部下边缘约 10mm 处，沿与活塞销垂直方向进行测量，如图 4-26 所示。测量值与标准尺寸的偏差最大应为 0.04mm，超过则予以报废。

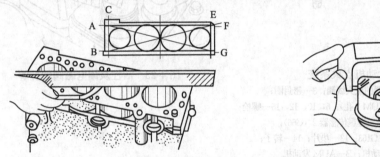
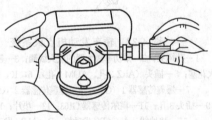

图 4-25　气缸盖变形的检查　　　　　　　　　图 4-26　测量活塞直径

（2）连杆变形检查　将连杆轴承盖装好，活塞销装入连杆小头，再将连杆大头固定在检测器的定心轴上，然后把三点式量规的 V 形槽贴紧活塞销，用塞尺测量检测器平面与量规指销之间的间隙。三点式量规有三个指销，上面一个下面两个，三个指销均与检测器平面接触，说明连杆无变形。若量规上面一个指销或下面两个指销与检测器平面有间隙，说明连杆有弯曲变形，间隙大小反映了连杆的弯曲程度；若量规下面的两个指销与检测器平面的间隙不同，说明连杆有扭曲变形，两指销的间隙差反映了连杆的扭曲程度；若上述两种情况并存，说明既有弯曲变形，又有扭曲变形。连杆弯曲或扭曲超过其允许极限时，应予以报废。

### 4.2.3　曲轴飞轮组检验

（1）曲轴损伤检验　主要检验项目为曲轴的主轴颈、连杆轴颈的磨损，轴颈表面拉伤、烧蚀，曲轴弯曲、扭曲变形，裂纹，断裂。检查步骤如下。

① 用 V 形铁将曲轴两端水平支承在平台上，使百分表的测量触点垂直触压到第三道主轴颈上。转动曲轴一周，百分表指针所指示的最大和最小读数差值的一半即为曲轴的直线度误差，其值应不大于 0.03mm，否则应进行校正或报废。

② 曲轴轴颈圆度、圆柱度误差不得超过 0.01～0.0125mm。

（2）飞轮检验　飞轮齿圈磨损严重或断齿，应报废。飞轮与离合器接触的一面会有沟槽磨损，磨损较轻，磨损沟槽深度小于 0.5mm 时允许继续使用；磨损严重，磨损沟槽深度超过 0.5mm 或槽纹较多时，应报废。

### 4.2.4  气门组零件检验

（1）进、排气门检验  气门结构与尺寸如表 4-1 所示。

表 4-1  气门结构与尺寸

单位：mm

| 图示 | 符号 | 进气门 | 排气门 |
|---|---|---|---|
| 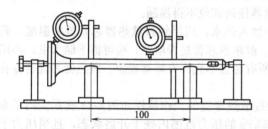 | $a$ | $\phi38.00$ | $\phi33.00$ |
| | $b$ | $\phi7.97$ | $\phi7.97$ |
| | $c$ | 98.70（标准）<br>98.20（修理） | 98.50（标准）<br>98.00（修理） |
| | $\alpha$ | 45° | 45° |

用百分表在平台上检查气门杆的弯曲度，如图 4-27 所示。表针摆差超过 0.05mm 时，应进行校正或更换气门。气门常见损伤：气门工作面烧蚀、开裂、斑点、凹坑；工作面磨损起槽、变宽；气门杆弯曲、磨损、端部偏磨等。技术要求：气门杆直线度误差小于 0.03mm，气门头部的偏摆量不超过 0.05mm，气门杆磨损量不超过 0.05mm。

进气门头部修理尺寸如图 4-28 所示，其中 $\alpha$ 为 45°，$a$ 最大为 3.5mm，$b$ 最小为 0.5mm。如果超过规定标准，气门则应修理或报废。

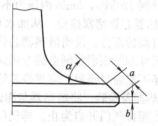

图 4-27  用百分表检查气门杆的弯曲度

图 4-28  进气门头部修理尺寸

（2）气门导管检验  将气门杆插入导管中，使气门杆末端与导管平齐。用百分表检查气门杆有无晃动现象，如图 4-29 所示。进气门杆在导管中晃动量最大为 1.0mm，排气门杆在导管中晃动量最大为 1.3mm。如果更换了气门，则应对新气门杆与气门导管配合间隙进行测量。

（3）气门弹簧检验  气门弹簧的检验项目主要是：观察有无裂纹或折断，测量弹簧自由长度和垂直度，测量弹簧弹力。气门弹簧不能维修，必要时只能更换。气门弹簧的自由长度可用卡尺进行测量。气门弹簧垂直度一般应不大于 1.5～2.0mm。若气门弹簧的自由长度或者垂直度不符合标准，应更换气门弹簧。气门弹簧里的检查：用检验仪对气门弹簧施加压力，在规定压力下的气门弹簧高度（或规定气门弹簧高度下的压力）应符合标准，否则气门弹簧应报废。

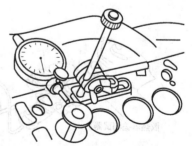

图 4-29  检查气门导管

### 4.2.5  气门传动组零件检验

（1）凸轮轴检验  凸轮轴外形如图 4-30 所示。凸轮轴通过 5 个剖分式轴承直接装在气缸盖上平面，利用第 5 轴承盖的两个侧面进行轴向定位。

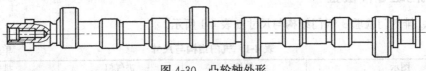

图 4-30　凸轮轴外形

检查凸轮轴轴向间隙，测试前，拆下液压挺杆并安装好 1 号和 5 号轴承盖。用百分表检查凸轮轴轴向间隙。凸轮轴轴向间隙磨损极限为 0.15mm，如果间隙大于 0.15mm，应报废。

（2）液压挺杆检验

① 拆卸气门罩盖。

② 按照顺时针方向转动凸轮轴，直到待检查的液压挺杆的凸轮朝上为止。

③ 测量凸轮和液压挺杆之间的间隙，如图 4-31 所示。如果间隙大于 0.2mm，液压挺杆应报废。

（3）正时齿形轮检验　检查正时齿形轮有无裂纹及磨损。磨损可用塞尺或百分表测量其齿隙，正时齿形轮若有裂纹或齿隙超过 0.30～0.35mm，应报废。

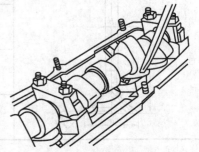

图 4-31　测量凸轮和液压挺杆之间的间隙

## 4.2.6　冷却系统主要零部件检验

（1）散热器检验

① 散热器密封性检验。将散热器注满水，装上压力测试器，如图 4-32 所示。用手泵压测试器，使压力上升到 120kPa，5min 内压力不应下降，散热器任何部位不得渗漏。

② 散热器芯管堵塞检验。从加水口向散热器内加入热水，用手触碰散热器芯管各处温度，若有温度不升高的部位，说明散热器芯管该部位堵塞。散热器芯管是否堵塞，也可拆下储水室，再用根据芯管尺寸和断面形状制造的专用通条来检查，所有芯管不允许有堵塞现象。散热器芯管若存在压扁或通条不能通过现象，应更换芯管。

③ 散热器盖检验。将散热器与测试器相连，检查散热器盖的工作特性如图 4-33 所示。用手泵压测试器直至排气门开启为止。排气门应在 75～105kPa 的压力范围内处于开启状态，且当压力下降至 60kPa 时，排气门应能迅速关闭。若上述两项要求之一不符合规定，应报废。

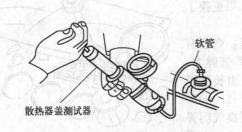

图 4-32　检查散热器的密封性

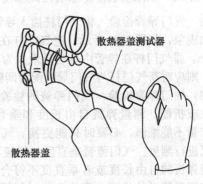

图 4-33　检查散热器盖的工作特性

（2）水泵检验　水泵常见的损伤有壳体的渗漏、破裂，水泵轴的弯曲、磨损，水泵叶轮叶片的破裂，水泵密封垫圈与橡木垫圈的磨损，水泵轴与轴承的磨损，轴承与轴承座孔的磨损。

① 泵壳检验。用检视法检查，泵壳出现裂纹或砂眼应进行焊修或更换新件。在平台上用厚薄规检查，泵壳与泵盖结合面的平面度误差应不大于 0.15mm，否则可对泵壳端面进行磨削加工，但其加工量不得超过 0.50mm，否则应报废。泵壳与轴承的配合应无间隙，否则应报废。

② 水泵轴检验。用游标卡尺测量水泵轴与轴承的配合间隙应不大于 0.50mm，否则应报废。用 V 形铁将水泵轴支承在平台上，然后用百分表检查其弯曲程度，径向跳动误差超过 0.10mm 时应进行压力校正。

③ 水泵叶轮检验。用直观检视法检查，叶轮出现破损应报废。

④ 水封总成检验。水封胶木垫出现磨损凹槽，水封老化、变形或破裂，水封弹簧严重锈蚀，均应报废。

⑤ 水泵轴承检验。水泵轴承应转动灵活、无异响，用百分表测量，水泵轴承的轴向间隙应不大于 0.30mm，径向间隙应不大于 0.15mm，否则应报废。

（3）节温器检验　将节温器卸下放在装有热水的容器中，如图 4-34 所示注意不要让节温器接触容器底部，逐渐提高冷却液温度，用温度计测量阀门开始开启时水的温度；再继续加热，检查节温器完全开启时水的温度，然后将测量结果与标准值比较。如果不符合要求，则节温器损坏，一般应进行报废。

（4）风扇检验

① 风扇叶片检验。风扇叶片如果出现变形、弯曲、破损，应报废。

② 电动风扇热敏开关检验。发动机热态时，即使发动机已熄火，风扇仍可能转动。如果冷却液温度很高，但风扇不转，应检查熔断器。若熔断器完好，则应停机检查温控开关和风扇电动机。

③ 风扇离合器检验。检验时，把点火开关旋到"ON"位置，并使风扇离合器脱离温控器的控制，观察风扇应转动平衡；工作电流应符合规定的要求，否则应予以报废。

## 4.2.7　润滑系统主要零部件检验

机油泵的损伤主要是磨损。零件磨损将造成泄漏，使泵油压力降低，泵油量减少，需进行检验。机油泵的磨损情况可通过检测机油泵各处配合间隙获得。

（1）对于齿轮式机油泵应检查以下部位的间隙

① 用塞尺测量齿轮顶面与泵壳内壁间隙。测量相隔 180° 或 120° 的 2～3 个间隙，取平均值，其值一般应在 0.05～0.20mm 以内，如图 4-35 所示。

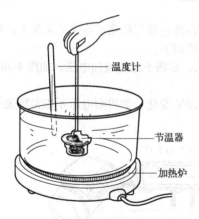

图 4-34　节温器检验方法

图 4-35　测量齿轮顶面与泵壳内壁之间间隙

② 用塞尺测量主、从动齿轮的啮合间隙。转动齿轮选择相隔 120° 的三个位置进行，取其平均值，其标准值为 0.05mm，最大磨损不得超过 0.20mm，如图 4-36 所示。

③ 用直尺、塞尺或游标深度尺测量泵盖与齿轮端面的间隙。其间隙一般为 0.025～0.075mm，其极限值为 0.15mm。端面间隙过大，会发生内漏，使润滑油压力降低，如图 4-37 所示。

（2）检查机油泵主动轴的弯曲度　将机油泵主动轴支承在 V 形架上，用百分表检查弯曲度。如果弯曲度超过 0.03mm，则应对其进行校正或报废。

（3）检查机油泵盖　机油泵盖如有磨损、翘曲和凹陷超过 0.05mm，可以用车、研磨等方法进行修复。

（4）检查限压阀　检查限压阀弹簧有无损伤、弹力是否减弱。检查限压阀配合是否良好、油道是否堵塞、滑动表面有无损伤。出现上述现象应予以报废。

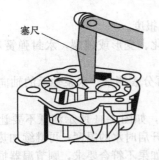

图 4-36　测量主、从动齿轮的啮合间隙

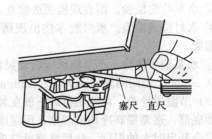

图 4-37　测量齿轮端面与泵盖之间的间隙

### 4.2.8　燃油供给系统主要零部件检验

（1）电动燃油泵检验

① 电动燃油泵电阻检测。测量电动燃油泵电源端子和搭铁端子间的电阻，即为电动燃油泵直流电动机线圈的电阻，其阻值应为 $0.2 \sim 3\Omega$，否则应报废。

② 电动燃油泵工作状态检查。将电动燃油泵与蓄电池相连，正负极不得反接，并使燃油泵尽量远离蓄电池，每次通电时间不得超过 10s。如果电动燃油泵不转动，则应予以报废。

（2）电动燃油泵供油量检查　按安全操作规程拆除燃油分配管上的进油管，把拆开的进油管放入一个大号量杯中，用跨接线将电动燃油泵与蓄电池相连，此时电动燃油泵工作，泵送出高压汽油，记录电动燃油泵工作时间和供油体积，供油量应符合车型技术要求。一般经汽油滤清器过滤后的供油量为 $(0.6 \sim 1)L/30s$。

## 4.3　发动机电控系统典型传感器检验

（1）空气流量计检验　空气流量计的单独检验主要是在传感器与线路不连接的情况下，对传感器内部情况进行检验，从而判断传感器是否损坏。检验步骤如下。

① 拆卸空气流量计后，用 12V 蓄电池在空气流量计 D、E 端子之间施加电压，如图 4-38 所示，测量 B、D 之间的电压应在 $2 \sim 4V$。

② 送风通过空气流量计，B、D 之间的电压应在 $1 \sim 1.5V$ 变化。如所测电压不正常则表示传感器损坏应报废。

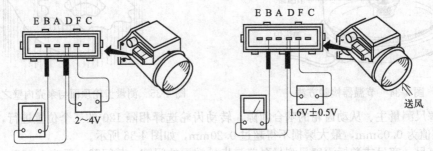

图 4-38　空气流量计检测

（2）节气门位置传感器检验　检验步骤如下。

① 在传感器的两个接线端上连接好全套的测试仪器，如图 4-39 所示，在 $V_C$ 和 $E_2$ 之间施加 5V 电压。使用汽车万用表测试节气门位置传感器的信号电压。

② 慢慢地开大节气门，观察万用表电压。电压读数应该平稳、逐渐地增大。急速时，正常的

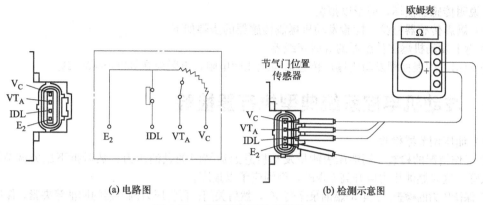

(a) 电路图 　　　　　　　　　　　(b) 检测示意图

图 4-39　节气门位置传感器的检测

节气门位置传感器上测出的电压值应为 0.5~1V，全开节气门应为 4~5V。如果在节气门位置传感器上没有获得规定的电压读数或电压信号不稳定，则表明传感器损坏应报废。

（3）冷却液温度传感器检验　把发动机冷却液温度传感器拆下装在一个装满水的容器内，在传感器的接线端上接一个汽车万用表，使用万用表的电阻挡测量，如图 4-40 所示。将温度计放入加热的水中。对应着不同的温度，依据负温度系数热敏电阻温度传感器特性曲线，传感器应有对应电阻值。对照汽车制造商提供的性能指标，如果传感器的电阻值不符合要求，说明传感器损坏应报废。

（4）进气温度传感器检验　把进气温度传感器从发动机上拆下，按照图 4-40 的方法，与温度计一同放入一个装水的容器内，使用汽车万用表的电阻挡测量传感器电阻值，加热容器里的水，对应每个温度值，参考负温度系数热敏电阻温度传感器特性曲线，传感器都应有确定的电阻值。如果测得传感器电阻值没有变化，说明传感器损坏，应予以报废。

（5）发动机转速传感器检验　拔下磁式传感器插头，用万用表的电阻挡测量传感器感应线圈的电阻值，测量值应符合汽车制造商规定。其阻值一般在 300~1500Ω。阻值不在范围内说明传感器损坏，应予以报废。

（6）霍尔传感器检验

① 插回传感器插头，启动发动机，测量传感器输出端子信号电压，应为 3~6V，若无信号电压，则为传感器损坏，应予以报废。

② 用示波器检查传感器输出电压波形。

（7）氧传感器的检验　从发动机上拆下氧传感器，将数字式电压表的信号导线与传感器相连，并把传感器的敏感元件放到丙烷氧气焊枪的火焰上加热。丙烷火焰可以使敏感元件与氧气隔离，这样将导致传感器产生电压。传感器的敏感元件处在火焰中时，输出电压应该接近 1V，而把敏感元件从火焰中拿出时，输出电压应立刻降至 0V。如果传感器输出电压没有按上述发生变化，说明传感器损坏，应予以报废。

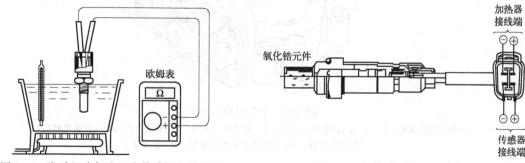

图 4-40　发动机冷却液温度传感器电阻检测　　　图 4-41　氧传感器加热器接线端

拆下传感器，在加热器的接线端上连一只万用表，如图 4-41 所示。如果加热器没有正常的电阻值，说明传感器损坏，应予以报废。

（8）爆震传感器检验　检验发动机爆震传感器的步骤如下。

① 拆下发动机爆震传感器的导线接线器。

② 使用万用表检测发动机爆震传感器与地线间电阻，电阻应在 $3300\sim4500\Omega$。

# 4.4　发动机电控系统典型执行器检验

（1）油压调节器检验

① 工作情况的检查。用油压表测量发动机怠速运转时的燃油压力，然后拆下压力调节器上的真空软管，这时燃油压力应升高 50kPa，否则应予以报废。

② 保持压力的检查。让电动燃油泵运转 10s，然后关闭；再将压力调节器的回油管夹紧，保持压力，5min 后观察油压。如果该油压与不夹紧回油管时的油压相比有所上升，表明调节器有泄漏，应报废。

③ 拆卸检查。拆下压力调节器的进油管和真空软管，这时两者之间应不通；否则，表明有泄漏，应予以报废。

（2）喷油器检验　用手指接触喷油器，应可察觉到喷油的脉动。检查喷油器电阻值、30s 喷油量等性能参数，应符合规定的标准，如表 4-2 所示。

喷油器拆下后，通 12V 电压时，可听到接通和断开的声音（注意：通电时间应不大于 4s，再次试验应间隔 30s）。

检查喷油器的滴漏。油泵运转时，每个喷油器在 1min 内允许滴油 1~2 滴，否则应更换喷油器。在测试喷油器的喷油速率的同时，可检查喷射形状，所有喷射形状应相同，都是小于 35° 的圆锥雾状。

表 4-2　喷油器的检测标准值

| 检测项目 | 桑塔纳 2000GLi 发动机喷油器 |
| --- | --- |
| 室温时电阻/Ω | 15.9±0.35 |
| 发动机工作时电阻增量/Ω | 4~6 |
| 30s 喷油量/mL | 78~85 |

（3）发动机节气门控制组件 J338 检验　节气门控制组件 J338 将节气门电位计 G69、节气门控制器电位计 G88、节气门控制器 V60 及怠速开关 F60 合为一体，如图 4-42 所示。

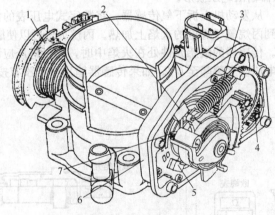

图 4-42　节气门控制组件
1—节气门拉索轮；2—节气门控制器电位计；3—紧急运行弹簧；4—节气门控制器（怠速电动机）；
5—节气门电位计；6—整体式怠速稳定装置；7—怠速开关

节气门电位计 G69 和节气门控制器电位计 G88，这两个部件起着节气门位置传感器的作用。

如图 4-43 所示为供电电压的检测，测量节气门控制组件插头端子 4 和 7 间电压应不小于 4.5V。

　　线束导通性的检测如图 4-43 所示。检查节气门控制组件插头端子至发动机控制单元 J220 相应端子如图中所示的控制单元 J220 的 66 号端子与传感器 1 号端子、控制单元 J220 的 59 号端子与传感器 2 号端子、控制单元 J220 的 69 号端子与传感器 3 号端子、控制单元 J220 的 62 号端子与传感器 4 号端子、控制单元 J220 的 75 号端子与传感器 5 号端子、控制单元 J220 的 67 号端子与传感器 7 号端子、控制单元 J220 的 74 号端子与传感器 8 号端子之间的电阻值，最大不得超过 $1.5\Omega$。

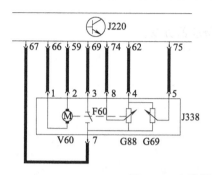
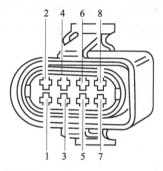

图 4-43　电路图与连接插头

　　节气门波形分析如图 4-44 所示，电压应从怠速时的低于 1V 到节气门全开时的低于 5V。不符合要求说明节气门控制组件损坏，应予以报废。

　　（4）点火控制器检验　对于无分电器的点火控制系统，检查点火控制器端子间的电压，其电压值应符合规定，如表 4-3 所示；如不符合，说明点火控制器损坏，应予以报废。

表 4-3　点火控制器端子间的电压

| 端子 | 标准电压值 | 检测条件 |
| --- | --- | --- |
| +B～接地 | 9～14V | 点火开关处于"ON"位置 |
| IGT～接地 | 有电压脉冲 | 发动机启动或怠速运转 |
| IGF～接地 | 有电压脉冲 | 发动机启动或怠速运转 |

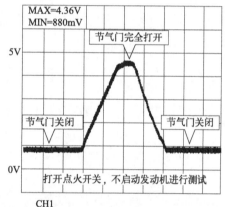

图 4-44　节气门开启闭合波形

　　① 点火线圈检验。拔下点火线圈的插头，并从火花塞上拔下点火线，如图 4-45 所示，用万用表测量点火线圈的次级电阻。1、4 缸和 2、3 缸电阻规定值均为（4～6）kΩ。如电阻值不符合规定，说明点火线圈总成损坏，应予以报废。

　　② 点火线圈与点火控制器供电与搭铁情况的检验。将点火线圈的点火控制器的 4 针插头拔下，如图 4-46 所示，用万用表测量线束端插头端子 2（电源端）和端子 4（搭铁端）之间的电压，其电压值应为蓄电池电压，应大于或等于 11.5V。

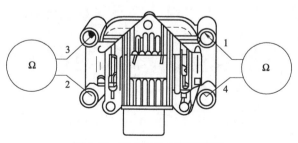

图 4-45　双火花电子线圈组件

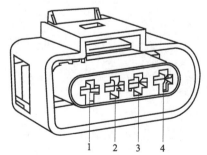

图 4-46　点火控制组件插头

**思考题**

1. 简述电喷发动机的拆解步骤，拆解过程中需要注意哪些环保要求。
2. 简述发动机气缸体检验的主要内容。
3. 简述汽油发动机电控系统中氧传感器检验的方法。

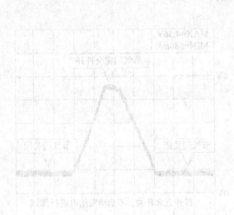

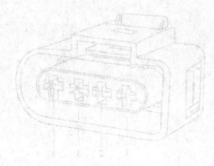

# 第5章 报废汽车底盘及车身拆解工艺

## 5.1 汽车底盘系统拆解工艺

虽然各类报废汽车的车型不同，但其底盘结构基本相同，所以拆解方法也有很多共同点。一般而言，在拆装过程中，要遵循以下拆解原则。

① 注意观察，当心安全。在拆解作业过程中，安全第一，时刻要观察各拆解工位上的情况，防止因不当操作和意外事件导致安全事故。

② 科学安排，先易后难。在拆解过程中要先拆容易拆的零部件，比较难拆的应该等一等，拆解工位的安排一定要科学合理，以便于优化作业效率和场地使用率。

③ 合理使用工具，有序拆解。在拆解过程中，需要用到很多种拆解工具，工具选择要求合理有效，有效的工具可以大大提高作业的效率。拆解顺序要合理科学，要根据不同零部件之间的装配关系来确定其拆解先后顺序；同时，在拆解过程中，各种卸下的拆解件要合理分类，有序摆放。

本节以桑塔纳轿车为例讲解汽车底盘系统的拆解工艺。桑塔纳轿车是前轮驱动轿车，其传动系统中的离合器、变速器、主减速器、差速器及传动轴均布置在前桥附近，且变速器、主减速器、差速器安装在一个外壳内，结构布置紧密，如图5-1所示。桑塔纳轿车后桥结构比较简单，如图5-2所示。

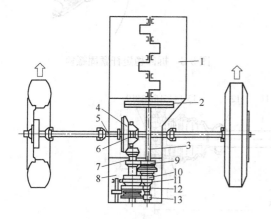

图 5-1　桑塔纳轿车前桥结构

1—发动机；2—离合器；3—变速器输入轴；4—主减速器；
5—传动轴；6—差速器；7—变速器输出轴；8—变速器；
9—4挡齿轮；10—3挡齿轮；11—2挡齿轮；
12—倒挡齿轮；13—1挡齿轮

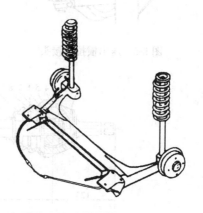

图 5-2　桑塔纳轿车后桥结构

### 5.1.1 万向传动装置及传动轴拆解

桑塔纳轿车传动轴为空心传动轴，其两端采用了两种不同型号的球笼式等速万向节，万向节通过花键轴与前轮连接。万向传动装置及传动轴拆解过程如下。

①车轮着地时，取下车轮装饰罩，旋下轮毂与传动轴紧固螺母，如图5-3所示。

②卸下垫圈。旋松车轮紧固螺母，用双立柱式举升机举起汽车，拆下车轮。

③旋下制动钳紧固螺栓，旋下制动盘。

④取下制动软管支架，并用铁丝将制动钳固定在车身上，如图5-4上部箭头所示。拆下球形接头紧固螺栓，如图5-4下部箭头所示。

⑤用专用工具压出横拉杆接头，如图5-5所示。

⑥旋下稳定杆的紧固螺栓，如图5-6所示。

⑦向下掀压下臂，从车轮轴承壳内拉出传动轴。然后，从变速器输出轴花键槽内拉出半轴和万向传动装置，传动轴结构如图5-7所示。

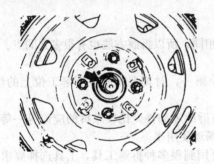

图5-3 旋下轮毂与传动轴紧固螺母

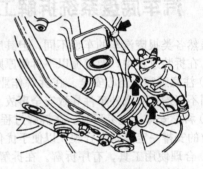

图5-4 旋下制动钳紧固螺栓

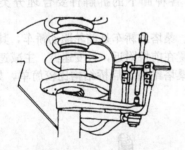

图5-5 压出横拉杆接头

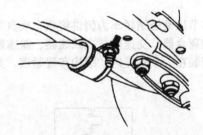

图5-6 拆卸稳定杆紧固螺栓

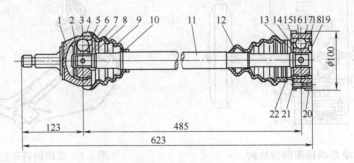

图5-7 传动轴结构

1—RF外星轮；2,19—卡簧；3,16—钢球；4—夹箍；5—RF节球笼；6—RF内星轮；7—中间挡圈；8,13—碟形弹簧；9,12—橡胶护套；10,22—夹箍；11—花键轴；14—VL节内星轮；15—VL节球笼；17—VL节外星轮；18—密封垫片；20—塑料护罩；21—VL节护盖

⑧ 用钢锯将等速万向联轴器金属环锯开，拆卸防尘罩。

⑨ 用轻锤（橡胶锤或铝锤）用力从传动轴上敲下万向节外圈，如图 5-8 所示。

⑩ 拆卸弹簧锁环，如图 5-9 所示。压出万向节内圈，如图 5-10 所示。

⑪ 分解外等速万向节。拆散之前用油石在钢球球笼和外星轮上标出内星轮的位置。旋转内星轮与球笼，依次取出钢球，如图 5-11 所示。用力转动钢球笼直至两个方孔，如图 5-12 所示，与外星轮对齐，与外星轮一起拆下球笼。把内星轮上扇形齿旋入球笼的方孔，然后从球笼中取下内星轮，如图 5-13 所示。

⑫ 分解内等速万向节。转动内星轮与球笼，按图 5-14 箭头所示方向压出球笼里的钢球。内星轮与外星轮一起选配，不能互换。从球槽上面（如图 5-15 箭头所示）取出球笼里的内星轮。

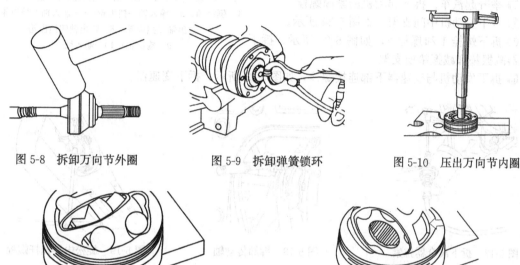

| 图 5-8 拆卸万向节外圈 | 图 5-9 拆卸弹簧锁环 | 图 5-10 压出万向节内圈 |

图 5-11 取出钢球　　　　　　　　　图 5-12 球笼拆卸

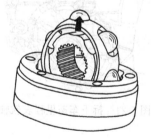

图 5-13 内星轮拆卸　　　　图 5-14 取出钢球　　　　图 5-15 取出内星轮

## 5.1.2 变速器拆卸

桑塔纳轿车的五挡手动变速器（如图 5-16 所示），由传动机构、操纵机构、变速器壳体等组成，具有结构紧凑、噪声低、操作灵活可靠等优点。该变速器的 5 个前进挡均装有锁环式惯性同步器，所有挡位都有防跳挡措施。

变速器总成拆卸步骤如下。

① 拆下离合器拉索，如图 5-17 所示。

② 举升起汽车。将传动轴（半轴）从变速器上拆下来并支撑好，如图 5-18 所示。

③ 旋松变速操纵机构的内换挡杆螺栓，如图 5-19 所示。

④ 压出支撑杆球头，并将内换挡杆与离合块分离，如图 5-20 所示。

⑤ 拆下倒挡开关的接头。

⑥ 拆下车速里程表软轴，如图 5-21 所示。

⑦ 拆下离合器盖板，如图 5-22 所示。

⑧ 拆下排气管。必要时将发动机空气滤清器取下，有利于拆下排气管的螺母。

⑨ 放下汽车，并将发动机固定好，如图 5-23 所示。拆下发动机与变速器上部连接螺栓。

⑩ 举升起汽车。拆下起动机的紧固螺栓。

⑪ 拆下发动机中间支架，如图 5-24 所示。

⑫ 拆下螺栓 1 和螺栓 2，如图 5-25 所示。拆下变速器减振垫和减振垫前支架。

⑬ 拆下发动机与变速器下部连接螺栓，如图 5-26 所示。拆下变速器。

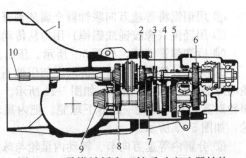

图 5-16　桑塔纳轿车五挡手动变速器结构

1—变速器壳体；2—输入轴三挡齿轮；3—倒挡齿轮；
4—倒挡轴；5—输入轴一挡齿轮；6—输入轴五挡齿轮；
7—输出轴二挡齿轮；8—输出轴四挡齿轮；
9—输出轴；10—输入轴

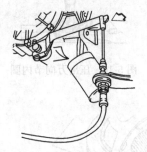

图 5-17　拆下离合器拉索

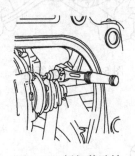

图 5-18　拆卸传动轴

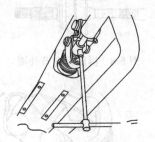

图 5-19　旋松内换挡杆螺栓

图 5-20　压出支撑杆球头

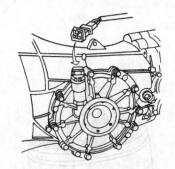

图 5-21　拆下车速里程表软轴

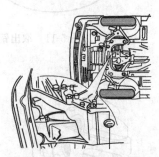

图 5-22　拆下离合器盖板

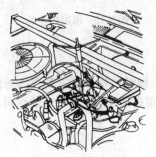

图 5-23　固定发动机

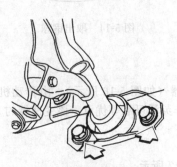

图 5-24　拆下发动机中间支架

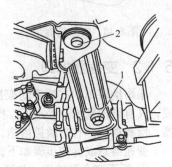

图 5-25　拆下螺栓

1,2—螺栓

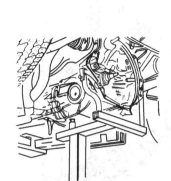

图 5-26　拆下变速器与
发动机下部连接螺栓

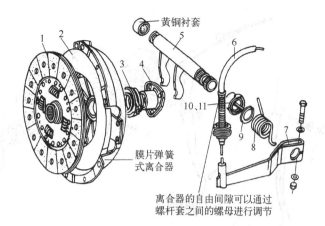

图 5-27　离合器结构图

1—离合器从动盘；2—膜片弹簧与压盘；3—分离轴承；
4—分离套筒；5—分离叉轴；6—离合器拉索；
7—分离叉轴传动杆；8—回位弹簧；9—卡簧；
10—橡胶防尘套；11—轴承衬套

## 5.1.3　离合器拆解

桑塔纳轿车离合器采用单片、干式、膜片弹簧离合器，如图 5-27 所示，它主要由离合器盖、压盘、从动盘、膜片弹簧、分离轴承、分离套筒、分离叉轴、离合器拉索等零部件组成。

桑塔纳轿车的离合器操纵机构大多为机械拉索式分离装置。机械拉索式分离装置主要由分离轴承、分离轴、分离轴传动杆等零部件组成，如图 5-28 所示。踩下离合器踏板时，踏板上端拉动离合器拉索，使分离轴承传动杆顺时针转动，同时带动分离轴顺时针转动，使分离拨叉推动分离轴承，压迫膜片弹簧，离合器分离。离合器拆卸步骤如下。

① 首先拆下变速器。

② 将飞轮固定，然后将离合器压盘的固定螺栓对角拧松后，拆下固定螺栓，再取下离合器盖及压盘总成，并取下离合器从动盘。

③ 按图 5-29 所示的顺序分解离合器踏板装置。离合器压盘和从动盘的分离，如图 5-30 所示。

## 5.1.4　主减速器和差速器拆解

桑塔纳轿车的主减速器为单级式主减速器，主减速齿轮是一对螺旋伞齿轮，齿面为准双曲面，其主减速器传动比为 4.4。差速器为

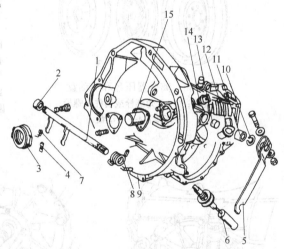

图 5-28　机械拉索式分离装置

1—分离轴；2,12—轴承衬套；3—分离轴承；4—夹子；
5—分离轴传动杆；6—离合器拉索；7—支承弹簧；
8—回位弹簧；9—变速箱罩壳；10—挡圈；11—橡皮防尘套；
13—轴承；14—上止点信号发生器测试孔塞子；15—导向套筒

行星齿轮式，车速表驱动齿轮安装于差速器壳体上。主减速器和差速器的分解如图 5-31 所示。

(1) 主动锥齿轮和从动锥齿轮总成拆解

① 拆卸变速器，将其固定在支架上。拆下轴承支座和后盖。

② 取下车速里程表的传感器，如图 5-32 所示。

③ 锁住传动轴（半轴），拆下紧固螺栓，取下传动轴，如图 5-33 所示。

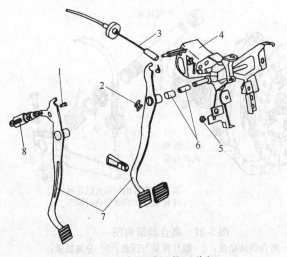

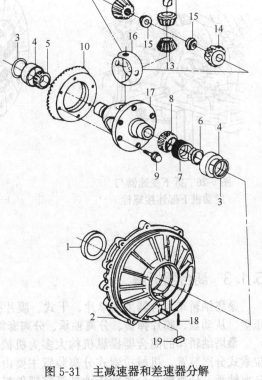

图 5-29 离合器踏板装置分解

1—连接销；2—保险装置；3—离合器拉索；4—踏板支架；
5—限位块；6—轴承衬套；7—离合器踏板；8—助力弹簧

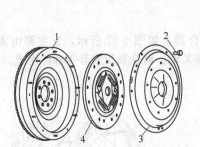

图 5-30 离合器压盘和从动盘

1—飞轮；2—六角螺栓或圆柱头螺栓；
3—压盘；4—从动盘

图 5-31 主减速器和差速器分解

1—密封圈；2—主减速器盖；3—从动锥齿轮的调整垫片；
4—轴承外圈；5—差速器轴承；6—锁紧套筒；7—车速表
主动齿轮；8—差速器轴承；9—螺栓；10—从动锥齿轮；
11—夹紧销；12—行星齿轮轴；13—行星齿轮；14—半轴
齿轮；15—螺纹管；16—复合式止推垫片；17—差速器壳；
18—磁铁固定销；19—磁铁

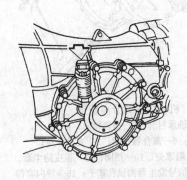

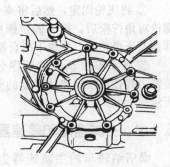

图 5-32 取下车速里程表的传感器　　图 5-33 拆卸紧固螺栓　　图 5-34 拆下主减速器盖

④ 取下车速里程表的主动齿轮导向器和齿轮。

⑤ 拆下主减速器盖，如图 5-34 所示。从变速器壳体上取下差速器。

⑥ 用铝质夹具将差速器壳固定在台虎钳上，拆下从动齿轮的紧固螺栓。从动锥齿轮的紧固螺栓是自动锁紧的，一经拆卸就必须更换。

⑦ 拆下从动锥齿轮，如图 5-35 所示。

⑧ 拆下并分解变速器输出轴。仔细检查所有零件，尤其是同步器环和齿轮，对于损坏和磨损的，应进行更换。

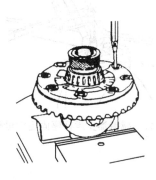

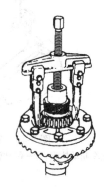

图 5-35 拆卸从动锥齿轮　　　　　　　　　图 5-36 拆下差速器轴承

（2）半轴齿轮和行星齿轮拆解

① 拆下差速器。

② 拆下差速器两边的轴承，同时拆下车速表主动齿轮和锁紧套筒，如图 5-36 所示。

③ 拆下变速器侧面的密封圈，如图 5-37 所示。

④ 从主减速器盖上拆下差速器轴承的外圈和调整垫片，如图 5-38 所示。

⑤ 从变速器壳体上拆下差速器轴承的外圈和调整垫片。

⑥ 拆下行星齿轮轴的夹紧套筒，如图 5-39 所示。

⑦ 取下行星齿轮轴，再取下行星齿轮和半轴齿轮。

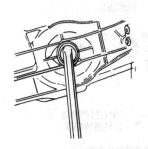
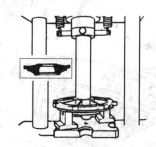

图 5-37 拆下密封圈　　　图 5-38 拆下差速器轴承的外圈　　　图 5-39 拆下行星齿轮轴
　　　　　　　　　　　　　　　　和调整垫片　　　　　　　　　　　的夹紧套筒

## 5.1.5 车桥与悬架拆解

桑塔纳轿车的车桥通过悬架与车身连接，前桥悬架为麦弗逊独立悬架，相关拆解过程在后文独立悬架拆解部分阐述，本节主要说明后桥及后桥悬架的拆解过程。

① 将驻车制动拉索 1 从拉杆上吊出，如图 5-40 所示。必要时可脱开制动蹄。

② 分开轴体上的制动管和制动软管 2。

③ 松开车身上的支承座 3，仅留一个螺母支承。

④ 拆下排气管吊环。用专用工具撑住后桥横梁。

⑤ 取下车室内减振器盖板。从车身上旋下支承杆座螺母，如图 5-41 所示。

⑥ 拆卸车身上的整个支承座。

⑦ 慢慢升起车辆。将驻车制动拉索从排气管上部拉出。

⑧ 将后桥从车底下拆出。

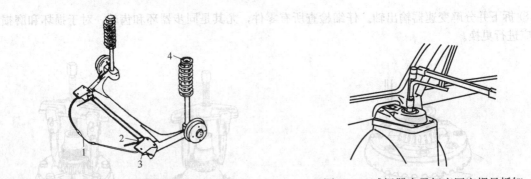

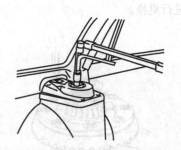

图 5-40　后桥总成拆解　　　　　　　　　　　图 5-41　减振器支承杆座固定螺母拆卸
1—驻车制动拉索；2—制动软管；3—支承座；4—支承杆座

## 5.2　自动变速器拆解工艺

　　不同车型的自动变速器，其自身结构形式有所区别，但也有许多共同或相近之处，本节以日系轿车 A341 系列的自动变速器为例，阐述自动变速器拆解工艺。该系列自动变速器的基本结构如图 5-42、图 5-43 所示，其拆解步骤如下。

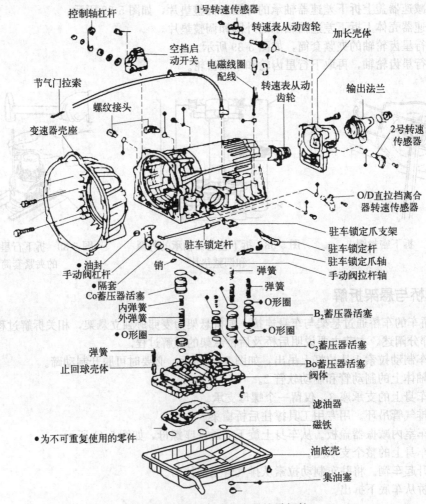

图 5-42　A341 系列自动变速器的零部件（一）

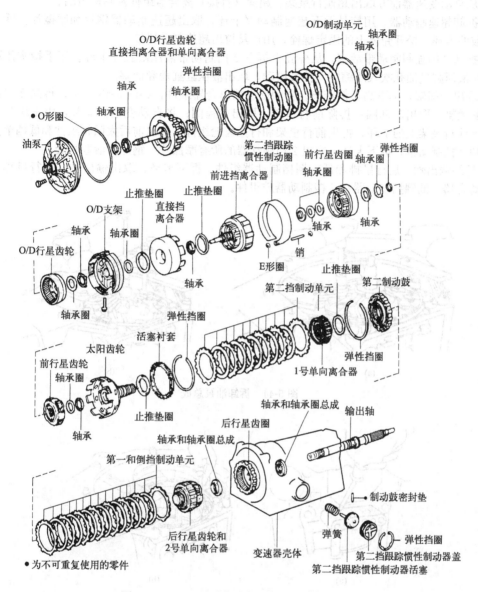

图 5-43 A341 系列自动变速器的零部件（二）

（1）拆卸自动变速器、后壳体油底壳及阀板

① 清洁自动变速器外部，拆除所有安装在自动变速器壳体上的零部件。

② 从自动变速器前方取下液力变矩器，松开紧固螺栓，拆下自动变速器前端的液力变矩器壳，拆除输出轴凸缘和自动变速器后端壳，从输出轴上拆下车速传感器的感应转子。

③ 拆下油底壳，取下油底壳连接螺栓后，用专用工具的刃部插入变速器与油底壳之间，切开所涂密封胶。

④ 拆下连接在阀板上的所有线束插头。拆下电磁阀。拆下与节气门阀连接的节气门拉索，用旋具把液压油管撬起取下。松开进油滤网与阀板之间的固定螺栓，从阀板上拆下进油滤清器。

⑤ 拆下阀板与自动变速器壳体之间的连接螺栓，取下阀板总成，取出自动变速器壳体油道中的止回阀、弹簧和蓄压器活塞，拆下手控阀拉杆和停车闭锁爪。

（2）拆卸油泵总成　如图 5-44 所示，拆下油泵固定螺栓，用专用工具拉出油泵总成。

（3）拆解行星齿轮变速器

① 从自动变速器前方取出超速行星架、超速（直接）离合器组件及超速齿圈。

② 拆卸超速制动器，用旋具拆下超速制动器卡环，取出超速制动器钢片和摩擦片。拆下超速制动器鼓的卡环，松开壳体上的固定螺栓，用拉具拉出超速制动器鼓。

③ 拆卸2挡强制制动带活塞，从外壳上拆下2挡制动带液压缸缸盖卡环。用手指按住液压缸缸盖，从液压缸进油孔吹入压缩空气使其松动，取出液压缸缸盖和活塞。

④ 取出中间轴，拆下高、倒挡离合器和前进挡离合器组件，如图5-45所示，拆除2挡跟踪惯性制动圈销轴，取出制动圈；拆除前行星排，取出前齿圈；将自动变速器立起，用木块垫住输出轴，拆下前行星架上的卡环；拆出前行星架和行星齿轮组件，取出前后太阳轮组件和低挡单向离合器；拆卸2挡制动带，拆下卡环，取出2挡制动器的所有摩擦片、钢片及活塞衬套。

⑤ 拆卸输出轴、后行星排和低、倒挡制动器组件。拆下卡环，取出输出轴、后行星排、前进挡单向离合器、低倒挡制动器和2挡制动器鼓组件。

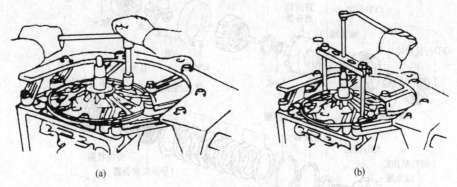

(a)　　　　　　　　　　　　　　(b)

图5-44　拆卸油泵总成

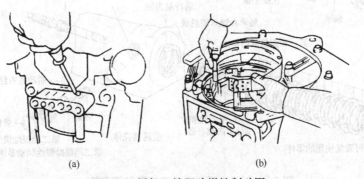

(a)　　　　　　　　　　　　　　(b)

图5-45　拆卸2挡跟踪惯性制动圈

## 5.3　汽车车身拆解工艺

本节以小客车（非承载式和承载式）车身、货车车身、大客车车身为例，分别叙述各类车身的拆解工艺。

### 5.3.1　小客车车身

（1）小客车非承载式车身　非承载式小客车车身可以逐件拆卸。先拆下车前钣金件，如保险杠、前装饰罩等；再拆下车后钣金件，如后保险杠等。按次序再拆下前机器盖、后行李箱左右翼子板、前后车门、门柱等；全部拆下后，只剩下非承载式车身底座，即车架。

（2）小客车承载式车身　小客车承载式车身是焊接的车身壳体，一般采用气割的办法拆解。但保险杠、车门、前机器盖、后行李箱及翼子板仍可以拆卸。

## 5.3.2　货车车身

货车车身通常采用非承载式车身，它是由车厢、驾驶室等组成的，而且车厢、驾驶室都是独立的，可整体拆卸。

（1）货车车身拆解步骤

① 拆掉全车电气导线及信号装置（如前、后车灯及喇叭等），卸掉各边板的高栏栏板，卸下货厢的挡泥板；

② 卸掉货厢纵梁与车架的 U 形紧固螺栓及其他连接螺栓，之后行吊配合，把货厢整体移位；

③ 卸下散热器罩撑杆与罩的连接串销，使罩与撑杆脱开，卸下散热器罩与支架的连接螺栓，取下发动机罩；

④ 卸下散热器罩与翼子板的连接螺栓，取下中间胶垫，卸下脚踏板与支架的连接螺栓，卸下脚踏板及其支架；

⑤ 卸掉翼子板与车架及各道支架（前、中、后）的连接螺栓，取下翼子板及发动机挡泥板，从车架上卸掉各翼子板支架；

⑥ 卸掉驾驶室内的坐垫及靠背，拆下驾驶室内的转向盘、转向器支架与仪表板的连接螺栓，并从转向器管柱上拆下支架及胶圈；拆下离合器踏板及转向器盖板、变速箱盖板、蓄电池盖板；卸掉油门踏板和制动板；卸掉百叶窗拉杆、气压表空气管、速度表软轴等；

⑦ 卸掉安装在驾驶前壁外侧的各类装置，如喇叭、发电机调节器、散热器撑杆等，卸掉车门上的后视镜，卸掉左、右车门的折页串销及限位器串销，卸下车门；

⑧ 卸下驾驶室左、右、后悬置与驾驶室的连接螺栓，利用行吊，使驾驶室整体移位。

（2）驾驶室拆解　在驾驶室内，可依次拆下车载音响系统、收音机等，拆掉仪表盘、遮阳板、刮水器挡板、挡风玻璃刮水器、棚顶灯、室内衬纸、前后挡风玻璃、小通风窗等。如驾驶室损伤严重，则可进行局部或整体解体。

（3）车厢拆解

① 分别拆掉货厢的左、右及后高栏栏板，取出边板折页串销，分别取下左、右后边板；

② 旋下前边板（带安全架）与货厢前横梁（木质）及纵梁（木质）的固定螺栓，取下前边板及安全架，从货厢底板上拆下底板与横梁的连接螺钉；

③ 将货厢底板翻面，使其原底面朝上，以便拆下纵梁和横梁，拆掉纵梁与横梁的连接角支撑板固定螺栓，取下各角支撑板；

④ 旋下纵、横梁 U 形连接螺栓的螺母，取下 U 形螺栓，从而使纵梁与横梁脱开，取下纵梁，拆掉横梁与货厢底板的连接长螺栓，从而使横梁与底板脱开，取下横梁及横梁垫板；

⑤ 拆掉货厢底板上的各折页固定螺栓，取下各长、短页板，从底板边框逐次取下各块长条形木板；

⑥ 分别从横梁上卸下绳钩、折页板及各垫板，从纵梁上卸下与车架的连接板等，拆下边板上的挂钩固定螺栓，取下挂钩；

⑦ 在必要的情况下，可用氧割割开某些焊缝，取下损坏的铁板、管、角钢、槽钢及挂钩。

（4）车门拆解

① 卸掉车门限位器与驾驶室门框的连接销钉以及折页串销，取下车门总成；

② 卸掉工作孔盖板螺栓，取下盖板，从工作孔中取出车门限位器；

③ 摇动升降器摇把，使门玻璃及升降器下落至玻璃槽并在工作孔中部露出为止，把升降器 T 形杆的滚子轴拨至滑槽两端的凹口处，并从滑槽中取出，使升降器与滑槽脱开；

④ 一只手伸入工作孔内向上推动滑槽及玻璃，并从车门上方窗口将玻璃从门框的滑动铁槽中取出，之后旋下升降器摇把固定螺钉，取下摇把，卸下升降器与车门内壁的连接固定螺钉；

⑤ 从工作孔处取出升降器总成，旋下内门把固定螺钉，取下内门把，旋下门锁联动杆与车门内壁的连接固定螺钉，把手伸入工作孔内，使联动杆前端销孔与传动销钉脱开；拉动联动杆，从而使其与门锁脱开，从工作孔中取出联动杆总成；

⑥ 旋下外门把与车门的连接固定螺钉，取下外门把，旋下门锁与车门内壁的连接固定螺钉，从工作孔取出门锁总成；旋下玻璃绒槽与门框的固定螺钉，取下绒槽和密封条。

### 5.3.3 大客车车身

大客车车身多为厢式整体车身，外表用金属薄板（早期也有用玻璃钢的）铆接在车身骨架上。车厢内用装饰板封闭。在拆解时，首先拆下前后保险杠，大客车车门多为单向折叠或双向折叠，其结构比较简单，摘下门销即可拆下车门；然后再拆下车内座椅、车身内外装饰板及金属板、车窗玻璃等。

## 5.4 汽车助力转向系统拆解工艺

汽车助力转向系统由转向操纵机构、转向器及转向传动装置等组成，不同车型的助力转向系统基本结构有非常多的相同点，拆解工艺也大同小异。本节以桑塔纳轿车的助力转向系统为例，讲解汽车助力转向系统的拆解工艺。

桑塔纳轿车助力转向系统是在原机械式齿轮齿条转向器的基础上增加了储油罐、液压泵、控制阀及动力缸，如图5-46所示。转向器和动力缸、控制阀组合成一体，故称为整体式动力转向器，其结构如图5-47所示。

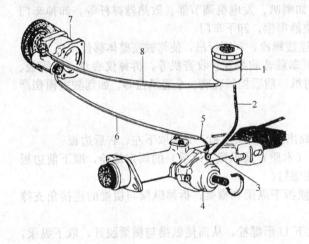

图 5-46 桑塔纳轿车助力转向系统结构
1—储油罐；2—动力转向器出油软管；3—动力转向器
出油硬管；4—动力转向器；5—动力转向器进油硬管；
6—动力转向器进油软管；7—叶片式油泵；8—进油软管

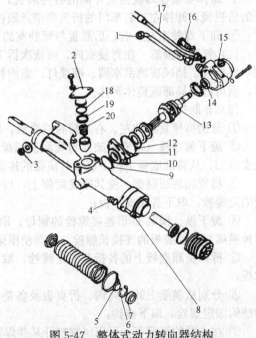

图 5-47 整体式动力转向器结构
1—油管；2—压盖；3,4—自锁螺母；5—更换齿形环；
6—挡圈；7—齿条密封罩；8—圆柱内六角螺栓；
9,11,12,18—圆绳圈；10—中间盖；13—转向
机构主动齿轮；14—密封圈；15—阀门罩壳；
16—管接头螺栓；17—回油管；19—补偿垫片；20—压簧

### 5.4.1 转向柱拆解

方向盘与转向管柱的分解，如图5-48所示，拆装和分解方向盘与转向管柱时可参照此图进行。转向柱上装有一套组合开关，包括点火开关、前风窗刮水及清洗开关、转向灯开关及远近光变光开关，因此在拆卸前必须将蓄电池电源线断开，转向指示灯开关放在中间位置，并将车轮处在直线行

驶位置，然后按下列拆卸步骤进行。

① 向下按橡皮边缘，撬出盖板。

② 取下喇叭盖，拆卸喇叭按钮及有关接线。

③ 拆下转向盘紧固螺母，用拉器将转向盘取下。

④ 拆下组合开关上的三个平口螺栓，取下开关。

⑤ 拆下阻风门控制把手手柄上的销子，然后旋下手柄、环形螺母，取下开关。

⑥ 拆下转向柱套管的两个螺钉，拆下套管。

⑦ 将转向柱上段往下压，使上段端部法兰上的两个驱动销脱离转向柱下端，取出转向柱上段。

⑧ 取下转向柱橡胶圈，松开夹紧箍的紧固螺栓，拆下转向柱下端。

⑨ 用水泵钳旋转卸下弹簧垫圈，卸下左边的内六角螺栓，旋出右边的开口螺栓，拆下转向盘锁套。

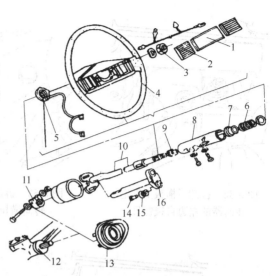

图 5-48　方向盘与转向管柱分解图

1—方向盘盖板；2—喇叭按钮盖板；3—方向盘与转向柱紧固螺母 M16；4—方向盘；5—接触环；6—压缩弹簧；7—连接圈；8—转向柱套管；9—轴承；10—转向柱上段；11—夹箍；12—动力转向器；13—转向柱防尘橡胶圈；14—转向减振尼龙销；15—转向减振橡胶圈；16—转向柱下段

### 5.4.2　动力转向器拆卸

动力转向器的拆解步骤如下。

① 吊起车辆，排放转向液压油。

② 拆下固定横拉杆的螺母，如图 5-49 所示。

③ 拆卸左前轮罩处的转向器固定螺栓，如图 5-50 所示。

④ 松开转向控制阀外壳上的高压油管，如图 5-51 所示。

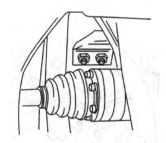

图 5-49　拆卸横拉杆固定螺母

图 5-50　拆卸左前轮罩处的
转向器固定螺栓

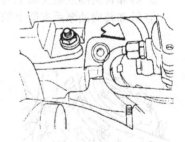

图 5-51　松开高压油管

⑤ 拆卸后横板上固定转向器的左边自锁螺母，如图 5-52 所示。

⑥ 把车辆放下。拆卸紧固齿条与转向横拉杆的螺栓，如图 5-53 所示。

⑦ 拆卸仪表板侧边下盖、通风管和踏板盖。

⑧ 拆卸紧固转向小齿轮与下轴的螺栓，并使各轴分开，如图 5-54 所示。

⑨ 拆卸防尘套。从汽车内部，拆卸固定转向控制阀外壳上回油软管的放油螺栓，如图 5-55 所示。

⑩ 拆卸后横板上转向器的固定自锁螺母，如图 5-56 所示，之后便可拆下转向器。

### 5.4.3　转向油泵拆卸

转向油泵的拆解步骤如下。

图 5-52 拆卸后横板上固定转向器的左边自锁螺母

图 5-53 拆卸紧固齿条与转向横拉杆的螺栓

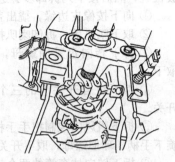

图 5-54 拆卸紧固转向小齿轮与下轴的螺栓

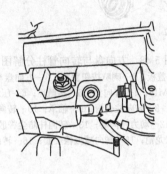

图 5-55 拆卸放油螺栓

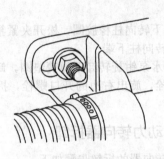

图 5-56 拆卸后横板上转向器的固定自锁螺母

① 吊起车辆。

② 拆卸油泵上回油软管的高压软管的泄放螺栓，如图 5-57 所示，排放液压油。

③ 拆卸转向油泵前支架上的张紧螺栓，如图 5-58 所示。

④ 拆卸转向油泵后支架上的固定螺栓，如图 5-59 所示。

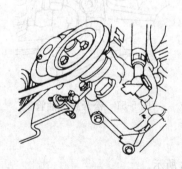

图 5-57 拆卸泄放螺栓

图 5-58 拆卸转向油泵前支架上的张紧螺栓

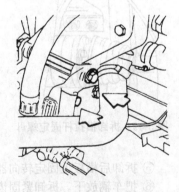

图 5-59 拆卸转向油泵后支架上的固定螺栓

⑤ 松开转向油泵中心支架上的固定螺母和螺栓，如图 5-60 所示。

⑥ 把转向油泵固定在台虎钳上，拆卸滑轮和中间支架。

### 5.4.4 储油罐拆卸

储油罐拆卸较为简单，只要松开储油罐安装支架螺栓，松开储油罐进油、回油软管夹箍，即可拆下储油罐，如图 5-61 所示。

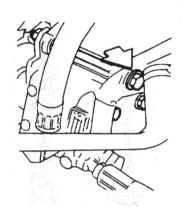

图 5-60 松开转向油泵中心支架上的螺栓

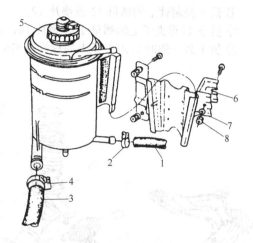

图 5-61 拆卸储油罐
1—回油软管；2,4—软管夹箍；3—进油软管；5—储油罐；
6—储油罐支架；7—垫片；8—六角螺母

## 5.5 汽车悬架与减振器拆解工艺

### 5.5.1 独立悬架拆解

在发动机前置前驱的轿车上，广泛采用滑柱式独立悬架，也称为麦弗逊式独立悬架。这种悬架大致由撑杆总成、控制臂和稳定杆组成。图 5-62 为奥迪 A4 轿车的前悬架分解图。

(1) 撑杆总成从车上拆卸（图 5-62）

① 松开半轴螺栓 9，举起车身并支撑，拆下车轮。

② 在不拆开制动油管或管线的情况下卸下制动钳安装螺栓，拆下制动软管支架，将制动钳悬挂在一旁。

③ 拆下稳定杆螺母 11，把稳定杆的头部从控制臂上拆下，取下橡胶套。

④ 拆下转向节上的自锁螺母 10，抽出螺栓 8，把上控制臂外端从转向节上拆下。

⑤ 拆下传动轴螺栓，将控制臂向下推，从轮毂轴承盖中抽出传动轴 19。

⑥ 拆下自锁螺母 7，卸下转向拉杆 5。

⑦ 拆下自锁螺母 2、垫圈 3，把撑杆总成从车上拆下。

(2) 撑杆总成分解（图 5-63）

① 把撑杆总成放在工作台上，给螺旋弹簧装上专用的弹簧压缩器，压缩弹簧至足以拆下活塞杆上的自锁螺母 16 及弹簧支柱座的自锁螺母 1。

② 待拆下自锁螺母 16 及自锁螺母 1 后，拆下弹簧支柱座 15。

③ 拆下撑杆总成上面的零件：轴承垫板 14、轴向轴承 13、弹簧座圈 12。

④ 放松弹簧压紧器，拆下螺旋弹簧 8。

⑤ 拆下保护套 10、密封圈 9、限位挡块 2 及密封盖 3。

⑥ 用专用工具拆下螺母 4，从车轮轴承罩上抽出减振器总成。

(3) 控制臂拆卸（图 5-62）

① 拆下自锁螺母 10，拆下螺栓 8。

② 拆下螺母 11 及垫片 12，把稳定杆从控制臂孔中拆下。

③ 向下压控制臂，把球头销 13 从车轮轴承罩上拆下来。

④ 从副车架上拆下螺栓 9，取下控制臂。

(4) 稳定杆拆卸（图 5-62）

① 拆下控制臂上的螺母 11 及垫片 12。

② 拆下 U 形夹子上的螺母 15、螺栓 16，拆下 U 形夹及橡胶垫 17。

③ 拆下另一侧的 U 形夹子上的螺栓及螺母，拆下稳定杆。

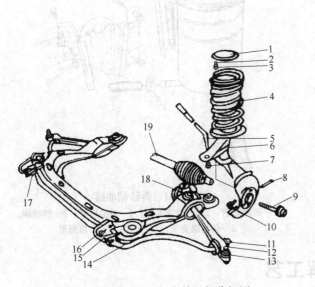

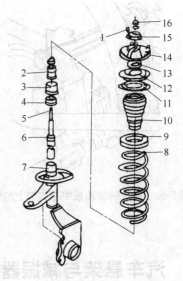

图 5-62 奥迪 A4 轿车前悬架分解图

1—盖板；2,7,10—自锁螺母；3—垫圈；

4—悬架弹簧；5—转向拉杆；6—转向节总成；

8,9,16,18—螺栓；11,15—螺母；12—垫片；

13—球头销；14—支架；17—橡胶垫；19—传动轴

图 5-63 撑杆总成分解图

1,16—自锁螺母；2—限位挡块；3—密封盖；

4—螺母；5—活塞杆；6—减振器；7—车轮轴承罩；

8—螺旋弹簧；9—密封圈；10—保护套；11—保护环；

12—弹簧座圈；13—轴向轴承；

14—轴承垫板；15—弹簧支柱座

## 5.5.2 后桥与后悬架拆解

后桥与后悬架位于汽车后部，起着支撑汽车后部质量的作用。其结构与前桥和前悬架大致相似，主要由车桥、螺旋弹簧、各种推力杆、减振器等组成。图 5-64 为奥迪某型轿车的后桥分解图，其拆解步骤如下。

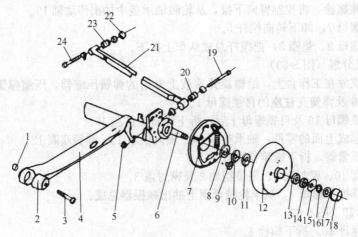

图 5-64 奥迪轿车后桥分解图

1,5,22—自锁螺母；2,20,23—橡胶衬套；3,9,19,24—螺栓；4—纵臂；6—短轴；

7—制动底板总成；8—油封；10,11—内轴承总成；12—制动鼓；13,14—后轮外轴承总成；

15—垫圈；16—锁紧螺母；17—开口销；18—润滑脂盖；21—横向推力杆

（1）后轮毂及制动鼓拆卸

① 将车支起，拆下装饰罩，拆下轮胎螺栓，卸下轮胎。

② 拆下润滑脂盖18，拔下开口销17。

③ 用轴头扳手拆下锁紧螺母16及垫圈15，拆下后轮外轴承总成14，拆下制动鼓12。

④ 用拉器拉下后轮内轴承，拆下油封。

⑤ 拆下固定螺栓9，卸下制动管路、制动底板及短轴。

（2）横向推力杆及支撑杆拆卸

① 拆下自锁螺母5，拔出螺栓19，拆下横向推力杆车桥的一头。

② 拆下自锁螺母22，拔出螺栓24，就可以从车上拆下横向推力杆21及支撑杆的一端。

③ 拆下支撑杆另一端的固定螺母及螺栓，拆下支撑杆。

④ 用压床压出横向推力杆两端孔内的橡胶衬套20、23，如有损坏或老化应予以更换。

（3）螺旋弹簧及减振器拆卸 螺旋弹簧及减振器的结构如图5-65所示。这种形式的悬架弹簧与减振器是套在一起的，因此，拆卸时要注意支撑好车辆。首先拆下螺母11及螺栓1，卸下减振器与弹簧总成。

① 用螺旋弹簧压缩器把螺旋弹簧压缩到能拆下减振器杆上的固定螺母10。

② 放松螺旋弹簧压缩器，拆下弹簧上座9、弹簧上座支承橡胶8、螺旋弹簧5及螺旋弹簧下座4。

③ 拆下防尘罩6，卸下减振器。

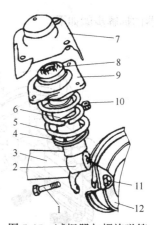

图5-65 减振器与螺旋弹簧
1—螺栓；2—减振器；3—后梁；
4—弹簧下座；5—螺旋弹簧；
6—防尘罩；7—连接件；8—弹簧
上座支承橡胶；9—弹簧上座；
10,11—螺母；12—制动鼓

# 5.6 汽车制动系统拆解工艺

## 5.6.1 ABS系统拆解

（1）ABS控制器的拆卸 ABS控制器各零部件之间的连接如图5-66所示。

① 从ABS电子控制单元上拔下25端子线束插头。

② 在ABS控制器下垫一块布。拆下连接制动主缸和控制器的油管2和3，并做标记，拆下油管后立即用密封塞将接口堵住。把制动油管用绳索挂在高处，使油管接头处高于制动储液罐的油平面。

③ 拆下控制器与各制动轮缸的制动油管，拆下油管后立即用密封塞将接口堵住。

④ 把ABS控制器从支架上拆下来。

（2）ABS控制器的分解

① 压下接头侧的锁止扣，拔下电子控制单元上液压泵电线插头。

② 用专用套筒扳手拆下ABS电子控制单元与压力调节器的连接螺栓，如图5-67所示。

③ 将压力调节器与ABS电子控制单元分离。

（3）前轮转速传感器的拆卸 前轮转速传感器和前轮轴承分解如图5-68所示。前轮转速传感

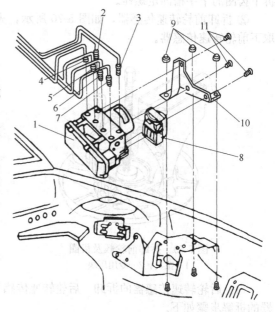

图5-66 ABS控制器各零部件之间的连接
1—ABS控制器；2—与制动主缸后腔连接的制动油管与
接头；3—与制动主缸前腔连接的制动油管与接头；4—
与右前制动轮缸连接的制动油管与接头；5—与左后
制动轮缸连接的制动油管与接头；6—与右后制动轮缸连
接的制动油管与接头；7—与左前制动轮缸连接的制动油
管与接头；8—ABS控制器线束插头（25个端子）；9—
ABS控制器支架紧固螺母；10—ABS控制器支架；
11—ABS控制器安装螺栓

器的拆解步骤如下。

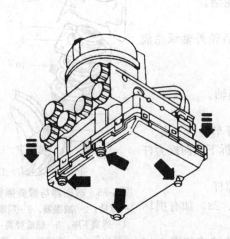

图 5-67　拆下 ABS 电子控制单元与压力
调节器的连接螺栓

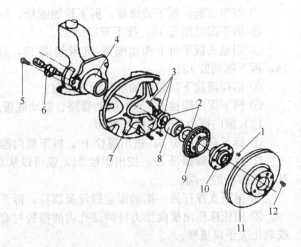

图 5-68　前轮转速传感器和前轮轴承分解
1—固定齿圈螺钉套；2—前轮轴承弹性挡圈；3—防尘板
紧固螺栓；4—前轮轴承壳；5—转速传感器紧固螺栓；
6—转速传感器；7—防尘板；8—前轮轴承；9—齿圈；
10—轮毂；11—制动盘；12—十字槽螺栓

① 拆卸前轮毂及齿圈，如图 5-69 所示。在前轮毂的中心放一块专用压块，再用拉具的两个活动臂先钩住前轮轴承壳的两边，转动顶尖，使拉具顶住专用压块，将前轮毂连同齿圈一起顶出，并拆下齿圈的十字槽固定螺栓。

② 拆卸前轮转速传感器，如图 5-70 所示，先拔下传感器导线插头，再拧下内六角紧固螺栓，取下前轮转速传感器。

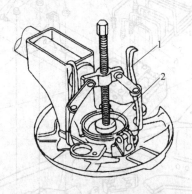

图 5-69　拆卸前轮毂及齿圈
1—拉具；2—专用压块

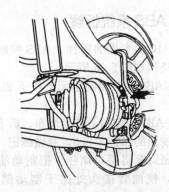

图 5-70　拆卸前轮转速传感器

（4）后轮转速传感器的拆卸　后轮转速传感器和后轮轴承分解如图 5-71 所示，后轮转速传感器的拆解步骤如下。

① 先翻起汽车后坐垫，拔下后轮转速传感器。

② 拧下传感器的内六角紧固螺栓，然后拆下后轮转速传感器。

③ 按图 5-72 中箭头所示方向取下后梁上的转速传感器导线保护罩，拉出导线和导线插头。

### 5.6.2　鼓式制动器拆解

鼓式制动器的结构如图 5-73、图 5-74 所示。

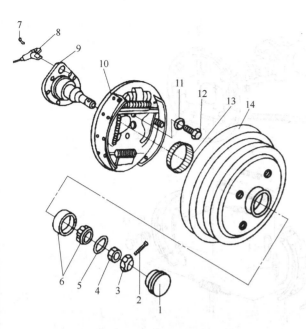
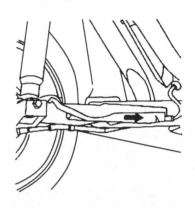

图 5-71 后轮转速传感器和后轮轴承分解

1—轮毂盖；2—开口销；3—螺母防松罩；4—六角
螺母；5—止推垫圈；6—锥轴承；7—内六角螺栓；
8—转速传感器；9—车轮支承短轴；10—后轮制动
器总成；11—弹性垫圈；12—六角螺栓；13—齿圈；
14—制动鼓的连接插头

图 5-72 取下转速传感器导线保护罩

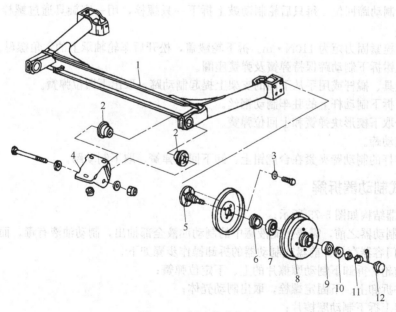

图 5-73 制动鼓分解图

1—后桥架；2—金属橡胶支承关节；3—盘形弹簧垫；4—轴承支架；5—后桥短轴；6—后轮油封；7—T-50 滚珠轴承；
8—后轮制动鼓；9—轴承；10—垫圈；11—冠状螺母保险环；12—后轮轴承防尘帽

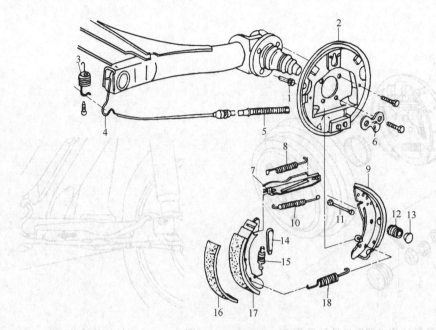

图 5-74　制动蹄分解图

1—后制动检测孔橡胶塞；2—后制动底板；3—驻车制动拉索拉紧簧；4—驻车制动拉索固定夹；5—驻车制动
拉杆；6—制动拉索引导件；7—制动推杆；8—后轮前制动蹄回位弹簧；9—后轮后制动蹄；10—后轮前制动蹄
中回位弹簧；11—制动蹄定位销；12—制动蹄定位销压簧；13—制动蹄定位销压簧垫圈；14—制动蹄调整楔形件；
15—制动蹄楔形件下回位弹簧；16—后制动备用摩擦片；17—后轮前制动蹄；18—制动蹄下回位弹簧

鼓式制动器拆解步骤如下。

① 将后轮制动蹄回位。每只后轮制动鼓上拆下一只螺栓，用一字旋具通过螺栓孔将楔形块向上压。

② 车轮螺栓紧固力矩为110N·m。拆下轮毂盖，松开后车轮轴承上的六角螺母。

③ 用锂鱼钳拆下制动蹄保持弹簧及弹簧座圈。

④ 借助旋具、撬杆或用手从下面的支架上提起制动蹄，取出下回位弹簧。

⑤ 用钳子拆下制动杆上的驻车制动钢丝。

⑥ 用钳子取下楔形块弹簧和上回位弹簧。

⑦ 拆下制动蹄。

⑧ 将带推杆的制动蹄夹紧在台虎钳上，卸下回位弹簧，取下制动蹄。

### 5.6.3　盘式制动器拆解

盘式制动器结构如图 5-75 所示。

拆卸盘式制动器之前，需要把储液罐中的制动油液全部抽出，制动油液有毒，而且有较强的腐蚀性，须用专门容器存放。前盘式制动器的拆卸操作步骤如下。

① 拆下前轮，拆卸下制动摩擦片的上、下定位弹簧；

② 拧松并拆卸上、下固定螺栓，取出制动壳体；

③ 在支架上拆下制动摩擦片；

④ 从制动钳壳体内取出制动钳活塞。

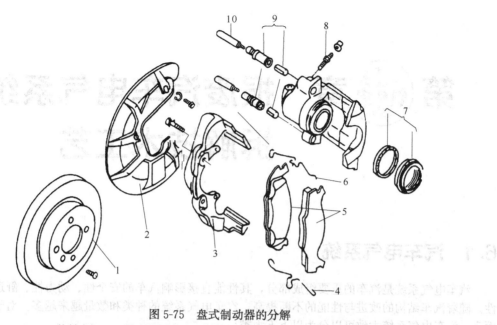

图 5-75　盘式制动器的分解

1—前制动盘；2—制动器底板；3—前制动器摩擦片架；4,6—固定摩擦片卡簧；
5—制动摩擦片；7—前制动轮缸密封圈；8—前制动轮缸放油阀；9—前制动轮缸固定螺栓护套；10—导向销

 **思考题**

1. 简述在汽车底盘拆装过程中要遵循哪些拆解原则。
2. 阐述离合器拆解的内容与步骤。
3. 阐述桑塔纳轿车动力转向器拆卸步骤。
4. 阐述鼓式制动器拆解的内容与步骤。
5. 阐述盘式制动器拆解的内容与步骤。

# 第 ⑥ 章 报废汽车电气系统拆解技术工艺

## 6.1 汽车电气系统

汽车电气系统是汽车的重要组成部分，其性能直接影响汽车的安全性、动力性、舒适性和可靠性。随着汽车结构的改进与性能的不断提高，汽车电气系统的种类和数量越来越多。对于现代汽车而言，汽车电气系统大致可以分为以下五大类。

(1) 电源　汽车电源包括蓄电池和发电机，两者并联连接，其中发电机为主电源，蓄电池是备用电源，起辅助作用。汽车发动机正常工作时，由发电机向全车用电设备供电，同时还可以给蓄电池充电，以补充蓄电池电能。

蓄电池是一种可逆的直流电源。在汽车上使用最广泛的是启动型铅酸蓄电池。当发电机不发电或发电不足时，蓄电池向汽车用电设备供电。例如当发动机启动时，向起动机和点火系统供电；当用电设备同时接入较多，发电机发出的电不够用时，协助发电机供电。当蓄电池储电不足，而发电机负载又较少时，它还可将发电机的电能转变为化学能储存起来。

(2) 用电设备　汽车上的用电设备多种多样，有些是现代汽车上必不可少的，还有一些则是为了提高汽车乘坐舒适性、安全性和娱乐性而设置的。下面介绍几种常见的用电设备。

① 启动系统。启动系统是用来启动发动机的，它主要由起动机、继电器和启动开关等部分组成。

② 点火系统。点火系统的作用是产生高压电火花，点燃汽油机发动机气缸内的混合气。点火系统目前有三种类型：传统触点式点火系统、电子点火系统和计算机控制点火系统。随着发动机技术的发展，传统点火系统逐渐被电子点火系统和计算机控制点火系统所取代。

③ 照明系统。汽车照明系统主要用来提供夜间行车所必需的灯光照明，包括汽车内、外各种照明灯具及其控制装置。现代汽车上常用的照明灯具主要有前照灯、雾灯、尾灯、制动灯、车内阅读灯等。

④ 信号系统。信号系统用来保证车辆运行时的人车安全，包括喇叭、蜂鸣器、闪光器及各种行车信号标识灯。

⑤ 辅助电气设备。随着汽车辅助工业的发展和现代电子技术在汽车上的应用，现代汽车上装备的辅助电气设备越来越多。现代汽车上的辅助电气设备极大地提高了汽车的舒适性能、娱乐性能和安全保障性能。在现代汽车上，除了一些保障汽车本身使用性能的辅助电气设备，如电动刮水器、电动洗窗器、电动玻璃升降器、电动座位移动机构、汽车空调系统等，还有汽车音响设备、蓝牙通信系统、汽车电视、卫星导航定位系统等服务性装置。

(3) 仪表系统　仪表系统的主要作用是帮助驾驶员随时掌握汽车各系统的工作情况，及时发现可能出现的故障和不安全因素，以保证汽车良好的行驶状态。仪表系统主要包括各种电器仪表（电流表、充电指示灯或电压表、机油压力表、温度表、燃油表、车速及里程表、发动机转速表等）和汽车仪表盘上的故障警报灯。

（4）电子控制系统　电子控制系统主要指现代汽车上由微型计算机或单片机控制的电子装置，如电控燃油喷射系统、制动防抱死装置、自动变速器系统、主动悬架系统等。电子控制系统的使用极大地提高了现代汽车的动力性、经济性、安全性、舒适性和环保性。

（5）配电系统　配电系统主要包括中央接线盒、保险丝盒、继电器和接插件等。

## 6.2　蓄电池、发电机和起动机拆解与检测

### 6.2.1　蓄电池检测与拆解

#### 6.2.1.1　蓄电池结构与原理

蓄电池是一种可逆的直流电源，可将化学能转变为电能，也能将电能转变为化学能。目前应用广泛的汽车蓄电池是铅酸蓄电池。铅酸蓄电池一般有免维护铅酸蓄电池和少维护铅酸蓄电池两种，其外形如图 6-1 所示。

(a) 免维护铅酸蓄电池　　　　　　　　(b) 少维护铅酸蓄电池

图 6-1　铅酸蓄电池外形

铅酸蓄电池的基本构造如图 6-2 所示，主要由极板、隔板、外壳、正负极柱和电解液等部分组成。极板是蓄电池的基本部件，分正极板和负极板两种，正负极板之间由绝缘隔板隔开。正极板上的活性物质是棕红色的二氧化铅；负极板上的活性物质是青灰色的海绵状纯铅。隔板由多孔性结构的材料制成，以便电解液能自由渗透，隔板材料的化学性能稳定，具有良好的耐酸性和抗氧化性。蓄电池外壳为整体式结构的容器，极板、隔板和电解液均装在这个容器内。蓄电池外壳具有良好的耐酸性、耐热性和耐寒性，并具有足够的机械强度，以抵御使用过程中的振动和冲击。铅酸蓄电池的电解液由纯硫酸和蒸馏水混合配制而成，密度一般在 1.24～1.31g/cm³。电解液纯度是影响蓄电池电气性能和使用寿命的重要因素，一般工业硫酸和普通水，因其铁、铜等有害杂质含量高，不宜在铅酸蓄电池中使用，否则蓄电池容易自行放电，并且容易侵害极板上的活性物质。

#### 6.2.1.2　蓄电池检测

下面以中小型汽车常用的 12V 铅酸蓄电池为例，说明蓄电池检测的项目和步骤。

（1）蓄电池开路电压检测　蓄电池开路电压指在蓄电池外部不连接用电设备，两极柱处于开路时的端电压。在实际操作中一般使用万用表检测蓄电池电压。

用万用表检测蓄电池电压的过程比较简单。在检测前蓄电池必须是充足电状态，万用表使用直流电压挡检测，正常 12V 蓄电池电压应在 12V 左右，如果电压小于 10V，则说明蓄电池有问题。注意刚充完电的蓄电池不宜做电压检测，需要放置一段时间，一般在蓄电池温度降到室温以后，还需等待 1h，方可进行开路电压检测。

（2）电解液液位检查　铅酸蓄电池电解液液位有严格要求，一般电解液液面应高出极板 10～15mm。在检查电解液液位时，不同的铅酸蓄电池检测方法也不同。

对于少维护铅酸蓄电池，电解液液位测量方法如图 6-3 所示。用一根两端开口的洁净玻璃管，从加液口垂直伸入蓄电池，然后用手堵住玻璃管的上端口，然后把玻璃管拉出蓄电池，观察玻璃管下端液柱的长度，要求在 10～15mm。检查完毕，把抽出的电解液倒入蓄电池内。

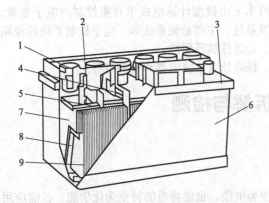

图 6-2　铅酸蓄电池的基本构造
1—排气栓；2—负极柱；3—电池盖；4—穿壁连接；
5—汇流条；6—整体槽；7—负极板；8—隔板；9—正极板

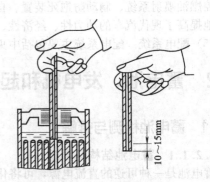

图 6-3　电解液液位检查

如果蓄电池外壳侧面有液位线，则要求电解液液面位于上下两液位线之间，如果电解液液位低于下液位线，则应当补充蒸馏水，否则会缩短蓄电池的寿命；电解液液位高于上液位线，则表明蓄电池电解液过多，电解液溢出的可能性较大。

带有加液口的少维护蓄电池才能进行电解液液位检查，对于免维护蓄电池而言，在正常使用条件下，不必检查电解液液位。

（3）蓄电池容量检测　蓄电池容量是指蓄电池在规定条件下（包括放电温度、放电电流、放电终止电压）放出的电量。蓄电池容量是标志蓄电池对外放电能力、衡量蓄电池质量的重要参数，目前蓄电池容量一般都采用安时（A·h）为计量单位。国家标准 GB/T 5008.1—2013《起动用铅酸蓄电池 第 1 部分：技术要求和试验方法》规定以 20h 放电率额定容量作为启动型蓄电池的额定容量。20h 放电率额定容量指完全充电的蓄电池，在电解液平均温度为 25℃条件下，以 20h 放电率的放电电流连续放电至 12V 蓄电池端电压降到 10.5V 时，所输出的电量。通过检测蓄电池充足电后的实际容量，并与额定容量比较，即可判断蓄电池是否报废。一般而言，电池容量小于额定容量的 60% 时，即可认为该蓄电池报废。

目前铅酸蓄电池测试方法和仪器种类较多，比较常用的是负载电压法、恒电流放电法和电解液密度检查法。负载电压法模拟起动机负载，检测蓄电池在大电流放电时的端电压，用以判断蓄电池实际容量。负载电压法常使用的仪器是高率放电计，用负载电压法检测蓄电池实际容量方便快捷，但检测精度一般。恒电流放电法一般采用电子式蓄电池测试仪，它可以检测放电电压和放电电流，并根据放电电压和放电电流推算出蓄电池的实际容量。恒电流放电法检测时间比较长，检测完成后还要给蓄电池再充电，不利于快速作业。电解液密度检查法主要通过检测蓄电池的电解液密度来判断蓄电池的实际容量，需要使用液体密度计。

① 负载电压法。负载电压法中使用的高率放电计一般有两种：一种是 3V 高率放电计；另一种是 12V 高率放电计，如图 6-4 所示。

对于连接条外露式蓄电池，由于其单格电池的极桩外露，可以使用 3V 高率放电计进行检验。3V 高率放电计主要由一块量程为 3V 的电压表和一个定值电阻构成，它可以较准确地测量蓄电池的单格电压，判断启动性能并确定放电程度。

在使用高率放电计测定蓄电池实际容量时，蓄电池要先充足电。检测前，先检查调整零位，若指针不在"0"位，可调整放电计盖上的零位调整器，使指针归"0"位；将放电计的电压表表面与放电叉成垂直位置，以便视读；将两放电叉叉尖紧压在单格电池的正、负极柱上，保持 5s，迅速读数并随即移开放电计。电压表的读数即为大负荷放电情况下蓄电池所能保持的端电压。3V 高率放电计指示电压与实际容量关系如表 6-1 所示。

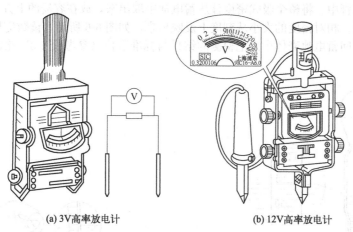

(a) 3V高率放电计　　　　　　　　(b) 12V高率放电计

图 6-4　高率放电计

**表 6-1　3V 高率放电计指示电压与实际容量关系**

| 实际容量/% | 100 | 75 | 50 | 25 | 0 |
|---|---|---|---|---|---|
| 高率放电计指示电压/V | 1.7~1.8 | 1.6~1.7 | 1.5~1.6 | 1.4~1.5 | <1.3~1.4 |

对于单格极桩不外露的穿壁式塑料槽外壳蓄电池，可用 12V 高率放电计进行放电检测，其测量方法与 3V 高率放电计相同。12V 高率放电计测试结果判断如表 6-2 所示。

**表 6-2　12V 高率放电计测试结果判断**

| 容量/A·h | ≤60 | >60 |
|---|---|---|
| 测试时间/s | 20 | 20 |
| 测量电压 | <9V 故障 | <9.5V 故障 |
|  | 9~11V 较好 | 9.5~11.5V 较好 |
|  | >11V 良好 | >11.5V 良好 |

② 恒电流放电法。采用恒电流放电法测试蓄电池容量，时间比较长，测试结果比较准确，在蓄电池生产和测试单位常用。下面以 WST-1 型蓄电池容量检测仪为例，说明蓄电池容量检测仪的使用方法。

WST-1 型蓄电池容量检测仪采用单片机控制技术，自动控制蓄电池的充放电全过程，并通过显示窗显示该组电池的电压（V）、电流（A）和容量（A·h）。WST-1 型蓄电池容量检测仪可同时对三个 12V 蓄电池进行容量检测，检测精确度高，使用方便。

试验前将蓄电池容量检测仪放置在平稳的工作台上，检测仪周围 20cm 的范围内不得有任何物件阻挡，保证检测仪散热良好。将连线按面板所示的"＋""－"极性固定牢固，正负导线颜色不同，红色为正极导线，蓝色或黑色为负极导线。将检测仪的电源接通，将开关按到"ON"位，此时各显示窗有数字显示。将各路蓄电池连到检测仪上，注意蓄电池的极性，此时蓄电池处于放电状态，分别按下复位键，使蓄电池由放电状态转向充电状态，此时显示窗交替显示电压值和电流值。如果蜂鸣器连续鸣叫，则表示蓄电池的极性接反或者是连接线与蓄电池未连接好。

当充电电流等于或小于 0.4A 时，检测仪自动将蓄电池由充电状态转向放电状态，此时显示窗交替显示电压值和电池容量值。当蓄电池放电电压等于或小于 10.5V 时，检测仪自动将该路蓄电池由放电状态转向充电状态，此时显示窗显示值不变，显示该蓄电池的容量值。检测结束，切断电源，将蓄电池与检测仪的连接线取下。

③ 电解液密度检查法。电解液密度检查法只适合用于能够检测电解液密度的蓄电池，即蓄电池外壳上必须要有加液孔，检测时需要用到密度计。吸式密度计的结构如图 6-5 所示。其使用方法如下。

将密度计的吸嘴伸入启动蓄电池的加液孔，使吸嘴浸入电解液中，先捏紧橡皮球，然后放松，电解液就吸入玻璃管中。将整个吸式密度计从蓄电池中取出来，放在容器的上方，观察密度计在电解液中的沉浮情况，相对密度的大小从刻度上反映出来，如图 6-6 所示。读数完毕之后，需要把玻璃管中的电解液倒回蓄电池壳体中。把检测的结果与标准数值（参考表 6-3）比较可以得出铅酸蓄电池的真实容量。

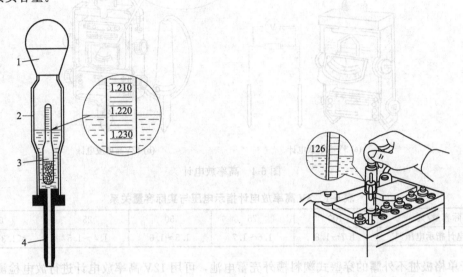

图 6-5  吸式密度计的结构

1—橡皮球；2—吸液玻璃管；3—密度计；4—吸嘴

图 6-6  吸式密度计使用方法

**表 6-3  电解液相对密度与蓄电池实际容量关系表**

| 实际容量/% | 100 | 75 | 50 | 25 | 0 |
|---|---|---|---|---|---|
| 电解液密度/(g/cm³) | 1.27 | 1.23 | 1.19 | 1.15 | 1.11 |

对于带有孔形比重计的免维护蓄电池，可以通过观察孔形比重计来判断其容量。孔形比重计会根据电解液密度的变化而改变颜色，当蓄电池存储电量超过额定容量的 65% 时，蓄电池的孔形比重计呈绿色。如果孔形比重计呈现黑色，说明蓄电池存电不足，需要进行充电。当免维护蓄电池的孔形比重计显示为亮白色时，说明该蓄电池已报废。如果免维护蓄电池长时间充电后，孔形比重计仍不呈现绿色，则表明该蓄电池已报废。

### 6.2.1.3  蓄电池拆解

废旧蓄电池进入回收流程后，需要拆解蓄电池。目前使用更广泛的铅酸蓄电池拆解及处理流程如图 6-7 所示。拆解后废旧蓄电池可以分解为废酸电解液、铅膏、金属颗粒和塑料颗粒。

## 6.2.2  交流发电机及电压调节器拆解与检测

交流发电机是汽车上的主要电源，它由汽车发动机驱动，在正常工作时，除了给起动机以外的所有用电设备供电，还向蓄电池充电以补充蓄电池在使用中所消耗的电量。本节以 JFZ1813Z 型硅整流交流发电机为例讲解交流发电机及电压调节器的结构和快速检修方法。

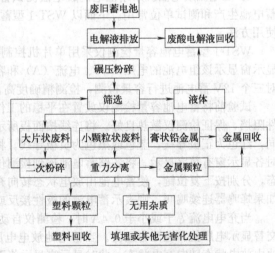

图 6-7  废旧蓄电池拆解处理流程

#### 6.2.2.1　交流发电机结构

汽车用交流发电机一般由转子、定子、整流器、电压调节器和端盖等部分组成，其总体结构如图 6-8 所示。

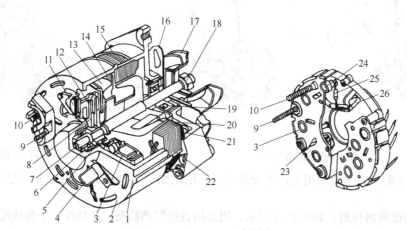

图 6-8　汽车用交流发电机

1—连接螺栓；2—后端盖；3—整流板；4—防干扰电容器；5—集电环；6，19—轴承；7—转子轴；8—电刷；
9—"D+"端子；10—"B+"端子；11—IC 调节器；12—电刷架；13—磁极；14—定子绕组；15—定子铁芯；
16—风扇叶轮；17—V 带；18—紧固螺栓；20—磁场绕组；21—前端盖；22—定子槽楔子；23—电容器连接插片；
24—输出整流二极管；25—磁场二极管；26—电刷架压紧弹簧

#### 6.2.2.2　硅整流交流发电机拆解

① 拧下电刷组件的两个固定螺钉，取下电刷组件。

② 拧下后轴承盖三个固定螺钉，取下后轴承防尘盖，再拧下后轴承处的紧固螺母。

③ 拧下前后端盖的连接螺栓，轻敲前后端盖，使前后端盖分离；注意分离前后端盖时，不要硬敲乱撬，要使用拉器。

④ 从后端盖上拆下定子绕组端头，使定子总成与后端盖分离。

⑤ 拆下整流器总成。

⑥ 拆下皮带轮固定螺母，从转子上取下皮带轮、半圆键、风扇和前端盖。

#### 6.2.2.3　硅整流交流发电机检测

(1) 转子检测　转子的功用是产生磁场，转子由转子轴、磁场绕组、极爪和集电环等组成，如图 6-9 所示。

① 转子绕组检修。

a. 如图 6-10(a) 所示，用万用表电阻挡检测两集电环间电阻，应与标准相符。若阻值为 "∞"，说明断路；若阻值过小，说明短路。一般 12V 发电机转子绕组电阻约为 3.5～6Ω。

b. 如图 6-10(b) 所示，用万用表电阻挡检测集电环与铁芯（或转子轴）之间的电阻，应为 "∞"，否则为搭铁。

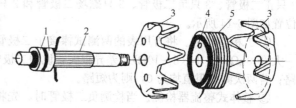

图 6-9　转子结构
1—集电环；2—转子轴；3—极爪；4—磁轭；5—磁场绕组

② 集电环检测。

a. 集电环表面应平整光滑，若有轻微烧蚀，用砂布打磨；烧蚀严重，应在车床上精车加工。

b. 用直尺测量集电环厚度，应与规定相符，否则应更换。集电环厚度不小于 1.5mm。

c. 用千分尺测量集电环圆柱度，应与规定相符，集电环圆柱度不超过 0.025mm。

③ 转子轴检测。如图 6-11 所示，用百分表测量转子轴的径向摆差，应与规定相符，否则应予校正。转子轴径向摆差不超过 0.10mm。

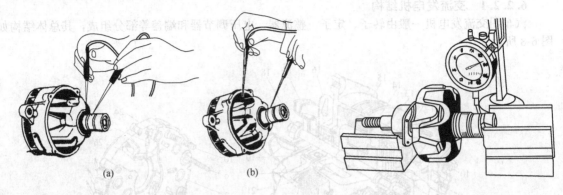

图 6-10　转子绕组检修　　　　　　　图 6-11　转子轴检测

（2）定子检测　定子的功用是产生交流电，其结构如图 6-12 所示，由定子铁芯和定子绕组两部分组成。

① 定子绕组断路检测。如图 6-13 所示，用万用表电阻挡检测定子绕组三个接线端，两两相测，阻值应小于 1Ω，若阻值为 "∞"，说明断路。

② 定子绕组搭铁检测。用万用表电阻挡检测定子绕组接线端与定子铁芯间的电阻，应为 "∞"，否则说明搭铁有故障。

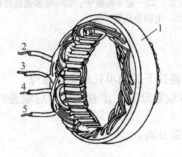

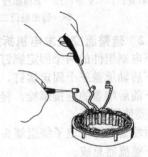

图 6-12　定子结构
1—定子铁芯；2～5—定子绕组引线端

图 6-13　定子绕组检修

（3）整流器检测　整流器的功用是将三相绕组产生的交流电变为直流电，其整流二极管的特点是工作电流大、反向电压高。JFZ1813Z 硅整流交流发电机上的整流器设有 11 只二极管，其中包括 3 只正二极管、3 只负二极管、3 只磁场二极管和 2 只中性点二极管。整流器上的各元器件的安装位置如图 6-14 所示。

① 二极管检测。将万用表的两测试棒接于二极管的两极测其电阻，再反接测一次，若电阻值一大（10kΩ）一小（8～10Ω），差异很大，说明二极管良好。若两次测量阻值均为 "∞"，则为断路；若两次测得阻值均为 0，则为短路。

② 整体式整流器检测。当检测负二极管时，先将万用表（R×1 挡）正极表笔接负整流板 2，负极表笔分别接 $P_1$、$P_2$、$P_3$、$P_4$ 点（见图 6-14），万用表均应导通，如不通，说明负二极管断路，则应更换整流器总成；再调换两表笔检测，万用表应不导通，如导通，说明负二极管短路，也需更换整流器总成。

检测正二极管时，先将万用表负极表笔接整流器端子 "B"，另一支表笔分别接 $P_1$、$P_2$、$P_3$、$P_4$ 点进行检测，万用表均应导通，如不通，说明正二极管断路，则应更换整流器总成；再调换两表笔检测部位进行检测，此时万用表应不导通，如导通，说明正二极管短路，也应更换整流器总成。

（4）电刷组件检测

① 外观检查。三相交流发电机电压调节器上的电刷如图 6-15 所示。检查电刷表面应无油污，

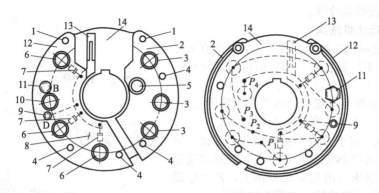

图 6-14 JFZ1813 型发电机整流元件安装位置

1—IC调节器安装孔（2个）；2—负整流板；3—负二极管；4—整流器总成安装孔（4个）；
5,10—中性点二极管（负二极管）；6—正二极管；7—磁场二极管；8—防干扰电容器连接；
9—"D+"端子；11—"B+"端子；12—正整流板；13—电刷架压紧弹簧；14—硬树脂绝缘板

无破损、变形，且应在电刷架中活动自如。

② 电刷长度检查。用游标卡尺或钢尺测量电刷露出电刷架的长度，应与规定相符。电刷磨损后不得超过原高度的 1/2；如果新电刷的长度为 12mm，则磨损极限为 5mm，公差范围为 ±1mm。

③ 弹簧压力测量。用弹簧秤检测电刷弹簧压力应符合规定。当电刷从电刷架中露出长度 2mm 时，电刷弹簧力一般为 2～3N。

（5）电压调节器检测 JFZ1813Z硅整流交流发电机配用的调节器为集成式电压调节器（称为 IC调节器），具有结构紧凑、工作可靠、体积小、质量轻等优点。IC调节器与电刷组件制成一个整体结构，并采用外装式结构，当电刷磨损或调节器损坏需要更换时，拆下总成部件的两个固定螺钉，即可取下总成，拆装十分方便。IC调节器与电刷组件总成，如图 6-16 所示。调节器的好坏可用蓄电池或直流电源与直流试灯来检查。接 12V 电压时试灯应亮；接 16～18V 电压时，试灯应不亮。否则应更换调节器。

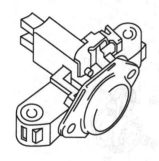

图 6-15 电刷组件

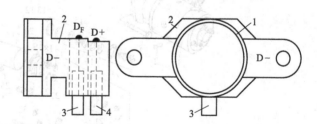

图 6-16 IC调节器与电刷组件总成

1—IC调节器；2—电刷架；3—负电刷；4—正电刷

（6）交流发电机整体检测 整体检查发电机各接线柱绝缘情况；检查轴承轴向和径向间隙，间隙均应不大于 0.20mm；滚珠、滚道无斑点，轴承无转动异响；检查前后端盖、皮带轮等应无裂损，绝缘垫应完好。

让交流发电机在模拟发电的工作环境中工作，观察交流发电机的运行情况，检测交流发电机发出的电压是否能稳定在 14V 左右。正常情况下，交流发电机在不同转速下运转应平稳无异响，发出的电压应能稳定在 14V 左右。

## 6.2.3 起动机拆解与检测

汽车起动机主要用来启动汽车发动机。下面以 QD1229 型汽车起动机为例，讲解起动机的结构、拆解过程以及快速检修。

### 6.2.3.1 起动机结构

QD1229 型起动机为串励直流式，主要由直流电动机、传动机构和控制装置三部分组成，其结构与分解分别如图 6-17、图 6-18 所示。

（1）直流电动机 直流电动机主要由定子总成、电枢（转子总成）、整流子和前后端盖等组成。

① 定子总成。定子总成由励磁绕组、磁极（定子铁芯）和起动机壳体组成。定子铁芯和励磁绕组通过螺钉固定在圆筒形的起动机壳体上，四个励磁绕组两两串联后再并联连接，如图 6-19 所示。

② 转子总成。转子总成主要由电枢轴、电枢绕组、铁芯和整流子等组成，如图 6-20 所示。整流子结构如图 6-21 所示。

③ 电刷组件。电刷组件由电刷、电刷架和电刷弹簧等组成。电刷架固定在电刷端盖上，电刷安装在电刷架内。直接固定在负电刷架中的电刷称为负电刷；用绝缘板将电刷架绝缘固定在电刷架盖上的电刷架称为正电刷架，安装在正电刷架内的电刷称为正电刷。电刷弹簧压在电刷上，其作用是保证电刷与整流子接触良好。

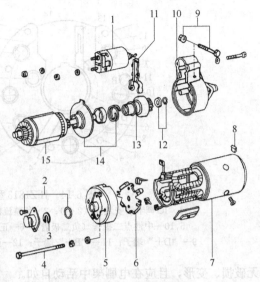

图 6-17 起动机结构

1—电磁开关；2—轴承盖和 O 形密封圈；3—锁片；4—螺栓；5—电刷端盖；6—电刷架；7—电动机壳体；8—橡胶密封圈；9—移动叉支点螺栓和螺母；10—驱动端盖；11—移动叉；12—止推垫圈与卡环；13—单向离合器；14—中间轴承；15—电枢

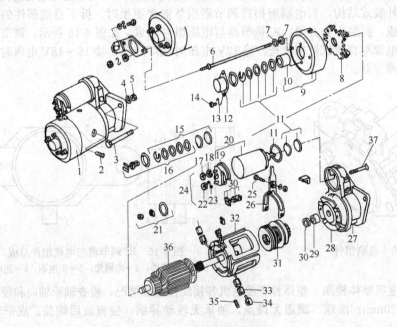

图 6-18 起动机分解图

1—起动机总成；2—励磁绕组固定螺栓；3—起动机固定螺栓；4,13,23—弹性垫圈；5,17,22—螺母；6—端盖连接螺栓；7—垫圈；8—电刷架；9—电刷端盖；10—衬套；11,15—垫片组件；12—衬套座；14—螺钉；16—活动接柱的垫片组件；18—弹簧垫圈；19—电磁开关端盖；20—电磁开关总成；21—垫块及密封圈；24—电磁开关活动接柱组件；25—拨叉销；26—拨叉；27—驱动端盖；28—中间支承盘；29—电枢轴驱动齿轮衬套；30—止推垫圈；31—驱动齿轮与单向离合器；32—励磁绕组；33—电刷；34—电刷弹簧；35—弹簧；36—电枢；37—螺栓

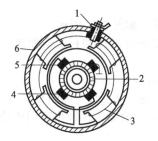

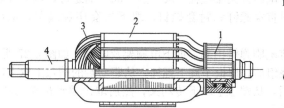

图 6-19　定子总成

1—接线柱；2—整流子；
3—磁极与励磁绕组；4—负电刷；
5—正电刷；6—壳体

图 6-20　转子总成

1—整流子；2—铁芯；
3—电枢绕组；4—电枢轴

图 6-21　整流子结构

1—整流片；2—轴套；
3—压环；4—焊接凸缘

　　（2）传动机构　传动机构主要由单向离合器和驱动齿轮组成。起动机上普遍使用的单向离合器为滚柱式单向离合器，其结构如图 6-22(a) 所示。发动机启动时，动力首先由起动机传递给曲轴飞轮，带动发动机运转，单向离合器结合，此时单向离合器状态如图 6-22(b) 所示。当发动机启动后，转速迅速超过起动机，此时单向离合器的状态如图 6-22(c) 所示，单向离合器分离。

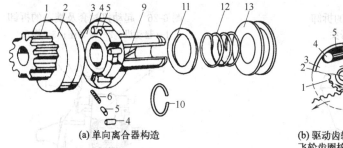

(a) 单向离合器构造　　　(b) 驱动齿轮与　　　(c) 驱动齿轮与
　　　　　　　　　　　　飞轮齿圈接合　　　　飞轮齿圈脱离

图 6-22　起动机传动机构

1—驱动齿轮；2—外座圈；3—十字头（内座圈）；4—滚柱；5—柱塞；6,12—弹簧；7—楔形槽；8—飞轮齿圈；
9—内有螺旋槽的花键套筒；10—卡簧；11—挡圈；13—滑套（拨叉用）

　　（3）控制装置　起动机控制装置的作用是控制电动机电路的通断及驱动齿轮与飞轮齿圈的啮合与分离，桑塔纳轿车采用的是电磁式控制开关，其结构原理如图 6-23 所示。QD1225 型和 QD1229 型起动机电磁开关盖板上各接线端子的位置如图 6-24 所示，端子"50"和端子"15a"均为插片式端子。端子"15a"为备用端子，未接任何导线。

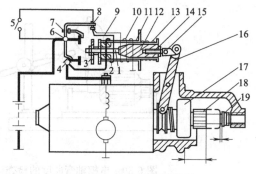

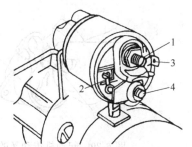

图 6-23　起动机控制装置

1—推杆；2—固定铁芯；3—开关触点；4—起动机"C"端子；5—点火启动端子；
6—"30"端子；7—"15a"端子；8—"50"端子；9—吸拉线圈；10—保持线圈；
11—铜套；12—活动铁芯；13—回位弹簧；14—调节螺钉；15—挂钩；
16—移动叉；17—单向离合器；18—驱动齿轮；19—止推垫圈

图 6-24　电磁开关端子位置

1—"30"端子；2—"15a"端子；
3—"50"端子；4—"C"端子

### 6.2.3.2 起动机拆解

① 用扳手旋下电磁开关接线柱"30"及"50"的螺母，取下导线，如图 6-25 所示。

② 旋下起动机贯穿螺钉和衬套螺钉，取下衬套座和端盖，取出垫片组件和衬套，如图 6-26 所示。

③ 用尖嘴钳将电刷弹簧抬起，拆下电刷架及电刷，如图 6-27 所示。

④ 取下励磁绕组后，用扳手旋下螺栓，从驱动端的端盖上取下电磁开关总成，如图 6-28 所示。

⑤ 取出转子后，从端盖上取下传动叉，然后取出驱动齿轮与单向离合器，再取出驱动齿轮端衬套，如图 6-29 所示。

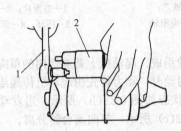

图 6-25 起动机导线的拆卸
1—扳手；2—电磁开关

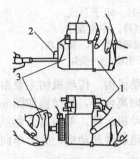

图 6-26 起动机衬套及端盖的拆卸
1—起动机；2—衬套座；3—端盖

图 6-27 起动机电刷的拆卸
1—尖嘴钳；2—电刷弹簧

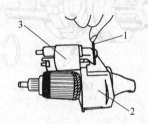

图 6-28 起动机电磁开关的拆卸
1—扳手；2—驱动端盖；3—电磁开关

### 6.2.3.3 起动机检测

（1）电枢轴检测 用千分表检查起动机电枢轴是否弯曲，如图 6-30 所示。若偏差超过 0.1mm，应进行校正。电枢轴上的花键齿槽严重磨损或损坏时，应进行修复或更换。电枢轴轴颈与衬套的配合间隙，不得超过 0.15mm。间隙过大，应更换新套，并进行配合间隙的铰孔匹配加工。

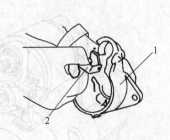

图 6-29 起动机传动叉的拆卸
1—端盖；2—传动叉

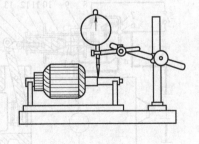

图 6-30 电枢轴弯曲度的检查

（2）整流子检测 检查整流子有无脏污和表面烧蚀，若出现此情况，用 400 号砂纸打磨或在车床上修整。检查整流子的径向圆跳动量，如图 6-31 所示。将整流子放在 V 形铁上，用百分表测量圆周上径向跳动量，最大允许径向圆跳动量为 0.05mm。若径向圆跳动量大于规定值，应在车床上校正。

　　用游标卡尺测量整流子的直径，如图 6-32 所示。其标准值为 30.0mm，最小直径为 29.0mm。若直径小于最小值，应更换电枢。

　　检查底部凹槽深度，应清洁无异物，边缘光滑。测量如图 6-33 所示。标准凹槽深度为 0.6mm，最小凹槽深度为 0.2mm。若凹槽深度小于最小值，用手锯条修正。

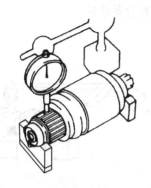
图 6-31　检查整流子径向圆跳动量

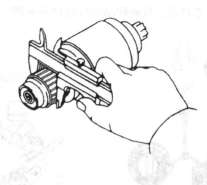
图 6-32　检查整流子直径

　　（3）电枢绕组检测　检查整流子是否断路，如图 6-34 所示。用万用表欧姆挡检测整流子片之间的导通性，应导通。若整流子片之间不导通，应更换电枢。

　　检查整流子是否搭铁，如图 6-35 所示。用万用表欧姆挡检测整流子与电枢绕组铁芯之间的导通性，应不导通。若导通，应更换电枢。

导通

不导通

图 6-33　检查整流子底部凹槽深度　　　图 6-34　检查整流子是否断路　　　图 6-35　检查整流子是否搭铁

　　（4）励磁绕组检测　检查励磁绕组是否断路，如图 6-36 所示。用万用表欧姆挡检测引线和磁场绕组电刷引线之间的导通性，应导通。否则，更换磁极框架。

　　检查磁场绕组是否搭铁，如图 6-37 所示。用万用表欧姆挡检测磁场绕组末端与磁极框架之间的导通性，应不导通；若导通，应修理或更换磁极框架。

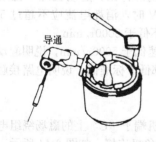
导通

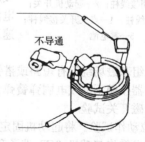
不导通

图 6-36　检查磁场绕组是否断路　　　　　　图 6-37　检查磁场绕组是否搭铁

　　（5）电刷弹簧检测　检修电刷弹簧，如图 6-38 所示，读取电刷弹簧从电刷分离瞬间的拉力计读数。标准弹簧安装载荷为 17～23N，最小安装载荷为 12N。若安装载荷小于规定值，应更换电刷弹簧。

　　（6）电刷架检测　如图 6-39 所示，用万用表欧姆挡检测电刷架正极与负极之间的导通性，应不导通；若导通，应修理或更换电刷架。

（7）单向离合器和驱动齿轮检测　检查单向离合器和驱动齿轮是否严重损伤或磨损。如有损坏，应进行更换。

检查起动机单向离合器是否打滑或卡滞，如图 6-40 所示。将离合器驱动齿轮夹在台虎钳上，在花键套筒中套入花键轴，将扳手接在花键轴上，测得力矩应大于规定值（24～26N·m），否则说明离合器打滑。反向转动离合器应不卡滞，否则应修理或更换离合器总成。

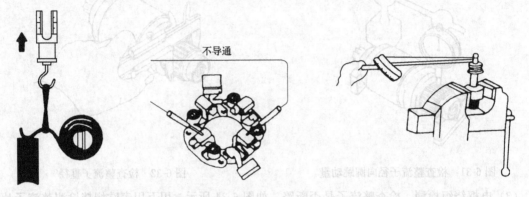

图 6-38　检查电刷弹簧载荷　图 6-39　检查电刷架绝缘情况　　　图 6-40　检查起动机离
合器工作是否正常

（8）电磁开关检测　检查电磁开关内部线圈断路、短路或搭铁故障，可用万用表测线圈电阻后与标准值比较进行判断。

按照图 6-41 所示连接好线路，接通开关 K 后应能听到活动铁芯动作的声音，同时试灯 L 应被点亮；开关 K 断开后，试灯 L 应立即熄灭。否则应更换电磁开关或更换起动机总成。

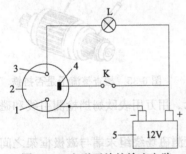

图 6-41　电磁开关的检查电路
1—磁场线圈接线柱；2—起动机开关；
3—蓄电池接线柱；4—点火开关接线柱；
5—蓄电池

#### 6.2.3.4　起动机整体性能检测

（1）空载性能试验　修复后的起动机应对电磁开关和电动机进行性能试验。试验时，先将蓄电池充足电，每项试验应在 3～5s 内完成，以防线圈烧坏。

如图 6-42 所示，用导线将起动机与蓄电池和电流表（量程为 0～100A 以上的直流电流表）连接。蓄电池正极与电流表正极连接，电流表负极与起动机"30"端子连接，蓄电池的负极与起动机外壳连接。

如图 6-43 所示，用带夹电缆将"30"端子与"50"端子连接起来，此时驱动齿轮应向外伸出，起动机应平稳运转。当蓄电池电压大于或等于 11.5V 时，消耗电流应不超过 50A，用转速表测量电枢轴的转速应不低于 5000r/min。

如电流大于 50A 或转速低于 5000r/min，说明起动机装配过紧或电枢绕组和磁场绕组有短路或搭铁故障。如电流和转速都低于标准值，说明电路接触不良，如电刷与换向器接触不良或电刷弹簧弹力不足等。

（2）电磁开关试验

① 吸拉动作试验。将起动机固定到台虎钳上，拆下起动机端子"C"上的磁场绕组电缆引线端子，用带夹电缆将起动机"C"端子和电磁开关壳体与蓄电池负极连接，如图 6-44 所示。用带夹电缆将起动机"50"端子与蓄电池正极连接，此时驱动齿轮应向外移动。如驱动齿轮不动，说明电磁开关有故障，应予以修理或更换。

② 保持动作试验。在吸拉动作基础上，当驱动齿轮保持在伸出位置时，拆下电磁开关"C"端子上的电缆夹，如图 6-45 所示。此时驱动齿轮应保持在伸出位置不动。如驱动齿轮回位，说明保

持线圈断路，应予修理。

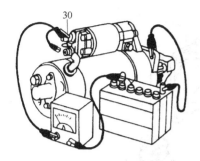

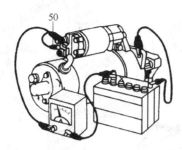

图 6-42　起动机的空载试验　　　图 6-43　接通"50"端子进行试验　　　图 6-44　吸拉动作试验线路

③ 回位动作试验。在保持动作的基础上，再拆下起动机壳体上的电缆夹，如图 6-46 所示，此时驱动齿轮应迅速回位。如驱动齿轮不能回位，说明回位弹簧失效，应更换弹簧或电磁开关总成。

（3）全制动试验　如图 6-47 所示，将起动机放在测矩台上，用弹簧秤 5 测出其发出的力矩。当制动电流在 480A 左右时，输出最大力矩应不小于 13N·m。

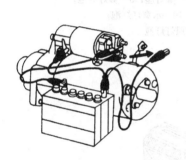

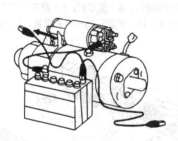

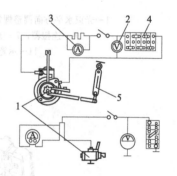

图 6-45　保持动作试验方法　　　图 6-46　回位动作试验方法　　　图 6-47　起动机的全制动试验
1—起动机；2—电压表；3—电流表；
4—蓄电池；5—弹簧秤

# 6.3　汽车照明、信号系统拆解与检测

汽车照明、信号系统及报警装置是汽车上不可缺少的部分，下面以桑塔纳轿车为例，讲解汽车照明及信号系统的结构、拆解与检测。

汽车照明系统分为外部照明和内部照明系统。外部照明系统主要有前照灯、雾灯、倒车灯、牌照灯等。内部照明系统主要有阅读灯、顶灯等。汽车信号系统主要有喇叭、制动灯和转向灯等。

## 6.3.1　汽车照明与信号系统结构

不同汽车的照明系统结构基本相同，都是由电源、保险丝、开关和灯等部分组成。

（1）前照灯和雾灯　桑塔纳轿车前照灯和雾灯结构，如图 6-48 所示。前照灯为远、近光双丝灯泡，双丝灯泡既可使用卤素灯泡，也可使用白炽灯泡。雾灯有前雾灯和后雾灯，前雾灯左右各一个，规格为 12V/55W；后雾灯只有一个，安装在左后方，规格为 12V/21W。

（2）组合后灯　桑塔纳轿车尾灯与转向灯、制动灯等组装在一起，统称为组合后灯，其结构如图 6-49 所示。尾灯规格为 12V/5W，倒车灯和制动灯的规格为 12V/21W。

（3）转向信号灯与报警灯　桑塔纳轿车转向信号灯与报警灯系统由转向信号灯、闪光继电器、转向组合手柄开关、报警灯开关等组成，其电路图如图 6-50 所示。

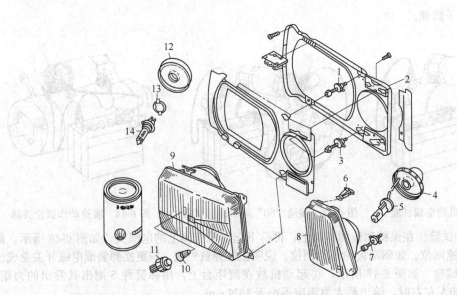

图 6-48 前照灯与雾灯结构

1—光束水平方向调整螺钉；2—灯架；3—光束垂直方向调整螺钉；4—雾灯座；5—雾灯灯泡；
6—连接器；7—雾灯调整螺钉；8—雾灯罩；9—前照灯灯座；10—示宽灯灯泡；
11—示宽灯灯座；12—护盖；13—夹紧弹簧；14—前照灯灯泡

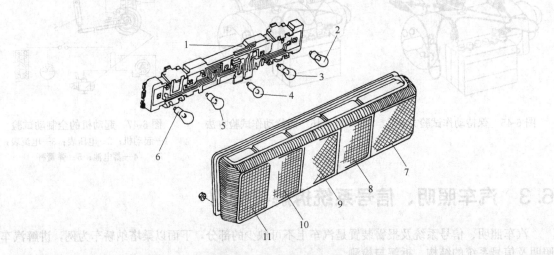

图 6-49 组合后灯

1—灯泡座架；2—倒车灯；3—后雾灯；4—尾灯；5—制动灯；6—转向灯；7—倒车灯灯罩；
8—后雾灯灯罩；9—尾灯灯罩；10—制动灯灯罩；11—转向灯灯罩

## 6.3.2 汽车照明与信号系统零部件拆解

（1）组合开关拆解　组合开关安装在转向管柱上，包括点火开关 D、前风窗刮水及清洗开关、转向灯开关及变光开关等。组合开关拆解如图 6-51 所示；转向管柱拆解如图 6-52 所示。

（2）前照灯、转向灯拆解　前照灯、转向灯拆解如图 6-53 所示。前照灯安装后应进行调节，在拆卸前照灯时应防止空气进入。拆卸转向灯时不需要拆卸前照灯，只要卸下转向灯，即可更换灯泡。前照灯分解步骤如图 6-54 所示。

（3）雾灯拆解　雾灯拆解步骤如图 6-55 所示。

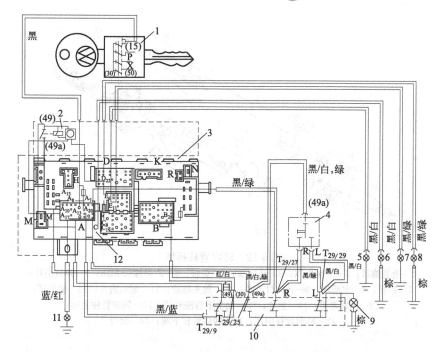

图 6-50 转向信号与报警信号系统电路图

1—点火开关；2—转向、报警灯继电器；3,12—中央线路板；4—转向灯开关；5—前左转向灯；
6—后左转向灯；7—前右转向灯；8—后右转向灯；9—报警闪光装置指示灯；10—报警灯开关；11—仪表板处转向指示灯

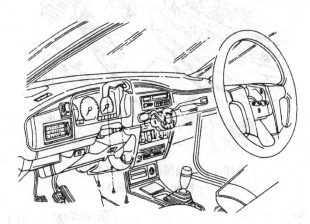

图 6-51 组合开关拆解

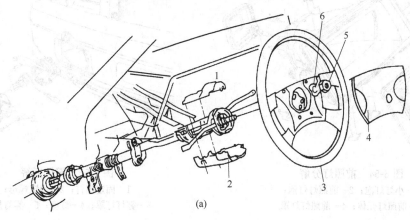

(a)

图 6-52

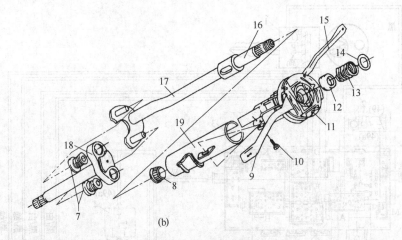

图 6-52　转向管柱拆解

1—上装饰罩；2—下装饰罩；3—转向盘；4—盖板；5—六角螺母 M16；6—弹簧垫片；
7—衬套；8—支承环；9—转向灯开关；10—圆头螺栓；11—喇叭簧片；12—接触环；
13—压紧弹簧；14—垫片；15—刮水下清洗开关；16—转向管柱上端；
17—转向管柱中部；18—转向管柱下端；19—套管

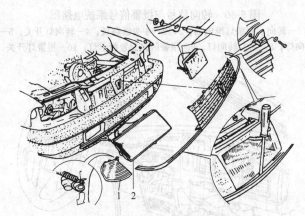

图 6-53　前照灯、转向灯拆解

1—转向灯；2—前照灯

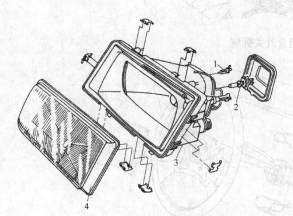

图 6-54　前照灯分解

1—小灯灯泡；2—前照灯灯泡；
3—前照灯壳体；4—前照灯灯罩

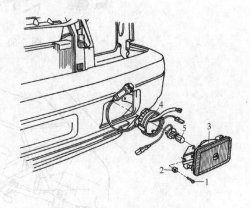

图 6-55　雾灯拆解

1—固定螺钉；2—固定螺母；
3—雾灯灯罩；4—灯座；5—雾灯灯泡

（4）尾灯和牌照灯拆解　尾灯、牌照灯拆解如图 6-56 所示。

（5）行李箱灯拆解　行李箱灯拆解如图 6-57 所示。

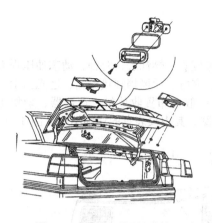

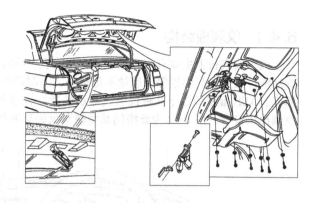

图 6-56　尾灯和牌照灯拆解　　　　　　图 6-57　行李箱灯拆解

（6）车内照明灯拆解　车内照明灯拆解，如图 6-58 所示；前照灯开关拆解如图 6-59 所示。拆卸时，要用力压住。

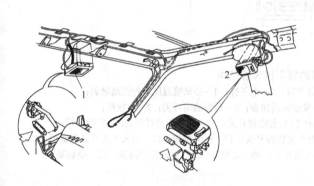

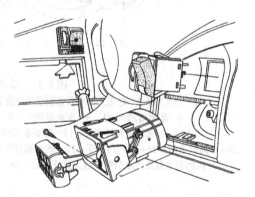

图 6-58　车内照明灯拆解

1—内照明灯；2—右左侧顶灯

图 6-59　前照灯开关拆解

（7）制动灯开关拆解　制动灯开关拆解如图 6-60 所示。

（8）雾灯开关拆解　雾灯开关拆解如图 6-61 所示。

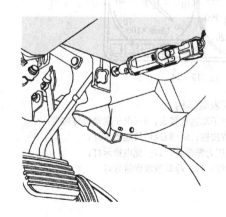

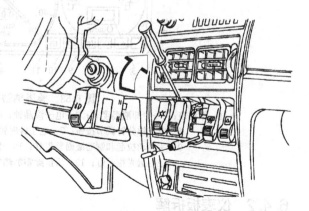

图 6-60　制动灯开关拆解　　　　　　　图 6-61　雾灯开关拆解

## 6.4 汽车仪表及辅助电器拆解

### 6.4.1 仪表板结构

汽车仪表板上主要有车速里程表、转速表、冷却液温度表、燃油表、时钟、动态油压报警、防冻液液位报警、高温报警、燃油不足报警、手制动拉起、充电、后风挡加热除霜、远光指示、紧急闪光、ABS报警等二十几种仪表或显示装置。仪表板上一般还布置收放机、点烟器、杂物箱以及空调出风口等。图6-62为桑塔纳某型轿车仪表板的结构图，其中仪表盘的详细结构见图6-63。

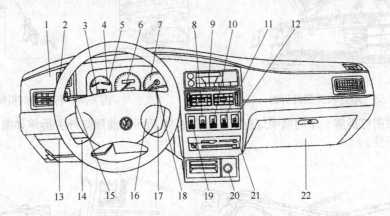

图6-62　桑塔纳轿车仪表板结构

1—出风口；2—灯光开关和仪表板照明亮度调节器；3—电子钟；4—冷却液温度表和燃油量表；
5—信号灯/警告灯；6—车速里程表；7—发动机转速表；8—后窗除霜开关；9—收放机；
10—雾灯开关/紧急闪光灯开关；11—防盗系统指示灯/后窗除霜开关；12—紧急闪光灯开关/ABS指示灯；
13—保险丝盖板；14—阻风门拉手；15—转向信号灯及变光拨杆开关；16—喇叭按钮；17—点火开关及方向盘锁；
18—风挡刮水器及洗涤剂喷射装置拨杆开关；19—空调开关；20—点烟器；21—空调控制面板；22—杂物箱

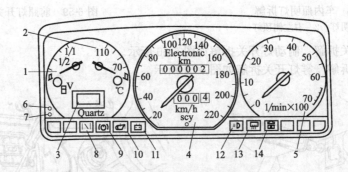

图6-63　桑塔纳轿车仪表盘结构

1—燃油表；2—冷却液温度表；3—电子液晶屏；4—电子车速里程表；5—电子发动机转速表；
6—电子钟分钟调节按钮；7—电子钟时钟调节按钮；8—阻风门拉起指示灯；
9—手制动拉起和制动液面警告灯；10—机油压力警告灯；11—充电指示灯；
12—远光指示灯；13—后窗除霜加热指示灯；14—冷却液液面警告灯

### 6.4.2 仪表板拆解

仪表板的拆解步骤如下。

① 用一字螺丝刀（螺钉旋具）轻轻撬下仪表板的装饰条，用十字或一字螺丝刀拆下外饰板上的螺钉，取下外饰板；

② 拆下副仪表板、杂物箱以及左右衬里；

③ 用专用工具拆下转向盘，断开喇叭线路接插件；

④ 拆下组合仪表盘座框螺钉，使仪表盘外倾，分开线路接插件，取下仪表盘总成；

⑤ 拆下收放机，分开接线口，拆开各种开关的接线口；

⑥ 拆开侧面出风口连接，拆开通风调节机构的饰板和固定螺钉；

⑦ 从发动机舱内拧下仪表板的固定螺母，拆下电气线路的胶带；

⑧ 拆下仪表板总成。

## 6.4.3 辅助电器拆解

### 6.4.3.1 刮水器及清洗装置拆解

（1）刮水器及清洗装置结构 桑塔纳轿车的刮水器及清洗装置，由熔断器、带间歇挡的前风窗刮水器开关、前风窗刮水器继电器、电动机、刮水器支座、连杆总成、定位杆以及刮水器橡皮条、喷水泵、储液罐、喷嘴等组成，分别如图 6-64、图 6-65 所示。

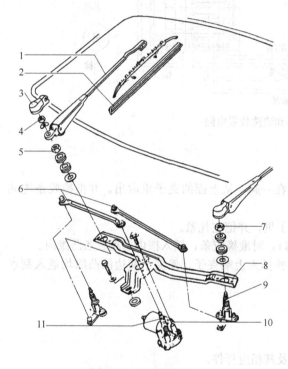

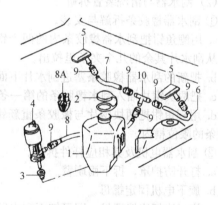

图 6-64　刮水器结构
1—雨刷臂；2—雨刷橡胶片；3—防护罩；
4,5,7—螺母；6—摆杆；
8—支座；9—轴颈；10—电动机；11—曲柄

图 6-65　清洗装置结构
1—储液罐；2—加液口盖；3—密封垫；
4—喷水泵；5—喷嘴；6，7，8—塑料管；
8A—软管夹子；9—橡胶管；10—三通接头

刮水器和清洗装置的电路，如图 6-66 所示。当接通点火开关，拨动刮水器开关的各个位置时，受点火开关控制的电源经熔断器，可直接接通刮水器电动机（快挡），也可经过继电器再操纵电动机（慢挡、间隙挡和喷水挡）。

当刮水器开关拨至最高挡时，刮水器处于快速刮水状态。当刮水器开关拨至"2"挡时，刮水器处于慢速刮水状态。当刮水器拨至"3"挡时，刮水器处于停止工作状态。当刮水器开关拨至"4"挡时，刮水器处于间歇刮水状态。当刮水器开关拨向方向盘时，清洗装置开始工作，喷水泵喷水，刮水器来回刮 3～4 次即停止。

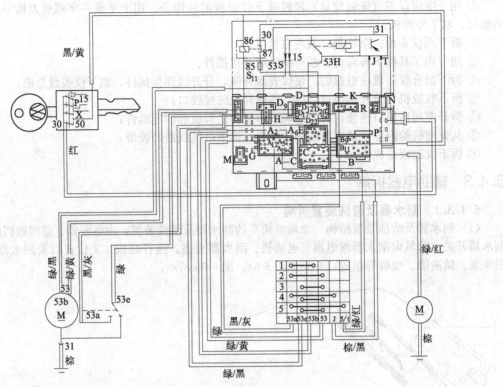

图 6-66　刮水器和清洗装置电路

（2）刮水器与清洗装置拆解

① 刮水器橡胶条拆解与安装。

a. 用鲤鱼钳把刮水器橡胶条内的两个钢片钳在一起，从上面的夹子里取出，并把橡胶条连同钢片从刮水片其余的几个夹子里拉出。

b. 把新的刮水器橡胶条塞进刮水片下面的夹子里，并把它扎紧。

c. 把两块钢片插入刮水橡胶条的第一条的槽口，对准橡胶条，插入槽内的橡胶条凸缘内。

d. 用鲤鱼钳把两块钢片与橡胶条重新钳紧，并插入上端夹子，使夹子两边的凸缘均进入刮水橡胶条的限位槽内。

② 刮水器电机及其相应杆件拆解。

a. 打开防护罩，拆下雨刷臂。

b. 旋下电机固定螺母。

c. 旋下连杆连接螺母，即可卸下刮水器电机及其相应杆件。

③ 清洗装置拆解。

a. 打开发动机舱盖，拆下隔音棉，可以看到喷嘴及连接软管，从发动机舱盖正面用手轻压喷嘴，即可拆下喷嘴。拆下软管固定夹，即可拿下连接软管。

b. 拆下储液罐固定螺栓，拆下连接软管，可以从汽车底部拿出储液罐。喷水泵一般都附装在储液罐上，拔下接插件，拆下连接螺柱，即可拿下喷水泵。

### 6.4.3.2　电动车门窗玻璃升降器拆解

（1）电动车门窗玻璃升降器结构　桑塔纳轿车所采用的电动车门窗玻璃升降器结构如图 6-67 所示。电气部分由过热保险丝、开关、自动继电器、延时继电器、直流电机等组成，机械部分由蜗轮、蜗杆、绕线轮、钢丝绳、导轨、滑动支架等组成。

当电动窗玻璃升降器中的直流永磁电动机接通额定电流后，转轴输出转矩，经蜗轮蜗杆减速后，再由缓冲联轴器传递到卷丝筒，带动卷丝筒旋转，使钢丝绳拉动安装在玻璃托架上的滑动支架在导轨中上下运动，达到车门窗玻璃升降的目的。

电动车门窗玻璃升降器组合开关位于手动排挡杆前面的平台上，如图 6-68 所示。

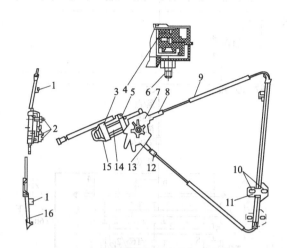

图 6-67　电动车门窗玻璃升降器结构
1—支架安装位置；2—电动机安装位置；3—固定架；
4—缓冲联轴器；5—电动机；6—卷丝筒；
7—盖板；8—调整弹簧；9—绳索结构；10—玻璃安装位置；
11—滑动支架；12—弹簧套筒；13—安装缓冲器；
14—铭牌；15—均压孔；16—支架结构

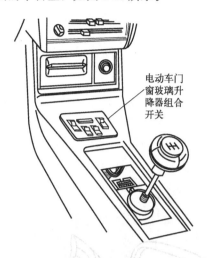

图 6-68　电动车门窗玻璃升降器组合开关

点火开关置于"ON"时，可使用按键式组合开关方便地控制四扇车门窗玻璃的升降。后排座位的乘客还可以使用安装在左右门上的按键开关进行单独操作。

组合开关上的 4 个按键分别控制各自相应的车门窗玻璃升降，中间黄色开关为后窗玻璃升降总开关，可以切断后窗车门上的窗玻璃升降器开关。

驾驶员门窗玻璃升降的操作与其他门有所不同，只需要点按下降键，车门窗玻璃即可一降到底。如需中途停下，点按上升键就可以。

当点火开关关闭时，延时继电器会工作 1min，在此期间车门窗玻璃仍可起开关作用，然后自动切断地线。

（2）电动车门窗升降器拆解

① 拆下门内饰板，拆下扬声器，并拔下导线接插头。

② 拆下门窗升降导轨的连接螺栓，拔下升降电机上相应的连接导线插头。

③ 用手或其他软质工具把玻璃提升到高位，拆下玻璃托架，通过下口拿出门窗升降导轨和电机。

④ 放下玻璃，通过下口小心把玻璃取出。

### 6.4.3.3　电动后视镜的结构与检测

（1）电动后视镜和控制开关结构　桑塔纳轿车后视镜大都采用电动控制。两侧电动后视镜内各有两个永磁电动机，通过控制两个电动机的开关，即可使镜面产生上、下、左、右四种运动，以获得不同方位的位置调整。

控制开关安装在左前门内侧把手上方。当点火开关置于"ON"时，将控制开关球形钮旋转，以选择所需要调整的后视镜。在控制开关面板上印有 L，R，L 表示左侧后视镜，R 表示右侧后视镜，中间则是停止操作。选择好需要调整的后视镜后，只要上、下、左、右摇动开关的球形按钮，就可以调整后视镜反射面的空间角度。调整工作完毕，可将开关转回中间位置以防误碰。

电动后视镜由镜面玻璃（反射面）、双电动机、连接件、传动机构与壳体等组成。控制开关由旋转开关、摇动开关及线束等组成，如图 6-69 所示。

电动后视镜电气线路图如图 6-70 所示。

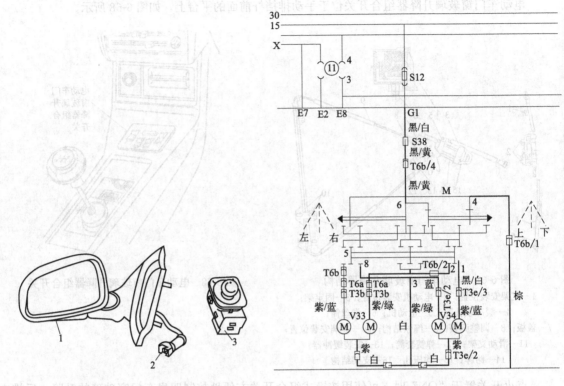

图 6-69　电动后视镜
1—左后视镜总成；2—电线接头；3—控制开关

图 6-70　电动后视镜电气线路图

（2）电动后视镜检测　电动后视镜是车身两侧最外突的部件，容易被外力损坏。一旦电动后视镜外壳破损或镜面开裂应及时更换新件。此外，操纵控制开关时，镜面不能达到所需的位置，或镜面控制电机不工作，应先检查线路的通断，进而检查双电机的工作情况和传动机构是否磨损、损坏等，必要时换新件。

## 6.5　汽车空调系统拆解

### 6.5.1　汽车空调基本结构与布置

桑塔纳轿车空调系统采用 R134a 制冷剂，其整体布置如图 6-71 所示。

汽车空调系统的基本结构如图 6-72 所示。由蒸发器 1 出来的低温、低压制冷剂 HFC-134a 气体，经低压软管 2、低压阀 9 进入压缩机 3。压缩机内将气态制冷剂吸入并压缩，变成高温、高压的制冷剂气体，由高压阀出来，经过高压软管 4 进入冷凝器 5，并把热量排出车外，被冷却为中温、高压的液态 R134a，从冷凝器底部流向储液干燥器 6，经过滤干燥后由高压管送至膨胀阀 8。经膨胀阀的高压液态制冷剂减压后，成为低温、低压的雾状物进入蒸发器，通过蒸发器芯管吸收周围空气中的热量而变为气体，冷却后的冷空气，经风扇强制送回车内，完成了降温目的。低温、低压的气态制冷剂，经低压软管回到压缩机，开始新一轮工作循环。

空调系统操纵杆及空调系统出风口布置分别如图 6-73、图 6-74 所示。

（1）压缩机　桑塔纳轿车空调系统采用摇摆斜盘式 SE-5H14 型压缩机，如图 6-75 所示。当主轴旋转时，摇板轴向往复摇摆，从而带动压缩机的活塞作轴向往复运动。压缩机采用电磁离合器，当接通电源时，电磁离合器线圈中的电流在离合器片与固定框之间产生磁场，离合器的磁铁吸向转子，将电磁离合器带轮从发动机上得到的动力传给压缩机轴，带动压缩机工作。当切断电源时，磁场消失，离合器分离，带轮空转。

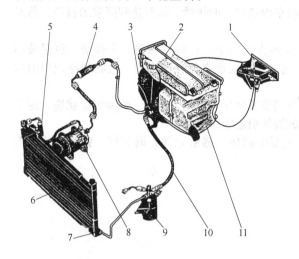

图 6-71　空调系统布置

1—控制装置；2—进气罩；3—蒸发器；
4—S管；5—D管；6—冷凝器；7—C管；
8—空调压缩机；9—储液干燥管；10—L管；11—加热器

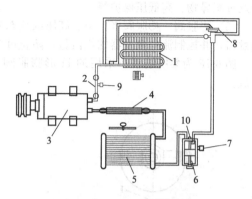

图 6-72　空调系统基本结构

1—蒸发器；2—低压软管；3—压缩机；
4—高压软管；5—冷凝器；6—储液干燥器；
7—高压阀；8—膨胀阀；9—低压阀；10—压力开关

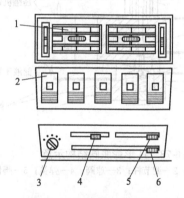

图 6-73　空调系统操纵杆

1—中央出风口；2—空调控制开关；3—自然风鼓风机开关；
4，5—气流分布拨杆；6—温度选择拨杆

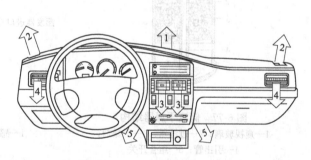

图 6-74　空调系统出风口布置

（2）冷凝器　冷凝器把来自压缩机的高温制冷剂气体冷凝成高压液体，并把吸收的热量释放到车外环境中。桑塔纳轿车空调冷凝器为管带式冷凝器，其结构如图 6-76 所示。

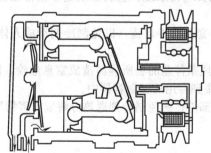

图 6-75　摇摆式压缩机

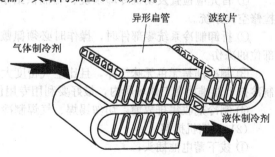

图 6-76　管带式冷凝器结构

（3）蒸发器　蒸发器安装在副驾驶员一侧杂物箱下方，采用风冷全铝板带式结构，其功能如下：经节流阀流入的制冷剂液体蒸发成气体，吸收车内热空气的热量，从而达到降温的目的。蒸发器上插有感温开关的毛细管。

（4）储液干燥器　储液干燥器安装在发动机左前方纵梁上，它由过滤器、干燥剂、窥视玻璃孔、组合开关及引出管等组成，如图 6-77 所示。它的主要功能有储存制冷剂、吸收制冷剂中的水分及过滤异物、高低压保护等。

（5）膨胀阀　膨胀阀将高温、高压的液态制冷剂节流降压，转化为低压、低温的雾状物，送入蒸发器，并控制流向蒸发器的供液量，防止过多的液体引起阻滞现象。

图 6-78 为桑塔纳轿车采用的 H 形膨胀阀，主要由阀体、感温元件、调节杆、弹簧、球阀等组成。

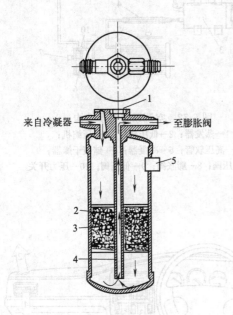

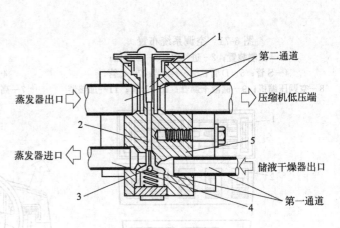

图 6-77　储液干燥器结构

1—窥视玻璃；2—过滤器；3—干燥剂；
4—引出管；5—组合开关

图 6-78　H 形膨胀阀结构示意

1—感温元件；2—调节杆；3—球阀；4—弹簧；5—阀体

## 6.5.2　空调系统拆解

下面以桑塔纳轿车空调系统为例讲解汽车空调系统拆解流程。

（1）拆解注意事项

① 首先应检查发动机冷却系统、燃油供给系统和相关电气系统。它们必须处于正常工况，再检修空调系统。

② 拆卸制冷系统零部件时，操作时必须佩戴防护手套及防护目镜，以免制冷剂造成人体暴露部位的冻伤。

③ 制冷剂是无色无味气体，且比空气密度大，在通风条件差的场所容易造成窒息危险。因此，制冷剂不能排放在工作场所内，最好要利用专用仪器收集到专用的密封容器中。

④ 制冷剂收集排放前，切勿锡焊、气焊制冷系统零部件，避免制冷剂遇热分解成有害物质。

（2）压缩机拆解

① 拔下蓄电池插头；

② 排放制冷剂；

③ 拆卸高、低压管，封闭管口，防止异物侵入；

④ 拆卸电磁离合器导线；

⑤ 拆卸压缩机固定螺栓，取下压缩机。

压缩机和电磁离合器的结构和主要部件装配关系分别如图 6-79、图 6-80 所示，相应拆解可参照进行。

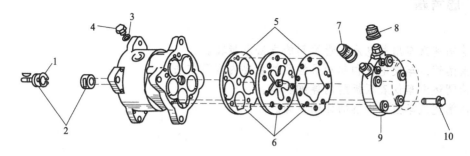

图 6-79　压缩机主要结构

1—孔用弹性挡圈；2—毡圈密封组件；3—加油塞 O 形密封圈；4—加油塞；
5—阀板组件和气缸垫；6—阀板；7—进气口护帽；8—排气口护帽；9—缸盖；10—缸盖螺栓

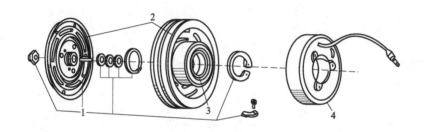

图 6-80　电磁离合器主要结构

1—附件（螺母、键、垫片、挡圈、挡圈导线压板）；2—吸盘组件和带轮；3—轴承；4—线圈

（3）冷凝器拆解
① 排放制冷系统的制冷剂；
② 拆下散热器；
③ 拆下冷凝器进口管和出口管；
④ 拧下固定螺栓，拆下冷凝器。
（4）蒸发器拆解
① 排放制冷系统的制冷剂；
② 拆下新鲜空气风箱盖；
③ 拆下蒸发器外壳；
④ 拆下低压管固定件及压缩机管路，并封住管子端部；
⑤ 拆下高压管固定件及储液罐，并封住管子端部；
⑥ 拆下仪表板右侧下部挡板及网罩；
⑦ 拆下蒸发器口的感应管；
⑧ 拆下蒸发盘，取出蒸发器。
（5）储液干燥器拆解
① 拔下空调电磁离合器插头；
② 排放制冷系统内的制冷剂；
③ 拆下管路接头，封住管子端部；

④ 拆下储液罐。

**思考题**

1. 请阐述汽车用蓄电池容量检测的方法及步骤。
2. 请阐述汽车发电机和起动机检测的主要内容及方法。
3. 请阐述汽车仪表板拆解的详细步骤。
4. 请阐述汽车空调拆解的详细步骤。

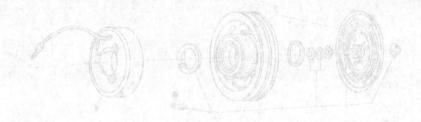

# 第 7 章 污染物、危险物及废弃物的管理与处理

## 7.1 报废汽车污染物的种类与处理

汽车从生产到使用直至报废的全过程中，每一个环节都有不同程度的环境污染问题。汽车回收拆解行业产生的污染物主要有三类：废液、有毒气体和固体废弃物。报废汽车拆解过程中和拆解后产生的污染物，如果不进行有效的防治和处理，不仅作业区环境和工人受到危害，而且会影响周围环境。

### 7.1.1 废液危害与处理

（1）汽车废油　汽车废油包含废机油、废助力油、废齿轮油等各种废油。所谓废油指油液在使用中混入了水分、灰尘、其他杂油和机件磨损产生的金属粉末等杂质，而后油液逐渐变质，生成了有机酸、胶质和沥青状物质。

抽取出来的废油可以回收利用，加工成再生机油，避免环境污染，其主要工序如下。

① 沉淀。把各种废油汇集到一个池里沉淀，让金属和较大杂质沉到池的下方，加工时将上面杂质少的废油抽出。

② 蒸馏。蒸馏是将低沸点的汽油、柴油等分离出来，将废油里的水分彻底除掉，保持再生机油有一定的黏度，有一定的闪点。

③ 酸洗。酸洗是通过浓硫酸的作用，使废油中的大部分杂质分离沉淀下来。在经过蒸馏后冷却至常温的废油里加入 6％左右的浓硫酸，均匀搅拌 15min 左右，产生大量的废渣，然后停止搅拌让废渣沉淀。

④ 碱中和。用氢氧化钠溶液将酸洗后除去酸渣的油中和，中和用 pH 试纸测出 pH 值为 7。

⑤ 水洗。把油里的酸、碱等水溶性杂质洗掉。

⑥ 白土吸附。在高温条件下，用活性白土将油中的杂质吸附。

⑦ 过滤。将白土吸附后高温的油趁热用真空抽滤，抽滤出来的油就是成品油。

（2）汽车防冻液　汽车防冻液是一种含有特殊添加剂的冷却液，主要用于水冷式发动机冷却系统，防冻液具有冬天防冻、夏天防沸、全年防水垢、防腐蚀等优良性能。国内 95％以上轿车使用乙二醇的水基型防冻液，与自来水相比，乙二醇最显著的特点是防冻；其次，乙二醇沸点高，挥发性小，黏度适中并且随温度变化小，热稳定性好。因此，乙二醇型防冻液是一种理想的冷却液。

乙二醇又名"甘醇"，是一种无色无臭、有甜味的液体，但它的毒性非常大，人类致死剂量仅为 1.6 g/kg。人体对乙二醇的摄入途径分别为吸入、食入、皮肤吸收。因此，厂家在生产防冻液时在产品中添加色素，以示其与饮用水的区别，防止消费者误将防冻液作为饮用水饮用。

目前绝大部分报废汽车拆解企业在工作过程中不会对废弃防冻液进行回收处理，而是直接将废弃防冻液排入下水道，再由下水道汇入江河湖海，造成废弃的乙二醇等有毒物质渗透到水体中，严重威胁着人们的生存环境。因此，正确的处理方法是将汽车防冻液加以收集，然后交由专业单位回收处理。

（3）废水的危害与处理 报废汽车拆解废水主要分为含油废水和含铅废水。

废水的主要处理方法如下。

① 含油废水。对于浮油和分散油，采用自然分离法处理。该方法借助油品和废水密度的不同进行自然分离来达到除油目的。常用的处理设备有小型隔油池、引流式隔油池和斜板（管）隔油池。对于废水中的乳化油，其处理流程一般为：除渣、破乳（盐析法或凝聚法）、油水分离、沙滤。

② 含铅废水。目前厂家采用过滤法去除杂质后，用扩散渗透法回收硫酸，但大部分是将铅和酸共同处理。

a. 石灰石过滤中和法。一般采用石灰石中和，进水中硫酸浓度应控制在 20g/L 以下。投放石灰或氢氧化钠后使处理后水的 pH 值达到 8 左右，才能使铅离子浓度达到 1.0mg/L 以下。

b. 药剂中和法。一般采用石灰或氢氧化钠作为中和剂，同时投放氯化铝作为凝聚剂，处理后出水 pH 值为 8~9。为使反应均匀，应设置搅拌装置。

## 7.1.2 有毒气体危害与处理

目前，报废汽车中的废旧塑料、橡胶尚未找到理想的回收方法，当前主要依赖焚烧来回收，并在此过程中获取热能。然而，焚烧并非一种环保高效的回收方式，因为它可能产生有毒、有害气体。因此，探索和开发更加环保、高效的回收技术显得尤为重要。

对于有害、有毒气体的防治，应在焚烧炉及其系统设计时采取净化措施。主要方法如下。

（1）冷凝法 降低有害气体的温度，能使一些有害气体凝结成液体，从废空气中分离出来而被除去。冷凝方式有直接冷凝和间接冷凝两种。直接冷凝使用的设备有喷淋式冷凝器和管壳式洗涤器等；间接冷凝使用的设备有管壳式冷凝器等。冷媒一般为低温水。冷凝法操作方便，可回收溶剂，不会引起二次污染。

（2）吸入法 用溶液或溶剂可以吸收焚烧炉内所产生的有毒气体，使之与空气分离而去除。例如，用碱溶液可吸收酸性废气，用柴油可以吸收有机废气。该法可回收气体，但净化效果不高。常用吸收设备有填料塔、筛板塔、喷淋塔等。

（3）吸附法 用多孔性固体吸附有害气体而使空气净化的方法。常用的吸附剂为活性炭。吸附装置有固定床和活动床两种。

## 7.1.3 固体废弃物危害与处理

（1）废铅酸蓄电池 蓄电池是汽车的电源之一，目前在汽车上采用的主要是铅酸蓄电池。铅酸蓄电池对环境的危害主要是酸、碱等电解质溶液和重金属的污染。蓄电池中的硫酸铅和重金属离子一旦外泄，在土壤或水体中溶解并被植物的根系吸收，当人与牲畜以植物为食料时，体内就积累了重金属。由于重金属离子在人体里难以排泄，最终会损害人的神经系统及肝脏功能。

目前废旧铅酸蓄电池已被列入国家危险废物名录。为了国民经济的稳定、快速、健康发展，防止铅对环境的污染，提高铅资源的合理有效利用程度，实施可持续发展战略，相关管理体制应从以下几个方面加以完善。

① 建立完善的废旧铅酸蓄电池回收渠道。

② 加强转运管理。废旧铅酸蓄电池转运时，必须正置，并拧紧排气栓（液孔栓），且有防雨措施，以防稀硫酸外溢和洒落。

③ 对再生铅加工企业实施许可证制。应要求企业规模在年产再生铅 1 万吨以上；加工过程应有完善的环保设施和有效的措施；铅尘、烟气、污水排放应达到国家相应标准；生产人员应享受劳保用品和保健费，并定期体检，企业负责治疗铅中毒人员等。

④ 鼓励再生铅加工企业展开跨地区联合、兼并、资产重组，提高行业集中度。

⑤ 鼓励投资建设年加工处理 5 万吨以上废旧铅酸蓄电池、采用或引进无污染再生铅加工技术和设备、选址合理的再生铅加工企业。

（2）废旧轮胎 随着全球经济的蓬勃发展，车辆的数量也随之迅猛增加。汽车更换下的数量惊人的废旧轮胎也慢慢对地球形成了一种新的污染——"黑色污染"。据不完全统计，目前全世界废旧轮胎已积存 30 亿条以上，并以每年 7 亿条的数字增长。这些不熔或难熔的高分子弹性材料长期露天堆放，不仅占用大量土地，而且极易滋生蚊虫，传播疾病，引发火灾。如被简单用作燃料，则会造成严重的空气污染。因此，废旧轮胎等再生资源产业化问题被明确列为资源综合利用重点领域之一。

除了报废汽车拆解后的废旧蓄电池、废旧轮胎可较好地被回收利用外，其余玻璃、塑料、纤维、木质、陶瓷、海绵、各种仪表等多种非金属材料，由于处置费用过高或再生材料的品质不及原材料，上述材料国内主要处置方法除焚烧外就是掩埋。据统计，目前的报废汽车被轧碎后，平均每辆车有 200～300kg 的残渣垃圾被同时掩埋。当这么多材料埋入地下时，经过长时间的生物分解或水体渗透作用，会造成地下水或土壤的质量下降，从而危害到食物链中的其他物种（包括人类自身）的健康。

对汽车回收过程中的固体废弃物的处置应该尽量不要采取掩埋的方法，应尽可能地依靠科学方法加以回收。据统计，汽车用塑料重量已经占到汽车车重的 11％～13％，而且车用塑料的种类又繁多。因此，最好的措施是在汽车设计、制造中减少车用塑料的品种，并优先选用容易回收的塑料材料，或选用与主体聚合物相容的聚合物材料。

对于报废汽车上拆解下来的、实在无法回收的塑料零部件，采用环保焚烧技术回收其能量是一种比较理想的办法。

## 7.2　安全气囊拆解与处置

在汽车上，为了提高驾乘人员的安全，普遍装备了安全气囊系统，有的汽车还装备双安全气囊或多安全气囊。安全气囊与安全带配合使用，当汽车受到冲撞力时，传感器即向 SRS（安全气囊系统）的 ECU（电子控制单元）发出信号。当 SRS 的 ECU 接收到信号后，与其原存储信号进行比较，若达到气囊的展开条件，则向安全气囊组件中的气体发生器送去启动信号。当气体发生器接收到启动信号后，引爆电雷管引燃气体发生剂，产生大量气体，经过滤并冷却后进入安全气囊，使气囊在极短的时间内突破衬垫迅速展开，在驾驶员或乘客的前部形成弹性气垫，并及时泄漏、收缩，将人体与车内构件之间的碰撞变为弹性碰撞，气囊产生的变形吸收人体碰撞产生的动能，从而有效地保护驾乘人员，使之免于伤害或减轻伤害程度。安全气囊工作过程如图 7-1 所示。

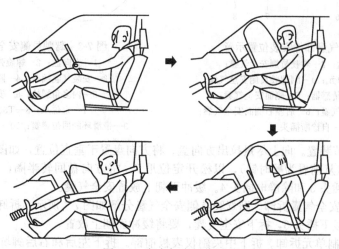

图 7-1　安全气囊工作过程

### 7.2.1　安全气囊拆卸工艺

（1）拆卸安全气囊安全规则

① 拆卸工作必须由受培训的专业人员来进行。

② 拆卸安全气囊时，必须断开蓄电池搭铁线。断开蓄电池后需等待 3min（待控制单元内部的

电容完全放电后），才可拆卸。

③ 为保证安全，在对气囊进行拆卸前，应用手或身体部位与车身充分接触，以消除静电。

④ 在拆卸过程中，切勿将身体正面朝向气囊总成；车内不得有其他人作业。

⑤ 严禁在气囊上进行诸如电阻测量一类的电气检查，防止气囊意外爆炸。

⑥ 在拆卸过程中，应注意不要触动 SRS 装置（如用冲击扳手或锤子等时）；否则，气囊可能意外爆炸，导致车辆损坏或人身伤害。

⑦ 将拆卸的安全气囊放置于指定区域。存放安全气囊时，起缓冲作用的面应朝上。

⑧ 安全气囊上不能有油脂、清洁剂等，不能置于温度超过 70℃ 的环境中。

（2）安全气囊拆卸步骤　安全气囊系统的组成部件分布在汽车的不同位置，各型汽车所采用部件的结构和数量有所不同，但其基本结构组成大致相同。下面以奥迪 A6 车型为例，说明其拆卸过程。

① 安全气囊安装位置。安全气囊主要部件的安装位置如图 7-2 所示。

② 驾驶员安全气囊拆卸。驾驶员侧安全气囊拆解如图 7-3 所示。

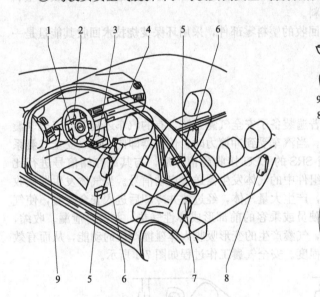

图 7-2　安全气囊部件安装位置示意

1—汽车方向盘；2—驾驶员侧安全气囊；
3—安全气囊控制单元；4—副驾驶员侧安全气囊；
5—横向加速度传感器；6—侧面安全气囊；
7—后座左侧面安全气囊；8—后座右侧面安全气囊；
9—自诊断插头

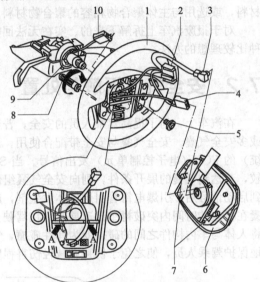

图 7-3　驾驶员侧安全气囊拆解

1—方向盘；2—螺旋弹簧插头；
3—安装气囊插头；4—除静电插头；
5—内多角螺栓；6—安全气囊；
7—定位爪；8—T30 扳手；
9—带滑环的回位弹簧；10—方向盘加热插头

松开转向柱调节装置。向上尽量拉出方向盘。将方向盘置于垂直位置，如图 7-3 所示箭头方向转动 T30 扳手 90°（从前看为顺时针），以松开定位爪 7。将方向盘回转半圈，松开另外一个定位爪；拔下安全气囊插头 3 和除静电插头 4。缓冲面朝上放置安全气囊。

③ 副驾驶员侧安全气囊拆卸。副驾驶员侧安全气囊分解如图 7-4 所示。拆卸副驾驶员侧安全气囊，拆下杂物箱，拔下插头 6，拆下安全气囊，要将缓冲面朝上放置。

④ 安全气囊控制单元拆卸。拆下中央副仪表板前部。拆下左后和右后脚坑出风口导流板的插入件，如图 7-5 所示；松开插头 2 的定位卡夹，从控制单元 1 上拔下插头 2，拧下螺栓 3（3 个），拆下控制单元。

⑤ 侧面安全气囊拆卸。侧面安全气囊分解如图 7-6 所示。拆下驾驶员/副驾驶员靠背装饰件，松开侧面安全气囊 1 周围的面罩，松开插头 3 的定位，从侧面插头上拔下插头 3，拧下两个螺栓 2。小心地松开侧面安全气囊的定位爪 5，拆下侧面安全气囊 1，缓冲面向上放置安全气囊。

⑥ 后座侧面安全气囊拆卸。拆下后座椅，如图 7-7 所示。拧下螺栓 2（2 个），取下侧面安全气囊 1。

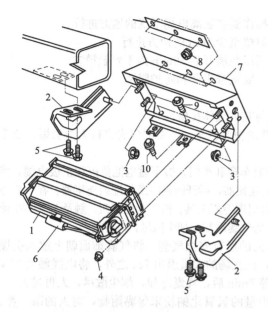

图 7-4 副驾驶员侧安全气囊分解
1—副驾驶员侧安全气囊；2—支架；
3—螺母（2 个）；4—螺母（4 个）；
5—螺栓（4 个）；6—插头；
7—安全气囊支架；8—螺母（3 个）；
9—螺栓（3 个）；10—螺栓（1 个）

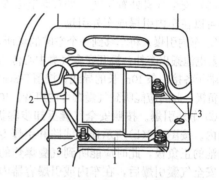

图 7-5 拆卸安全气囊控制单元
1—控制单元；2—插头；3—螺栓

图 7-6 侧面安全气囊分解
1—驾驶员/副驾驶员侧面安全气囊；2—螺栓；
3—插头；4—靠背框架；5—定位爪

图 7-7 拆卸后座侧面安全气囊
1—侧面安全气囊；2—螺栓

## 7.2.2 安全气囊处置

回收装有安全气囊系统的报废车辆时，要按照正确的方法首先使气囊展开，不能随意丢弃带有未展开安全气囊的车辆；对于碰撞事故中已经展开的气囊，应按照安全气囊的回收与环保要求进行妥善处理。

（1）安全气囊处置安全预防措施

① 安全气囊展开时会发出相当大的爆炸声，所以操作必须在户外并且不会给附近的居民区造成公害。

② 在展开安全气囊时，要用规定的专用工具，操作要在远离电场干扰的地方进行。

③ 展开安全气囊时，操作地点要在离开转向盘衬垫至少 10m 的地方进行。

④ 在安全气囊展开时转向盘衬垫会变得很热，所以在展开后 30min 内不要触摸它。

⑤ 在处理带有已展开安全气囊的转向盘衬垫时，要佩戴手套和防护眼镜。

⑥ 操作结束后，一定要用清水洗手。

⑦ 不要向已展开安全气囊的转向盘衬垫淋水或与其他液体接触。

（2）安全气囊处置工艺　处理装有安全气囊系统的报废汽车，需要对气囊进行人为引爆，安全气囊可以在车内引爆或车外引爆。

① 车内引爆。将车移到一个空旷的场所，打开所有车窗和车门，拆下蓄电池负极和正极电缆，然后将蓄电池搬出车外，拆开安全气囊中心传感器总成的连接器，拆开螺旋电缆的配线连接器，在气囊点火器端子各接一条 10m 长的导线，按图7-8(a)所示接好引爆专用工具。按下起爆按钮，触及 12V 蓄电池的正负极，此时应能听到气囊爆炸的声音。10min 后，等气囊冷却，烟尘散尽，人再过去。

② 车外引爆。按照安全气囊拆卸步骤拆下汽车内的所有安全气囊，将气囊饰面朝上放入引爆容器内。按图7-8(b)所示连接线路和引爆专用工具，让在场的人员退出 7m 之外，将电线触及 12V 蓄电池的正负极，此时应能听到气囊爆炸的声音。等 7min 后，气囊冷却，烟尘散尽，人再过去。

安全气囊引爆后，在车内或引爆容器内会留下少量的氢氧化钠粉末等黏附物，对人的眼、鼻、喉和皮肤有刺激作用。因此，在处理已爆炸的安全气囊时，一定要佩戴橡胶手套、防护眼镜，穿上长袖衣服。

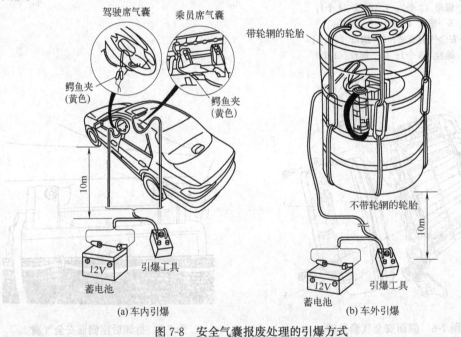

图 7-8　安全气囊报废处理的引爆方式

## 7.2.3 安全气囊回收与环保

（1）金属回收　气体发生器的壳体由钢板或铝合金冲压而成，过滤装置也是用金属或复合材料制成的。对气体发生器金属的回收有两种方法：第一种是加热熔化，但需要事先清除化学残余物；第二种是综合回收，仅将这些燃烧残余物作为熔渣清除，效率较高。

（2）氢氧化钠回收　美国的 TRW 公司发明了独特的回收技术，将氢氧化钠通过再结晶的方法回收。

（3）塑料件及气囊回收　安全气囊系统中的所有零件几乎都为塑料件，可经粉碎以及采用机械和化学的方法再加工，从而转变为热塑性材料的原料。而尼龙织布气囊取出后，经粉碎、加热、挤压成型等工序制成颗粒，经与纯净的树脂及添加剂混合，可用于注塑成型。

# 7.3　制冷剂回收与利用

## 7.3.1　汽车空调组成与原理

汽车安装空调系统的目的是调节车内空气的温度、湿度，改善车内空气的流动，并提高空气的清洁度，如图 7-9 所示。

## 7.3.2　汽车空调制冷剂

汽车空调是由制冷剂循环流动实现制冷的。

20 世纪 90 年代前，车用空调制冷剂均采用氟利昂型制冷剂 CFC-12（R12）。R12 由于其分子中含有氯原子，在太阳光的强烈照射下会分离出氯离子，释放出的氯离子同臭氧会发生连锁反应，不断破坏臭氧分子。臭氧层被大量损耗后，吸收紫外线辐射的能力大大减弱，导致到达地球表面的紫外线明显增加，给生态环境和人类健康带来多方面的危害。因此，R12 是《关于消耗臭氧层物质的蒙特利尔议定书》中第一批禁用制冷剂。我国国家环保总局（现生态环境部）曾发文规定：各汽车厂从 1996 年起在汽车空调中逐步用新型制冷剂 HFC-134a 替代 CFC-12，在 2002 年 1 月 1 日生产的新车上不准再用 CFC-12 制冷剂。制冷剂 HFC-134a（R134a）物理性能与 R12 比较接近，但不含氯原子，对大气臭氧层不起破坏作用且具有良好的安全性能。

## 7.3.3　制冷剂的判断

由于目前汽车空调中使用的制冷剂是 R12 或 R134a，相互间不能混用。因此，报废汽车拆解回收前，首先应确认系统中的制冷剂是哪一种工质，分别加以回收、储存，应避免两种系统的交叉污染。

① 装备有空调系统的汽车，会在汽车的显著部位注明汽车空调采用哪一种制冷剂，例如在汽车前风窗玻璃角上、发动机罩内表面前部等处。

② 根据压缩机铭牌、储液干燥罐铭牌辨认区分制冷剂，如图 7-10 所示。

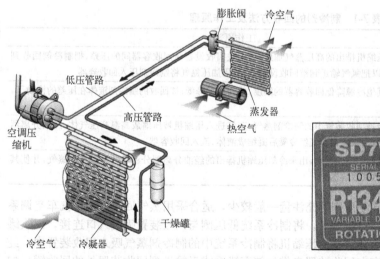

图 7-9　汽车空调系统　　　　　　　　图 7-10　压缩机铭牌

③ 根据充注阀接头形状、尺寸辨认。采用 R134a 制冷剂的空调系统加液口采用特殊的快速接头且接口为公制内螺纹。采用 R12 制冷剂的空调系统加液口采用的英制外螺纹接口，如图 7-11 所示。

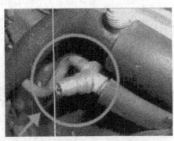

(a) R12外螺纹式充注阀　　(b) R134a内螺纹式充注阀

图 7-11　空调充注阀

### 7.3.4　制冷剂回收技术

（1）制冷剂回收注意事项

① 制冷剂回收时，必须戴好防护眼镜。一旦制冷剂溅入眼睛，应立即用干净的冷水冲洗，并马上送到医院治疗。若皮肤上溅到制冷剂，要立即用大量冷水冲洗，并涂上清洁的凡士林。

② 制冷剂的回收应在通风良好的地方进行。

③ 回收用的软管要尽量短，回收前要通过抽真空或用尽量少的制冷剂将软管中的空气排尽。

④ 回收的制冷剂应装在清洁的专用回收罐中。

⑤ 不要将回收的制冷剂与新制冷剂混装在一个罐中。

⑥ 制冷剂回收罐不可装满，瓶内液体制冷剂应不超过其容积的 80%。

⑦ 装 CFC-12 与 HFC-134a 的回收罐上应分别贴有"CFC-12"与"HFC-134a"的标识，以防止将它们混淆。

⑧ 不要的回收罐阀口应用堵帽封好，以避免灰尘的污染。

⑨ 不要自行维修回收罐阀口或回收罐。

（2）制冷剂回收方法　利用回收装置回收汽车空调制冷系统制冷剂一般采用液体回收和蒸气回收两种方法，见表 7-1。

表 7-1　制冷剂的回收方法及工作原理

| 类型 | 方法 | 工作原理 |
|------|------|----------|
| 液体回收 | 加压回收法 | 制冷剂被制冷压缩机排出的高压蒸气加压,利用被回收设备与回收容器间的压差,把制冷剂回收到回收容器内;也可以把氮气输送到被回收设备中,利用加压氮气将制冷剂压入回收容器 |
| | 降温回收法 | 利用制冷机或其他冷源降低回收容器的温度,使其压力降低;被回收的制冷剂液体在压差的推动下,流入回收容器 |
| 蒸气回收 | 压缩冷凝法 | 制冷压缩机抽吸被回收装置中的制冷剂蒸气,蒸气进入压缩机被压缩成高温高压气体,经油分离器分离油后进入冷凝器;制冷剂蒸气经冷凝后凝结成液体,流入回收容器 |
| | 蒸气回热法 | 制冷剂蒸气被抽吸到回热器中,用来冷却压缩机排出的经油分离器分油后的高温高压蒸气,并使其冷凝为液体,再流入回收容器 |

汽车空调属于小型制冷系统，制冷剂的充注量一般较少，适合采用蒸气回收方法。汽车空调系统在压缩机的高压和低压侧上均装有维修阀，将制冷系统低压侧与回收装置吸气入口连接，回收罐与回收装置的液体出口连接，回收装置中的压缩机将制冷系统中的制冷剂蒸气吸入回收装置中，经过压缩冷凝变成液态制冷剂，储存在回收装置自带的储存罐中或者输送到回收装置外的回收罐，如图 7-12 所示。

为了缩短制冷剂的回收时间，需要提前让制冷剂气化，为此提高空调系统压缩机、冷凝器、储气罐等积存液体制冷剂的部件的气体介质温度是有效的措施。如发动机能启动，可采用暖机操作，关闭空调，利用发动机的热量，提高空调系统的温度。

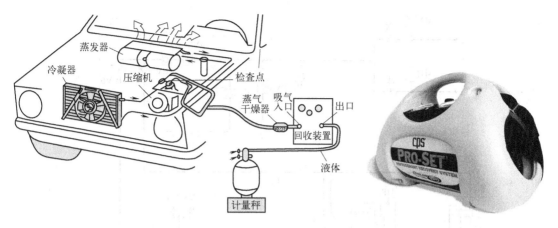

图 7-12　汽车空调蒸气回收　　　　　图 7-13　CR700S 单回收机

### 7.3.5　制冷剂回收设备

用于制冷剂回收的回收装置通常有两种类型：一种是只有单一回收功能；另一种则是兼具回收、净化和充注功能。

单一回收功能的回收装置只能把制冷剂从汽车空调系统中抽出，并把润滑油分离出来，而不能进行制冷剂净化或再利用。

例如，CR700S 单回收机如图 7-13 所示，相关技术参数见表 7-2 。

表 7-2　CR700S 单回收机技术参数

| 品牌 | CPS |
|---|---|
| 产地 | 美国 |
| 压缩机 | 无油活塞压缩机 |
| 回收速度/(kg/min) | 气态最大速度:0.63 |
| | 液态最大速度:2.53 |
| | 液态(推拉法回收):6.06 |
| 回收制冷剂种类 | R12,R22,R134a 等 |
| 质量/kg | 15.3 |
| 低压保护 | 自动 |
| 高压保护 | 自动 |
| 过载保护/A | 8 |
| 环境温度/℃ | 0～49 |
| 外箱尺寸/cm | 20×37×30.5 |
| 电压/V | 220(50/60Hz) |
| 功率/W | 850 |
| 适用范围 | 家用、商用空调,汽车、公交车、集装箱运输车、火车空调等 |

回收、净化和充注型回收装置可以从制冷系统中抽取出制冷剂，与润滑油分离后，滤除杂质、水分和空气，将其净化到满足 SAE 相关标准，然后可以充注到原有系统或其他同种制冷剂的其他制冷系统中。

下面以美国 ROBINAIR AC500 PRO-R12 型制冷剂回收/净化/充注机为例，介绍回收过程，其设备流程如图 7-14 所示。

将两根充注管 T1（低压）和 T2（高压）接到汽车空调系统的维修口上，系统压力将立即到达 M2 高压歧管表、M1 低压歧管表和高、低压阀门。打开高、低压阀门，低温、低压的气液混合制冷剂继续到达电磁阀 EV2、EV3 和压力传感器 P1。P1 传感器对空调系统的压力进行检测。

按回收功能开始回收，此时电磁阀 EV3、EV4 和 EV5 打开，压缩机 6 开始运转。制冷剂通过机械过滤器 F1 和膨胀阀 3 达到系统热交换器（系统油分离器）4。此时制冷剂将继续气化并吸收热

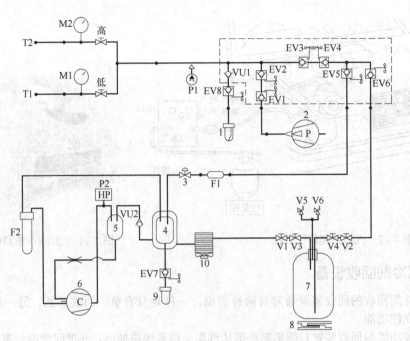

图 7-14　制冷剂回收/净化/充注机设备流程

1—注油瓶；2—真空泵；3—膨胀阀；4—系统油分离器；5—压缩机油分离器；6—压缩机；7—工作罐；
8—电子秤；9—集油瓶；10—热交换器；EV1，EV2—抽真空电磁阀；EV3，EV4—隔离电磁阀；
EV5—回收 1 循环电磁阀；EV6—充注电磁阀；EV7—排油电磁阀；EV8—注油电磁阀；F1—内部过滤器；
F2—干燥过滤器；M1—低压歧管表；M2—高压歧管表；P1—压力传感器；P2—高压保护开关；T1—低压管；
T2—高压管；V1—气管阀；V2—液管阀；V3—气阀；V4—液阀；V5—安全阀；V6—非凝气体排出阀；
VU1—注油单向阀；VU2—分离器单向阀

量。机械过滤器 F1 用于除去制冷剂中的灰尘等颗粒物，而膨胀阀则将制冷剂减压到更适合于压缩机入口的工作压力（表压约 $1.8 \times 10^5 \, \text{Pa}$），然后进入换热器（油分离器）将制冷剂中的冷冻油分离出来。此时热交换器吸收了压缩机出口高温、高压制冷剂放出的热量。制冷剂通过系统油分离器 4，再通过干燥过滤器 F2 去除水分和酸后进入压缩机 6。经压缩机压缩后，变成高温、高压的气态制冷剂又进入压缩机油分离器 5 将制冷剂带走的压缩机油分离出来。这部分压缩机油可再流回压缩机。制冷剂流经压缩机油分离器同时到达高压保护开关 P2，经过单向阀 VU2 再次进入系统热交换器（系统油分离器）4。在此高温、高压的气态制冷剂将热量交换给刚通过膨胀阀 3 进入热交换器（油分离器）的低温气液混合物，从而加快了这部分制冷剂气化；同时，也使自身放热，加之冷凝器（热交换器）10 冷却变为液态，最终进入工作罐 7。

## 7.3.6　国外车用制冷剂回收利用情况

在日本、美国等国家，报废汽车拆解之前，制冷剂会被具有专门设备的专业化回收站按照当地环保法规的要求抽出、回收、分类储存，然后送到大型专业化的处理企业进行统一处理。在这些国家，从事 CFC-12 回收和处理的企业须获得政府的批准才能营业，以避免回收过程中产生环境污染。

日本《汽车回收再利用法》规定：用户在购买新车时，向国家指定的资金管理法人汽车回收再利用促进中心预付回收再利用费用。"汽车制造商、进口商"负责接收报废汽车中的 CFC-12 并进行回收再利用与正确处理；同时，"汽车制造商、进口商"请求资金管理法人支付回收再利用费用，并向 CFC-12 回收商和销毁商支付回收和销毁费用。为保证制冷剂回收，日本规定必须拥有制冷剂回收装置才可以获得报废汽车拆解执照，如果将其直接排放大气，拆解企业要负法律责任。

美国联邦法律禁止将任何制冷剂放到大气中。根据有关规定，任何制冷剂的回收点都需要配备专门的回收装置以及获得环保局技术资质认定的技工来操作回收装置。美国的报废汽车拆解企业一般得到地方环保部门或者协会的支持，他们为报废汽车拆解企业提供拆解操作手册，手册中有各种废弃物处理的方法和注意事项，CFC-12 的处理也包含在内。

### 7.3.7　我国车用制冷剂回收利用情况

我国政府自 1989 年正式加入《保护臭氧层维也纳公约》，并于 1991 年加入了《关于消耗臭氧层物质的蒙特利尔议定书》，还积极参与该议定书的修正工作。

2000 年我国开始对汽车空调、家用制冷、工商制冷和中央空调四个制冷维修子行业的全面调查，2003 年提出了实施制冷维修行业氯氟碳（CFC）淘汰战略。该项目以汽车空调子行业为主要内容。2004 年制定了"中国 CFC 和哈龙加速淘汰计划"，在 2007 年 1 月 1 日全部停止 CFC 生产和消费。

在蒙特利尔多边基金执委会的资助下，国家环保总局（现生态环境部）整体运作报废汽车CFC-12 回收项目，经国际公开招标采购了制冷剂回收设备。根据项目计划，当时列入项目支持的全国 356 家报废汽车回收拆解企业每家免费获赠一套 CFC-12 回收设备，包括制冷剂鉴别仪、制冷剂回收机、回收专用钢瓶等；在部分省会和直辖市共设置 30 家报废汽车 CFC-12 回收中心，每个中心配备两套回收设备，并提供大型的 CFC-12 储存罐。目前全国已有数百家企业获赠了回收设备，这些企业的相关技术人员经过培训，已经开始使用设备回收报废汽车残留的 CFC-12。一般回收点收集 CFC-12 之后，交送给当地的回收中心统一储存，以备今后的循环利用。

# 7.4　污染物、危险物及废弃物的管理和处理规定

国家发展改革委、科技部、环保总局（现生态环境部）早在 2006 年颁布的第 9 号公告《汽车产品回收利用技术政策》中就指出："对含有有毒物质或对环境及人身有害的物质，如蓄电池、安全气囊、催化剂、制冷剂等，必须由有资质的企业处理"。

① 对涉及安全和有毒有害的物质要恰当地拆解和回收，如未爆的安全气囊、空调中的氟利昂等。这些需要拆解企业尽快配备专用的安全气囊拆卸或失效装置和专门的氟利昂回收储存装置，并交给有资质的回收处理企业，而不能擅自处理或一放了事，造成大气污染或形成二次污染。

② 报废汽车拆解作业人员必须具备一定的专业知识，熟悉汽车中有毒有害物质和危险品的所在部位。对这些物质的处理必须经过技术培训。

③ 涉及具体车型时可能还需要汽车生产单位提供相应的拆解指导手册，手册的内容应包括部件、材料易于拆解和处理的方法。

④ 拆解企业应至少具有一个拆解平台，便于拆解作业人员用专用工具从汽车底部排出废油液；并备有专用的废油液抽出工具，将这些废油液分类存放在专用密闭容器内。

⑤ 拆解企业根据国家相关法律法规及管理条例的要求，制定相应的安全环保制度或拆解技术手册等，供企业员工学习和按规章作业。

报废汽车中某些有毒有害物质和危险品与垃圾（废弃物）之间没有明显的界定。现根据国内外资料，整理出报废汽车典型废弃物处理方法及注意事项（表 7-3）。

**表 7-3　报废汽车典型废弃物处理方法及注意事项**

| 废弃物 | 处理方法及注意事项 |
| --- | --- |
| 安全气囊 | 未引爆的安全气囊必须尽快拆除或者引爆，拆除和引爆的方法应当严格参考生产企业推荐的方法<br>已经引爆的安全气囊可让其留在车内，因为引爆后的气囊不会对人身和环境造成危害<br>拆解下来的未引爆的安全气囊应于室内保存，避免露天存放 |
| 燃料罐 | 接收或收购报废机动车后应尽快拆下燃料罐并充分排空里面的燃油和气体，区分燃油和气体是否可再利用，并分别存放于密闭容器 |

续表

| 废弃物 | 处理方法及注意事项 |
|---|---|
| 废油类（发动机润滑油、变速箱油、动力转向油、差速器油、制动液等石油基油或者合成润滑剂） | 将废油收集于密封容器储存，并置于远离水源的混凝土地面<br>各种废油可以混合在一起储存于同一容器<br>不要将废油与防冻液、溶剂、汽油、去污剂、油漆或者其他物质混合<br>不要使用氯化溶剂清洁装旧油的容器，很少量的氯化溶剂也会使旧油变成有害物 |
| 铅酸蓄电池 | 企业应按照国家相关要求收集、储存、运输废铅酸蓄电池，并将废铅酸蓄电池交由有相应资质的单位收集处理 |
| 制冷剂 | 制冷剂需要用符合环保规定的专门容器储存，并交由有相应资质的单位回收利用 |
| 玻璃 | 挡风玻璃如不能分离其中的塑料层，则作为固体废物填埋 |
| 废旧轮胎 | 旧轮胎交由有资质的废旧轮胎处理企业处理<br>旧轮胎的存放要符合有关安全和环保法规的要求 |
| 塑料 | 由于塑料的多样性，应区分各种材料，分别回收处理 |
| 密封胶 | 根据胶体种类进行分类收集，并交由专门的环保机构进行化学处理<br>根据胶体种类和性质，可以选择一部分进行加工再制造，实现废物再利用 |
| 其他电子电器产品中的电路板 | 拆解的电路板应统一存放，并交由具有相应资质的单位回收利用 |
| 冷却液 | 冷却液应用专门容器进行回收，不同类别的冷却液进行分类收集，并交由具有相应资质的单位回收利用 |
| 催化器 | 催化器拆除前，应先拆下电线接头<br>拆除催化器时应保持催化器的完整性<br>拆下氧传感器，清除表面污垢，分类标识，集中储存，并交由具有相应资质的单位回收利用<br>应对催化器拆解过程进行全流程监管 |

《汽车产品回收利用技术政策》中对污染废物、危险废物的处理要求十分严格，规定如下。

① 第二十二条规定：危险废物的收集、储存、运输、处理应符合《危险废物贮存污染控制标准》《危险废物填埋污染控制标准》《危险废物焚烧污染控制标准》等安全和环保要求。

② 第二十三条规定：对处理污染废物及有毒物质的企业实行严格的准入管理，加强监督检查，减少进而避免对环境和人身健康造成损害。取得环境保护部门颁发的经营许可证的单位，方可从事危险废物的收集、利用、储存、运输、处理等经营活动。

③ 第二十七条规定：在发展资源再生产业的国际贸易中，严格控制汽车废物和其他废物进口。

在严格控制汽车废物和其他有毒有害废物进口的前提下，充分利用两个市场、两种资源，积极发展资源再生产业的国际贸易。

## 思考题

1. 阐述报废拆解作业人员对有毒有害物质和危险品如何进行有效管理。

2. 根据报废汽车典型废弃物处理方法及注意事项，列举三项废弃物的处理方法与注意事项。

# 第 ⑧ 章  报废汽车拆解专用设备

## 8.1  报废汽车绿色拆解设备研发背景

截至 2022 年 6 月底，全国机动车保有量达 4.06 亿辆，其中汽车约 3.10 亿辆，新能源汽车约 1001 万辆。随着汽车保有量的持续增长，报废汽车的数量也在逐年增多，有关报废汽车的处理问题成为人们关注的焦点之一。据统计，报废汽车上的零件经过处理后仍然具有很高的使用价值，汽车上各种再生资源 90% 以上都可以被回收利用。钢铁在现阶段汽车制造材料中占比最大，高达 80%，其他材料则包括有色金属、橡胶、玻璃、纤维等。推广报废汽车拆解回收利用可以有效节约自然资源，并且在保护环境方面有重要作用。总之，人们需要进一步重视对资源的回收利用，以促进社会的可持续发展。

发达国家的废旧汽车拆解回收已成为新兴产业，利润较为可观。我国报废汽车回收拆解行业经过三十多年的发展也已形成了产业，但拆解方式相对比较落后，无法满足当前快速发展的汽车拆解行业需要。例如，拆解机结构及功能单一，需多次对待拆解报废汽车进行装夹作业，拆解效率低，拆解成本高；汽车底盘零部件需要工人在车身下完成拆解作业，操作不便、工作效率低、安全隐患大。目前，我国有关部门和企业不断加大对报废汽车拆解系统的投入力度，以技术上的革新带来了可观的材料回收利用率和经济效益，逐步解决了资源浪费和环境污染等问题。但还要看到，随着汽车技术升级换代的周期越来越短，通过维修来恢复汽车技术状况的难度越来越大，再制造是未来延长汽车使用寿命的最佳选择；通过分析汽车零部件在使用过程中的技术状况劣化规律、损伤模式和失效机理，可以为产品的再制造设计和评价提供理论依据。因此，报废汽车绿色拆解与再制造关键技术研究以及绿色拆解设备的研发，对于提高资源可持续利用和保护环境等具有重要意义。

## 8.2  报废汽车拆解设备设计与开发

报废汽车拆解设备主要包括报废汽车拆解多车型柔性翻转系统、发动机废油抽取关键技术及设备、报废汽车轮胎绿色拆解装置、小汽车保险杠拆解装置、小汽车轮毂螺母快速拆卸机、手持式清洗机、报废汽车玻璃绿色切割装置等。

### 8.2.1  报废汽车拆解多车型柔性翻转系统

报废汽车拆解多车型柔性翻转系统包括可自动双向收缩托架结构及上压板高度、宽度可自动调整的机械系统，如图 8-1 所示。其为能够解决托架的双向尺寸并可自动调整结构的设计，在满足不同车型的前提下，能快速定位四个托架支点的位置。此外，还采用反馈式伺服电机及丝杠传动，实现上压板高度和宽度可调。

此系统可控制上压板压力和整车翻转力

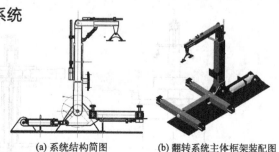

(a) 系统结构简图　　　(b) 翻转系统主体框架装配图

图 8-1  报废汽车拆解多车型柔性翻转系统结构

矩，其液压传动系统回路设计如图 8-2 所示。液压站由液压泵、驱动电动机、油箱等液压源和控制装置集成，液压站装配俯视图如图 8-3 所示。液压系统采用液压闭锁回路、压力可保持回路，且采用精度较高的压力传感器进行实时压力反馈和控制，可实现上压板压力和整车翻转力矩可控的目标。

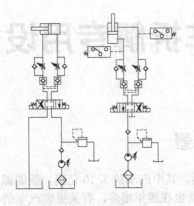

图 8-2　液压传动系统回路设计

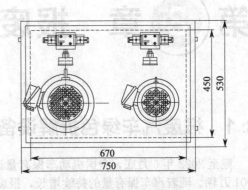

图 8-3　液压站装配俯视图

依据车型可实现人工控制和智能控制快速选择的触摸屏管理系统如图 8-4 所示。能够实现自动生成该车型对应定位控制参数及液压系统压力参数，自动实现托架支点的双向定位及上压板高度和宽度的快速定位功能。

报废汽车拆解多车型柔性翻转系统工作简图如图 8-5 所示。报废汽车拆解多车型柔性翻转系统可根据待拆解报废汽车的型号，智能调整浮动压板的高度和宽度，提供合适的压紧力，在指定角度将报废汽车进行整车翻转（图 8-6）。该设备的整体性能

(a) 系统结构简图　　　　(b) 自动模式

图 8-4　触摸屏管理系统

及各项指标均达到要求且性能优于目前市场上的现有产品。其主要技术指标包括：平均无故障连续运行大于 180 工作日；最大翻转质量为 2.5t；最大翻转角度为 90°；托架支点定位尺寸为跨距 2～4m，宽度 1.6～2.2m；托架定位精度误差小于 3mm；上压板高度为 1.5～2.5m；上压板宽度为

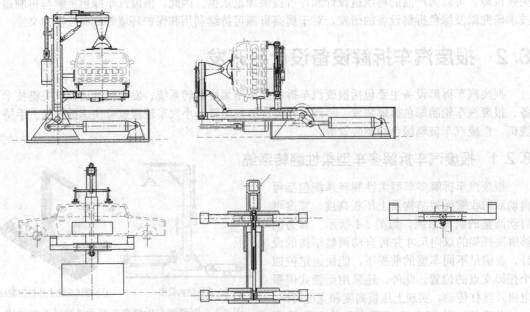

图 8-5　报废汽车拆解多车型柔性翻转系统工作简图

1.0～1.5m；液压系统压力精度为 0.5%。其具有人工控制和自动控制两种模式，人工控制模式下托架双向距离及上压板高度调整可独立控制，采用触摸屏控制技术和动态实时仿真显示，具有记忆和存储功能；该管理系统所能存储的车型数量能达到 20 种，且存储空间可扩充。

## 8.2.2 发动机废油抽取关键技术及设备

与发动机废油抽取有关的预热稀释循环冲洗式抽油机如图 8-7 所示。其采用加热稀释废机油的方法，能够解决长期弃置发动机内部的机油过分黏稠或凝固时抽油枪吸力不足导致抽油枪管道被堵、机油无法抽尽的技术问题，既可以作为一般抽油机使用，又可以在机油过分黏稠或凝固的状态下通过抽油枪喷出热油或热气，并通过如图 8-8 所示的发动机机油切换分离方法，将废机油抽取干净；同时，将接油盆的高度设计为可快速调整，满足了不同高度下接油的需要，使得操作更加方便。报废汽车燃油箱残存燃油回收装置如图 8-9 所示，能够实现报废汽车燃油箱的残存燃油自动回收。

图 8-6 报废汽车拆解多车型柔性翻转系统

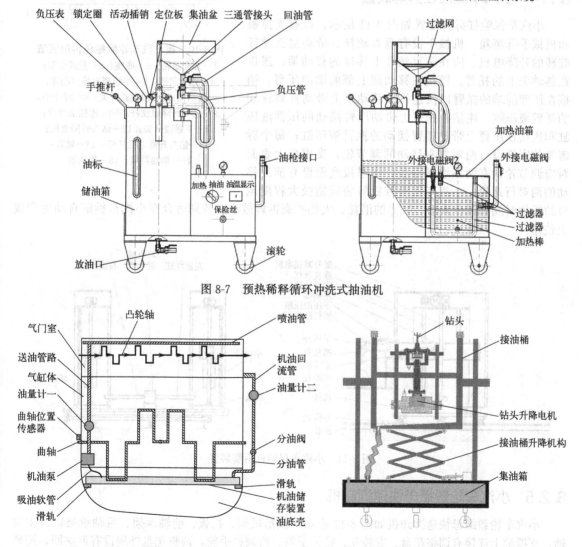

图 8-7 预热稀释循环冲洗式抽油机

图 8-8 发动机机油切换的分离方法　　图 8-9 报废汽车燃油箱残存燃油回收装置

### 8.2.3 报废汽车轮胎绿色拆解装置

报废汽车轮胎绿色拆解装置包括工作仓、液压杆、液压推出杆和吸尘器等，如图 8-10 所示。工作仓为后高前低的倾斜结构，其外侧下端设有底座，底座的一侧设有控制面板，控制面板包括系列开关和压缩杆行程控制系统。压缩杆行程控制系统的输出端与液压杆相连，液压杆设置在工作仓后侧，液压杆的伸缩杆伸入工作仓内，液压推出杆设在工作仓内部下端，吸尘器设在工作仓的一侧，吸尘器通过吸尘管与工作仓内部相通。报废汽车轮胎绿色拆解装置针对不同规格不同材质的报废轮胎，实现了快速、安全、可靠拆解，并便于拆解后分类回收，提高了报废轮胎的拆解效率和回收利用率。

### 8.2.4 小汽车保险杠拆解装置

小汽车保险杠拆解装置如图 8-11 所示，设有支撑板和机械手拆解箱，机械手设有垂直丝杆、带动垂直丝杆旋转的升降电机、能在垂直丝杆上移动的移动架、连接在移动架上的托臂、销接在移动架上部前端的压臂、销接在压臂前端的抓臂以及连接在移动架上带动托臂移动的托臂液压缸、连接在托臂上带动压臂摆动的压臂液压缸和连接在压臂上带动抓臂摆动的抓臂液压缸；每个拆解箱的底部设有两对左右移动的调节轮，支撑板上表面对应调节轮设有两条水平导轨，支撑板底面设有前后移动的两对行走轮。小汽车保险杠拆解装置能极大程度地节约拆解时间，减少人力、物力的消耗，大幅提高拆解效率，特别适合在小汽车拆解自动生产线上使用。

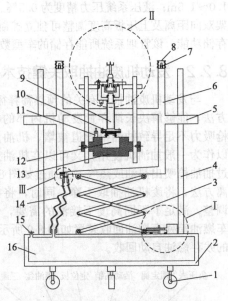

图 8-10　报废汽车轮胎绿色拆解装置
1—万向滚轮；2—底座；3—剪式支架；
4—外导向杆；5—半腰圆形导向凸缘；
6—接油桶；7—顶触碰开关；8—缓冲垫；
9—钻头升降螺纹杆；10—连接法兰盘；
11—下触碰开关；12—钻头升降电机；
13—钻头升降电机托架；14—软管；
15—集油箱盖；16—集油箱

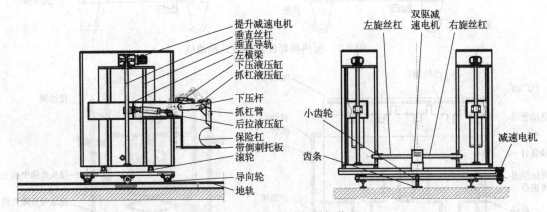

图 8-11　小汽车保险杠拆解装置

### 8.2.5 小汽车轮毂螺母快速拆卸机

小汽车轮毂螺母快速拆卸机如图 8-12 所示，包括机架、托板、前轴承架、后轴承架以及支撑轴，支撑轴上连接有调整花盘、安装盘、锁位手轮、后调整手轮，调整花盘外周设有调整圈，调整圈后侧面上固定有前调整手轮。调整花盘上设有等角度分布的 4~5 条径向 T 形槽，每条 T 形槽中设有滑块，每个滑块和调整圈之间由一个连杆连接，每个滑块上动连接一个旋头，在安装盘上安装有气动马达。气动马达的输出轴和对应旋头之间由伸缩式双万向联轴器连接，调整圈和安装盘分别由一对前导轮和一对后导轮支承，后轴承架的顶部连接一缆绳，缆绳通过固定在机架上的定滑轮和配重连接。小汽车轮毂螺母快速拆卸机的结构简单、操作方便，与现有功能类似设备相比，其优势在于报废汽车拆解效率可提升 60%。

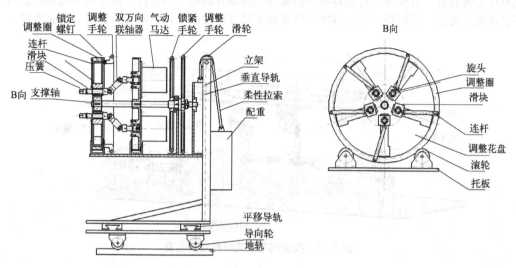

图 8-12　小汽车轮毂螺母快速拆卸机

## 8.2.6　手持式清洗机

手持式清洗机如图 8-13 所示，能够解决存在狭隘空间、死角无法清洗的技术难题，其主要结构包括第一壳体、第二壳体、第一前盖和第二前盖。第一壳体包括第一筒体和径向设置在第一筒体上的第一前撑板和第一后撑板；第二壳体包括第二筒体和径向设置在第二筒体上的第二前撑板和第二后撑板。第二前撑板和第二后撑板之间设有手持管，手持管内设有中间轴，由中间轴将第一前撑板、第一后撑板分别与第二前撑板、第二后撑板铰接。

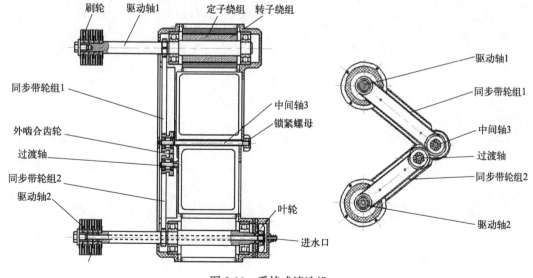

图 8-13　手持式清洗机

### 8.2.7 报废汽车玻璃绿色切割装置

报废汽车玻璃绿色切割装置包括推车、吸尘器、切割机和控制装置等，如图 8-14 所示。推车前侧设有玻璃摆放区，切割机设于控制装置后侧，切割机通过吸尘管与吸尘器相连；吸尘器内部设有真空压力传感器，真空压力传感器的输出端与控制装置的输入端相连。报废汽车玻璃绿色切割装置拆解高效、便捷、无污染，适于拆解不同规格不同方向的玻璃，切割安全性高，适应性强。

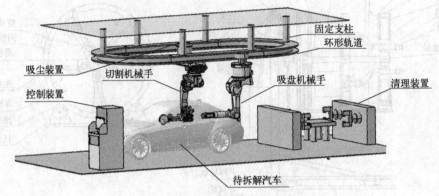

图 8-14 报废汽车玻璃绿色切割装置

 思考题

1. 简述预热稀释循环冲洗式抽油机的工作原理。
2. 举例说明设计、开发报废汽车绿色拆解设备的意义。

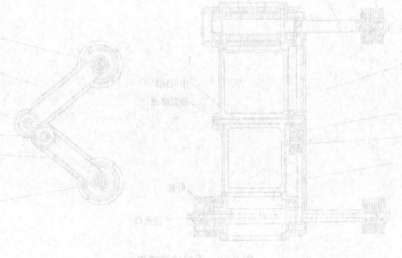

# 第 ⑨ 章 报废汽车拆解场地设计与管理

各类报废汽车拆解生产企业应设有与所报废汽车拆解要求相适应的生产场所（包括生产场地、材料存放处所、仓库、生产车间、办公场所），生产场所应具有良好的交通环境及供电供水能力，满足生产管理需要；同时，要在实用性的基础上加以适当的设计，以体现文化的内涵、技术的进步，使人能感受到企业对服务的重视。

汽车拆解场地的设计与管理不仅是汽车拆解企业经营中的一项业务活动，而且还是与客户沟通的桥梁。学习现代化科技的知识并将其应用于实际，使整个企业设计从经济意义上的业务活动提升到具有社会意义的科学教育示范作用，进而提高客户对企业的信赖与了解。

## 9.1 报废汽车拆解场地基本要求

### 9.1.1 汽车拆解场地选择原则

汽车拆解场地的选择要根据国民经济发展和工业布局的要求，以及企业生产性质而加以考虑。拆解场地选择适当与否，将直接影响到建厂（场）速度、建厂（场）投资、生产发展、生产成本、社会关系和以后的经营管理费用等方面；同时，直接关系到工艺、土建、动力、卫生及总体设计工作。所以，拆解场地的选择是整体设计的主要问题。

#### 9.1.1.1 场址选择原则

(1) 节约用地，考虑发展 报废汽车拆解场地在符合生产工艺流程和场地内外运输条件的情况下，还应用地紧凑，少占农田，少拆民房，场地面积和形状应满足各建筑物及构筑物的布置要求，使生产工艺过程得到合理组织。在可能条件下结合施工造田，并要考虑远景规划，留有发展余地。在用地规划上，应做到分期建设，分期征用。选场地时，应同时注意生活居住区的选择和合理布置，距离厂区要符合卫生防火要求，又不应过远；同时，要服从城市和本地区发展规划。

(2) 利用城镇设施或大型工业企业设施，节约投资 场地选择应尽可能靠近中小城镇和大型工业企业，以便利用电能、煤气、水和蒸汽等，以减少投资。生活福利设施应尽量与城镇建设相结合，并注意充分利用已有企业设施进行改建或扩建，以加速建厂（场）进程，节约投资。在利用旧厂厂址建厂（场）时，应结合旧厂的实际情况，充分利用资源。

(3) 满足环境卫生与交通运输要求 工业企业之间，不应造成相互有妨碍卫生的不良影响。汽车拆解场地应位于居民区的下风方向，以免场地所排出的废气、烟尘及嘈杂声妨碍居民的环境卫生；同时，拆解场地又不应设在现有的或拟建的厂房的下风方向，以免受其吹来的烟尘的影响。

窝风盆地会造成毒气弥漫不散，不适宜选作汽车拆解场地。拆解场地不应靠近弃置各种废料的中心地点，要妥善处理三废，注意排污排渣场地的选择。

(4) 拆解场地地质可靠，地形平坦，小挖小填 场地地形应平坦，以满足建筑物及各种管网的设置要求，并使土方量最小。场地应稍有坡度，以利自然排水顺畅。拆解场地的土壤应使得进行土建施工时，不需要复杂的基础工程，不应该是水涝地，设计标高应高出洪水计算水位 0.5m 以上；

同时，也不应该位于有矿床或已开采的矿坑的上面，不宜建在不利地质，如喀斯特、土崩、断裂层等地区，也不应建在三级湿陷性黄土上。

（5）利于协作　拆解场地应考虑靠近公用道路、电力网、给水、排水设施，并考虑产品、原料、废料综合利用、居民区建设、生活福利设施等配套条件以及与邻近企业协作的可能性，便于集中使用人力、物力。

（6）其他　拆解场地应避开古墓、重要文化遗产、航空站、高压输电线路以及城市工程管道等设施和区域。

拆解场地的选择要求极端复杂，首先应考虑对本企业更有决定意义的那些主要要求，使之得到满足；同时，应照顾整个工业布局的要求，统一安排，统筹规划，全面部署，方能正确地加以解决。

### 9.1.1.2　汽车拆解场地选择报告内容

根据现场调查所取得的资料在具体技术条件落实的基础上，对所选各拆解场地地点，进行综合分析比较，提出推荐的拆解场地方案，编写选址报告，报送上级机关审批。

① 概述。扼要叙述选址依据及原材料供应情况，说明选址工作中的主要原则，简要叙述可供选择的几个拆解场地方案，并推荐出某一拆解场地方案，供行政主管部门审批。

② 说明选址的指标。说明企业的性质、生产特点及要求条件等，并列出选址的主要指标。

a. 拆解场地占地面积（包括生产区和生活区面积）；

b. 拆解场地建筑面积（包括生产和生活用建筑面积）；

c. 企业职工人数；

d. 电力需用量（包括拆解场地设备安装总容量及主要设备容量，kW）；

e. 用水量（t/昼夜）；

f. 三废处理措施及技术经济指标等。

③ 拆解场地所在地的地理位置及场地概况。说明所选拆解场地的地理位置、海拔、行政区的归属等；叙述拆解场地与周围大、中、小城镇的距离、方位，与附近的工矿企业等的距离与方位，并应附比例为 1/100000～1/50000 的地理位置图。

④ 占地面积及拆迁居民的情况。说明所选拆解场地的占地面积及场地范围内需要拆迁民房的户数，估计所需补偿费用。

⑤ 说明工程地质及水文地质情况。

⑥ 说明地震及洪水位情况。

⑦ 气象资料。一般从当地气象站索取有关资料，如气温，湿度，降雨量，全年晴、雨、雾等天数，风速及主导风向，大气压，最大积雪深度，冻结深度，雷击情况等。

⑧ 叙述交通运输条件。根据汽车拆解企业规模初步提出公路、铁路、水运码头等修建和利用方案及其工程量。

⑨ 根据水文条件和资料，拟出拆解场地给水取水方案和工程量，并简述针对场地内排水和污水处理及排放的意见。

⑩ 说明场地区域内的电力资源情况。

⑪ 有关附件。

a. 场地区域位置图（比例，1/100000～1/50000）；

b. 总平面规划示意（比例，一般中小场地为 1/2000～1/1000）；

c. 当地主管部门对同意在该地建厂（场）的文件或会议（谈话）纪要；

d. 有关单位同意文件，证明材料或协议文件（如动力供应、通信、供水、污水排放等）。

## 9.1.2　报废汽车拆解场地布局原则与要求

### 9.1.2.1　布置原则

（1）实用原则　在客户休息区、接待区、待拆区、拆解区的设计中，首先是要实用，在实用的原则中有下列各层含义。

① 在客户休息区与接待区要能满足顾客休息接待时的舒适、安全和方便。所以在这个前提下，

在设计时应考虑各种家具、器具摆放位置、大小、品质与实用性。

② 在待拆区和拆解区，则应考虑技术人员作业的整体性、安全性、方便性和清洁等多方面因素。因为待拆区和拆解区这些加工区可以展示一个企业对汽车拆解品质的重视和工作效率，所以在这个前提下在设计时应重点考虑各种机器设备的摆设位置、安全、整洁和取用的方便等。

（2）美观原则　企业设计与布置要以方便顾客为原则，并且能结合传统文化、美学，将各种设备加以陈列与布置，同时达到使客户精神愉快的目的。

企业设计与布置中的美观原则，可以体现如下：

① 适当的照明；

② 明显的服务指示牌；

③ 色彩应力求协调与平衡；

④ 适当的客户休息座椅，并且摆设整齐，不凌乱；

⑤ 工作人员穿着能体现出经营特色；

⑥ 方便周到的服务；

⑦ 客户行动距离与服务行动距离应力求尽量减少交叉而且合理；

⑧ 墙面布置应与企业文化风格一致；

⑨ 书报杂志摆放整齐，不可凌乱，陈列恰到好处。

### 9.1.2.2　布置要求

（1）使整个汽车拆解过程顺畅

① 对于机器设备及拆解加工区域作适当的安排，以最短距离为原则；

② 尽量减少搬运的动作；

③ 保持良好工作环境，以防止可再使用件、再制造件在运送过程及储备时造成的损失；

④ 适当的工作流程安排，使每一项工作易于识别。

（2）待拆区域、拆解区域布置的弹性　使企业布置能够适应未来企业规模改变的需要，也就是预留空间以供扩充之用。

（3）提高再使用件、再制造件、再利用件周转率　使零部件在企业的存量最少，促使零件周转时间缩短，节省成本。

（4）有效利用各种机器设备　应充分、有效地运用机器设备，使固定成本的投资减少。

（5）有效利用厂房空间　在各工作区域内各项操作灵活方便的原则下，使空间使用最小，也就是使企业在汽车拆解过程中每一作业空间所花费的成本最低。

（6）有效利用人力资源　要充分有效地利用人力资源，消除人力和时间浪费，其方式如下：

① 尽量以自动化或机械化的设备代替人工操作，避免重复性搬运；

② 人力与机器设备应保持质量平衡；

③ 在汽车拆解作业中，尽量减少人员走动；

④ 实行奖励政策。

（7）安全作业　为保证安全作业，减少各项搬运动作，使各项搬运距离、搬运次数降低到最低程度。

（8）提供舒适、安全、方便的工作环境　应该注意场地中光线、温度、通风、安全、粉尘、噪声、振动等事项，以提供作业人员舒适、安全、方便的工作环境。

## 9.1.3　汽车拆解场地布置应考虑的因素

为完成一个成功且有效的汽车拆解场地的布置，应对下列各项加以考虑。

（1）车辆　由于拆解汽车的类型复杂，拆解过程中的工艺要求不一样，所以拆解场地布置时，车辆类型对场地具有重大影响。

（2）工作程序　选择不同工作程序的主要目的是希望在汽车拆解、加工过程中产生最少即最短的搬运过程和最佳的品质效率。

（3）机器设备　对于机器设备的质量和操作产生的振动、噪声、废气、尘埃等因素加以考虑，以减小其所造成的影响。

（4）空间要求 对于一些机器设备在操作和放置时所需要的空间，人机配合以及安全作业空间等要求应予以合理考虑。

（5）设备维护和修理 要考虑到机器设备维护和修理的方便性，即机器与机器之间、机器与墙壁之间、机器与其他物品之间应预留足够的空间以便于机器的维修或更换零件；同时，也应保留宽敞的通道。

（6）人机平衡 适当的机械设备能使各部分作业量相当而均衡，减少不必要的机器设备，增加必需的机器设备。

（7）减少搬运次数 搬运次数在企业布置时应首先考虑，搬运的减少包含劳务次数和时间，以减少许多不必要的成本支出。

（8）拆解作业流程 场地布置时，不仅要考虑机器设备静态的安排，更重要的是应该考虑作业流程是否合理、顺畅。

（9）布置的弹性 有些时候企业在作业程序和机器设备及方法上总免不了会有所改变，因而使企业布置需要变动，所以在布置时应该考虑这些问题。

（10）作业环境 一个良好的作业环境可以提高工作人员的工作情绪和效率，保障作业人员的安全，降低作业成本。

# 9.2 报废汽车拆解场地设计

报废汽车拆解场地设计与其他工业企业设计一样，分为工艺、土建、动力、卫生设计和经济概算等部分。

工艺设计是整个企业设计的基础，在工艺设计中会提出对设计中其余各部分的要求，同样也必须考虑其与其他部分的关系。工艺设计不合理，会反映在设计的其他部分中，也会反映在建筑设计的总技术经济指标中，最终反映在报废汽车拆解企业投产后的经济管理工作中。所以，必须认真编制整个设计工艺部分。

在设计工作中，工艺设计单位起主导作用。某个设计单位可能选择完成整个设计工作，或者将设计工作的各部分交由不同的专业设计单位完成。但在后一种情况下，虽然设计工作的各部分由不同的专业设计单位完成，但整个设计工作的总体规划和领导仍由工艺设计单位负责，并对最终的设计成果承担全面责任。

## 9.2.1 设计任务书的编制

设计任务书是进行报废汽车拆解场地设计时的依据。其作用在于把国家对报废汽车拆解企业的要求和必要的资料以及发展方向告诉设计部门，以便于设计部门据此进行设计。在某些情况下，下达的设计任务书可能缺少某些项目，要由设计单位经调查研究予以充实，并报上级主管部门审批后，方可进行设计工作。

（1）设计任务书的内容 设计任务书必须包括如下内容。

① 建设性质。说明新建、扩建或者改建等。

② 设计目的。说明该报废汽车拆解企业的任务及建设的必要性、企业的服务范围（地区或单位部门）以及在服务范围内的车辆情况及今后的发展、汽车拥有量、规模和技术设备和报废车辆年送缴的状况等。

③ 生产纲领。说明主要报废汽车类型、型号、结构参数和年送缴量。

④ 工作制度和管理组织。

⑤ 选定建筑地区。说明材料、原料、电力、水、燃料、煤气、蒸汽和劳动力的来源情况。

⑥ 占地面积、地形、气象、水文地理资料。

⑦ 生产协作关系。应该说明可能与哪些工厂进行生产协作。

⑧ 建筑期限。说明建筑竣工的期限，分期建筑的顺序，将来发展的远景以及国家投资的情况。

（2）设计任务书还必须附有的资料

① 比例不小于1：2000的建筑地区地图，图中必须注有交通线路、电力网、煤气管路、给排水网、暖气管路，并注有附近已有和正在建设中的全部企业、机关及住宅区等。

② 比例1：500或1：1000的建筑场地地形图，图上应标明等高线。

③ 建筑地区的建筑材料情况。

④ 有关机关同意拨给土地，同意进行建筑、供电、供水、供煤气以及利用下水道等的批准文件。

⑤ 与有关企业进行生产协作的协议书。

## 9.2.2 报废汽车拆解场地设计一般程序

报废汽车拆解场地设计的程序，一般分为初步设计、技术设计和施工设计三个阶段进行。在采用典型设计或重复利用已有的、已在实际工作中获得良好效果的设计时，可以免去技术设计。此时按初步设计和施工设计两个阶段进行。一般在提交设计任务书时，由批准该项设计任务书的机关规定设计工作的阶段数。

（1）初步设计 初步设计系根据批准的设计任务书和其他设计前资料进行全盘研究和计算。其目的在于证明该建筑项目在技术上的可行性和经济上的合理性，保证正确选择建筑场地，确保水源和动力来源。

在初步设计的工艺部分中，要根据扩大的定额和指标，确定企业中的工人数，场地、厂房面积，水和动力（电力、蒸汽、煤气、压缩空气、乙炔等）耗电，设备及低值生产用具的概算价值，并且要设计汽车待拆区、拆解区、加工区等各车间和办公室的平面布置草图和总平面布置草图。

按两个阶段设计时，要计算主要设备的数量并绘出其平面布置图；作出设备、低值生产用具的财务概算，以及建筑工程费（包括土建、暖通、给排水、照明等）的财务概算和主要技术经济指标。

报废汽车拆解场地的设计工艺部分包括总体论述、工艺计算和平面布置。设计可按下列程序进行：

① 论述报废汽车拆解目的和任务；

② 确定汽车拆解企业的生产纲领；

③ 简述汽车拆解工艺过程、工艺要点、汽车零部件再制造加工的工艺过程；

④ 确定企业生产区域（车间）和仓库的组成；

⑤ 确定企业的工作制度以及计算工人和工作地点的年度工作时数；

⑥ 编制各工种作业工时定额；

⑦ 计算企业和各生产区域（车间）的年度工作量和生产工人数；

⑧ 拟定企业的组织机构和编制企业定员表；

⑨ 计算生产厂房、辅助用房及行政生活用房的面积；

⑩ 计算主要生产设备的数量并选型；

⑪ 计算水和动力消耗量并选型；

⑫ 绘制企业的总平面布置图、生产加工区域平面布置图、各车间的平面布置图、辅助用房和行政生活用房的布置图；

⑬ 拟定企业的技术经济指标，并作出关于企业的技术经济效益的结论。

（2）技术设计 技术设计是根据已批准的初步设计进行的。在技术设计中，要解决设计工作中各部分（工艺、动力、建筑、卫生工程和经济等部分）的主要技术问题，并最后确定企业的技术经济指标及其生产投资。根据技术设计（按三阶段设计时）进行主要建筑工程的财务预算和企业投入生产前的验收工作。

在技术设计的工艺部分中，根据总体生产纲领和各生产区域（车间）的分配情况，并根据拟定的工艺过程，按精确的定额计算各生产区域（车间）；按材料消耗定额和储存定额计算仓库、计算厂房面积和工人数目及所需运输工具、起重工具、称重设备数目；编制设备的平面布置图及工艺投资；根据拟定好的工艺过程，对电源、供水、运输工具和其他工程设施，进行必要的核对以便进行设备的订货。在采用两阶段设计时，技术设计的工艺部分内容包括在施工设计阶段内。

汽车拆解场地技术设计的工艺部分设计，应先进行各个车间的设计（包括工艺计算及平面布置），然后根据所有车间的设计进行企业主厂房和总平面设计。

生产区域（车间）技术设计程序如下：

① 阐明各生产区域（车间）任务；

② 确定生产区域（车间）工作制度和工人及设备年度工作时间；

③ 确定生产区域（车间）年度生产纲领；

④ 根据生产纲领拟定生产区域（车间）生产工艺过程及工艺卡；

⑤ 计算生产区域（车间）年度工作量、工人数、工位数和设备数；

⑥ 编制各生产区域（车间）定员表；

⑦ 设备选型，确定数量和车间面积；

⑧ 生产区域（车间）用水量和动力计算；

⑨ 完成生产区域（车间）平面布置图；

⑩ 拟定车间技术经济指标。

（3）施工设计　施工设计是根据批准的技术设计或初步设计（按两阶段设计时）和所订货的设备绘制施工用详细图解，也称施工详图。

施工设计图包括设备安装基础结构图（地基、电源和水源通往需用点的图纸）、施工场地的平面安装图和房屋的断面图、固定运输设备用的辅助零件图和管道及技术安全设备配置图。

工艺部分的施工设计，包括以下工作。

① 设备安装图。标准设备安装图通常由制造厂拟定，可从产品目录或说明书中查出。非标准设备的安装图，由该设备的设计单位来拟定，但在个别情况下，这项工作也可由负责汽车拆解场地设计的单位来完成。

② 根据批准的技术设计和订货设备数据来拟定设备布置平面图和设备与土建结构的连接图。

③ 起重运输设备的悬挂设计。包括单轨吊车和梁式吊车及悬挂式起重机的悬挂装置。绘制吊车运输轨道的平面图，图上应有悬挂总成的结构图。梁式吊车的轨道应与土建结构同时设计。

④ 蒸汽、压缩空气、煤气、乙炔和氧气等管道设计，指标要包括用气部位图、管线平面图和各总成的结构图。

在采用三阶段设计时，初步设计对问题的解决具有原则意义，以后各阶段只是进行问题的具体解决。初步设计只讨论最主要的问题。在以后的设计阶段中，也可能对初步设计的资料进行部分修改。所以在初步设计阶段中，没有必要花费很多时间详细解决个别问题。

技术设计阶段则需要对问题进行全面、详尽的讨论，提出设备订货和确定工程的全部投资总额。在设计报废汽车拆解场地时，相关指导性文件和资料如下：国家关于设计工作和建筑工程方面的规定；设计定额和技术条件；主管部门的有关规定；汽车技术性能数据；汽车拆解、加工破碎的技术条件；设备的产品目录和安装图；典型设计和参考性设计资料；专业设计单位和科学研究机构的著述；汽车拆解和建筑工程方面的技术与经济书刊；有关标准资料等。

# 9.3 报废汽车拆解场地现场管理基本要求

## 9.3.1 现场管理综述

### 9.3.1.1 现场的含义

生产系统中的现场，从广义上讲是指从事产品生产、制造或提供生产服务的场所，包括前方各基本生产单位和后方各辅助部门的作业场所，如仓库、辅房等。对汽车拆解企业而言，为客户提供服务的场所都属生产现场，包括回收车辆接洽登记到现场清洗、拆解、加工、检验、测试等。

### 9.3.1.2 拆解场地现场管理的概念

拆解场地现场管理就是拆解企业对汽车拆解加工的基本要素（如人员、设备、物料、法规、环境、资产、能源、信息等）进行优化组合，并通过对诸要素的有效组合提高生产系统的效率。所谓现场管理就是运用科学的管理原则、方法和手段，对生产现场各种生产要素进行合理的配置与优化组合，从而保证生产系统目标的顺利实现，并达到效率更高、质量和服务更优的目的。

汽车拆解企业由于长期需要对汽车各部位、各总成进行拆卸，在装卸过程中不可避免地会出现泥垢、油污和灰尘。倘若管理无序，拆解场地就会出现"脏、乱、差"的情况，汽车拆卸零部件、总成、拆卸材料与机器设备随意摆放，到处存在"跑、冒、滴、漏"现象，汽车拆解质量和人身安全得不到保障，最终导致拆解企业的经济效益滑坡。汽车拆解产地现场管理就是运用科学的管理方法和管理手段来消除汽车拆解生产中的不合理现象，提高拆解质量和劳动生产率。

## 9.3.2 报废汽车拆解场地现场管理方法

### 9.3.2.1 生产现场 5S 管理

5S 管理是日本企业率先并广泛采用的一种生产现场管理方法，通过 5S 管理的实施，日本大多数企业显著提升了企业管理水平和生产效率。5S 就是整理、整顿、清洁、清扫、素养五个项目，因日语的罗马拼音均以 S 开头，简称为 5S。

5S 管理提出的目标简单且明确，就是要为员工创造一个干净、整洁、舒适、合理的工作场所和环境。5S 的倡导者相信，保持工厂干净整洁，物品摆放有条不紊、一目了然，能最大程度地提高工作效率和员工士气，并且让员工工作得更安全、更舒适，从而将资源浪费降到最低。

开展 5S 管理较为容易，但长时间的维持必须靠良好的素养，否则，靠不定期的场地大扫除无济于事。要使现场有较为彻底的改善，务必认真和扎实，按 5S 管理计划循序渐进地推行。5S 之间的关系如图 9-1 所示。

### 9.3.2.2 5S 管理推行步骤

掌握了 5S 的基础知识，尚不具备推行 5S 管理的能力，可能会因推行步骤、方法不当而导致 5S 管理事倍功半，因此掌握正确的步骤、方法非常重要。

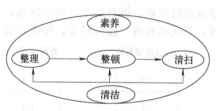

图 9-1 5S 之间的关系

5S 管理推行的步骤如下。

（1）成立推行组织

① 成立推行委员会及办公室；

② 职责确定；

③ 编组及责任区划分。

建议由汽车拆解厂主要领导出任 5S 管理推行委员会主任职务，以示对此活动的支持，具体活动可由生产厂长负责活动的全面推行。

（2）拟定推行方针及目标

① 方针制定。推行 5S 管理时，制定明确的方针作为导入活动的指导原则。

② 目标制定。目标的制定要同企业的具体情况相结合。比如拆解场所狭小、空间未能有效利用时，应该将增加可使用面积作为目标之一。

（3）拟订工作计划及实施方法

① 拟订日程计划作为推行及控制的依据；

② 收集资料及借鉴其他厂家做法；

③ 制定 5S 管理实施办法；

④ 制定 5S 管理评比奖惩方法；

⑤ 其他相关规定。

（4）教育

① 每个部门对员工进行教育；

② 新进员工 5S 的培训。

（5）活动前的宣传造势　5S 管理要求全员高度重视并确保全员、全过程积极参与，才能取得较好的效果。

（6）实施

① 前期作业准备，方法与道具说明；

② 工厂全体大扫除；

③ 建立地面划线及物品标识、标准；

④ 物料、机、工具实施"三定"，即定位、定点、定人。

（7）活动评比办法确定

① 制定评比表；

② 制定考核评分表。

（8）查核

① 现场查核；

② 5S 问题点质疑、解答；

（9）评比及奖惩　依 5S 管理竞赛办法进行评比。

（10）检讨与修正　各责任部门根据缺点对项目进行改善，不断提高。

（11）纳入定期管理活动

① 标准化、制度化的完善；

② 不定期开展与实施各种 5S 强化月活动。

### 9.3.2.3　定置管理

定置管理实际上是 5S 管理的一项基本内容，主要研究作为生产过程主要因素的人、物、场所三者之间的相互关系。通过调整物品放置，处理好人与物、人与场所、物与场所的关系；通过整理，把与生产现场无关的物品清除掉；通过整顿，把物品放在科学合理的位置。通俗地讲，定置管理就是将物料、机具、工具划定区域位置，进行定位，在使用完毕后要物归其位。要做到有物必有区，有区必有牌，按区存放，按图定置，图物相符，如图 9-2、图 9-3 所示。

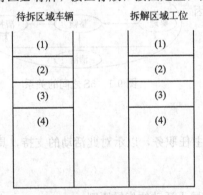

图 9-2　区域定置图

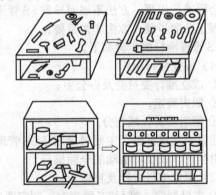

图 9-3　机具定置图

## 9.3.3　汽车拆解企业现场管理具体工作内容与管理范围

（1）管理内容

① 车流、物流、人流、资金流、信息流现场管理；

② 业务接洽、车间、班组的管理；

③ 安全、文明生产的管理；

④ 设备、工量具、仪器管理；

⑤ 技术、拆解工艺规范管理；

⑥ 拆解质量管理；

⑦ 工期管理；

⑧ 成本管理；

⑨ 拆解材料管理；

⑩ 仓库管理；

⑪ 报废汽车车主管理；

⑫ 员工管理；

⑬ 信息管理。

（2）管理范围

① 管理业务流程；

② 工艺标准的贯彻；

③ 效率管理（降低非作业时间，提高作业熟练程度，改善工作方法）；

④ 质量管理（过程检查、巡视，异常情况的分析与对策，作业指导）；

⑤ 工作指导（新设备、新工具的使用方法，汽车拆解工艺的操作，特殊技能、其他应知应会的技能的掌握）；

⑥ 设备、工量具的使用管理与指导；

⑦ 生产现场 5S 管理（包括卫生责任区划定、定置区域划定、日检制度建立等）；

⑧ 工人考核管理；

⑨ 规章制度贯彻执行（制度公示和宣传、执行检查、监督考核）。

# 9.4　新能源汽车拆解环境保护与场地建设

## 9.4.1　电动汽车拆解场地建设

随着新能源汽车保有量的增多，电动汽车的回收拆解也被纳入规范管理范围，《报废机动车回收拆解企业技术规范》（GB 22128—2019）也作出了特别说明，明确电动汽车的范畴包括纯电动汽车、混合动力汽车和燃料电池电动汽车，并对拆解电动汽车的企业场地作出特别要求，主要内容如下。

① 具备电动汽车储存场地、动力蓄电池储存场地和动力蓄电池拆卸专用场地。场地应设有高压警示、区域隔离及危险识别标志，并具有防腐防渗紧急收集池及专用容器，用于收集动力蓄电池等破损时泄漏出的电解液、冷却液等有毒有害液体。

② 电动汽车储存场地应单独管理，并保持通风。

③ 动力蓄电池储存场地应设在易燃、易爆等危险品仓库及高压输电线路防护区域以外，并设有烟雾报警器等火灾自动报警设施。

④ 动力蓄电池拆卸专用场地地面应做绝缘处理。

对于设备设施的要求，拆解电动汽车的企业在满足一般要求的前提下，还应具备以下设施设备及材料：

① 绝缘检测设备等安全评估设备；

② 动力蓄电池断电设备；

③ 吊具、夹臂、机械手和升降工装等动力蓄电池拆卸设备；

④ 防静电废液、空调制冷剂抽排设备；

⑤ 绝缘工作服等安全防护及救援设备；

⑥ 绝缘气动工具；

⑦ 绝缘辅助工具；

⑧ 动力蓄电池绝缘处理材料；

⑨ 放电设施设备。

## 9.4.2　电动汽车拆解环境保护

近年来，报废机动车回收拆解企业因为高污染被城市规划所不容，很多一、二线城市已经很难在城市中心区寻找到类似企业，《报废机动车回收管理办法》（国务院第 715 号令）第二十四条规定：报废机动车回收企业违反环境保护法律、法规和强制性标准，污染环境的，由生态环境主管部门责令限期改正，并依法予以处罚；拒不改正或者逾期未改正的，由原发证部门吊销资质认定书。

技术规范也明确，机动车报废回收拆解企业选址应符合所在地城市规划，建议建在工业园区内或再生利用园区内，不得建在城市居民区、商业区、饮用水源保护区及其他环境敏感区内，且要避开受环境威胁的地带、地段和地区。值得注意的是，处于不同地区的企业其建设用地和最低经营面积也有明确的规定，作业场地的面积不得低于经营面积的60%。

目前在全球范围内，约有数十个国家已经实现了电动汽车规模化推广应用，特别是中国目前已经成为全球最大的电动汽车市场。虽然电动汽车市场规模在不断扩大，但是由于上市时间较短，国外也是在近几年才开始关注报废电动汽车的拆解技术研究，大型汽车厂商在其生产的电动汽车拆解手册中，都对安全防护及环境保护进行了要求，如要求使用绝缘手套、安全鞋、护目镜和检测工具等，并且要求动力蓄电池拆卸后不得进行拆解，并在电池上粘贴标识。例如，荷兰的报废电动汽车在拆解时，要求由经过专业培训的人员进行操作，佩戴专业的防护工具，并使用专业的拆卸工具和检测工具。日本的相关协会会对技术人员开展拆解和相关废弃物处理方面的培训，获得证书的技术人员才能进行拆解操作。

电动汽车拆解的重点是动力蓄电池的拆卸。由于拆卸过程中存在安全、环保风险，需进行详尽的技术指导。美日等国家已经严格落实生产者责任延伸制度，要求生产者提供所生产车型的拆解手册，并在各自网站进行公开，以指导拆解企业进行报废汽车拆解。我国电动汽车产业的进程较快，即将进入大规模报废阶段，已从相关法律法规层面落实生产者责任延伸制度，要求生产企业切实履行生产者责任，积极开展报废电动汽车拆解技术推广，制定具有实践指导意义的拆解手册，并对社会公开。此外，我国还从环境保护、安全防护、提升回收利用率等方面，指导行业提升拆解水平。《报废机动车回收拆解企业技术规范》（GB 22128—2019）环保要求规定如下。

① 报废机动车拆解过程应满足《报废机动车拆解企业污染控制技术规范》（HJ 348—2022）中所规定的清污分流、污水达标排放等环境保护和污染控制的相关要求。

② 应实施满足危险废物规范化管理要求的环境管理制度，其中对列入《国家危险废物名录》的危险废物应严格按照有关规定进行管理。

③ 应满足《工业企业厂界环境噪声排放标准》（GB 12348—2008）中所规定的2类声环境功能区工业企业厂界环境噪声排放限值要求。

对于动力蓄电池储存明确规定如下。

① 动力蓄电池的储存应按照《废蓄电池回收管理规范》（WB/T 1061—2016）的储存要求执行。

② 动力蓄电池多层储存时应采取框架结构并确保承重安全，且便于存取。

③ 存在漏电、漏液、破损等安全隐患的动力蓄电池应采取适当方式处理，并隔离存放。

上述技术规范还对动力蓄电池拆卸预处理，动力蓄电池拆卸的拆解程序、拆解设备等提出了其他明确要求。

 **思考题**

1. 简述汽车拆解场地选择的原则及布置时考虑的因素。
2. 简述汽车拆解场地现场管理的具体内容。
3. 简述新能源汽车报废拆解场地的管理要求。

# 第⑩章　报废汽车拆解回收信息管理系统

随着汽车保有量的不断增加，如何减少报废汽车造成的固体废弃物污染和提高报废汽车再生资源的循环利用率已经成为汽车工业可持续发展的研究内容之一。目前，汽车制造商不仅要面对越来越严格的环境保护法规（包括报废汽车处理责任），而且还要面对消费者越来越成熟的环境保护意识，即消费者可能根据制造商是否参加环保活动和产品是否对环境产生影响而选择和购置相应产品。

由于报废汽车的拆解问题不仅涉及环境保护，还直接影响到汽车再生资源利用的效果，因此，汽车制造商向汽车回收业者、拆解业者和再生资源利用业者提供有关汽车拆解方法和零部件材料成分的信息与数据就成为推动报废汽车无害化和资源化处理的重要手段。早在 20 世纪 90 年代中期，国外有关汽车制造厂商就已经联合起来，并开发了国际拆解信息系统（IDIS）。

## 10.1　报废汽车拆解信息管理系统功能与需求

IDIS 原为由十家欧洲汽车制造商发起建立的报废车辆处理信息中央资料库，现由欧洲、日本、韩国、马来西亚、印度、中国和美国的制造商共同进行编辑，每年进行两次数据更新，确保回收利用企业免费获得相关数据。IDIS 内含智能身份识别系统，汽车制造商为各种型号的空调、安全气囊或电池提供详细、可靠的拆解信息，可追溯到 1974 年以来的 88 个汽车品牌中的至少 3666 种车型，涵盖了道路上行驶的大多数大批量生产和小批量生产的车辆以及它们的地区规格。

IDIS 能够为用户提供便利的数据库导航功能，其庞大的数据库包含大量实用信息，其中涉及预处理、气囊引爆和高压电池处理之类的安全相关问题、潜在可循环利用零件以及欧盟报废车辆指令中提到的其他安全相关要素（例如，电瓶中的铅或者电子设备中的汞和铅）。IDIS 还可以为汽车拆解企业提供有益于报废汽车环保化处理和再生资源利用最大化的信息支持，用户可以免费获得几乎所有型号的报废汽车拆解信息，如具有回收价值的零部件名称和材料成分，发动机润滑油、冷却液与变速器油等以及空调制冷剂的处理与拆解程序。

## 10.2　报废汽车拆解信息管理系统总体框架

IDIS 联盟成员包括宝马、戴姆勒、福特、通用、本田等世界著名的汽车制造商。IDIS 联盟开发出的车辆拆解信息数据库界面设计便捷，除包含车辆基本信息外，还包括有回收价值的零部件拆解信息与拆解程序。

### 10.2.1　IDIS 软件媒体形式及版本

IDIS 软件采用两种媒体传播方式，即光盘和网站。这些信息面向拆解业者、资源再生利用者和对此领域感兴趣的群体。IDIS 可以选择 31 种不同语言的版本，适用于 40 多个国家/地区，以满足全球 40 多个国家/地区的法律要求和实际要求。

IDIS 6.0 版数据库包括 88 个汽车品牌，3666 个车型和版本。最新数据可以从最新版本的 DVD 或网站上获取，IDIS 的网址是：www.idis2.com。

## 10.2.2　IDIS 软件功能设计

（1）功能模块　IDIS 有 11 个功能模块，由一个菜单和两个工具条来完成切换。IDIS 软件模块组成见表 10-1。

表 10-1　IDIS 软件模块组成

| 序号 | 1 | 2 | 3 | 4 | 5 | 6 | 7 | 8 | 9 | 10 | 11 |
|---|---|---|---|---|---|---|---|---|---|---|---|
| 模块 | 厂商确认 | 车型查询 | 数据浏览 | 拆解数据 | 拆解工具 | 拆解报告 | 文件选择 | 参数选择 | 合同编辑 | 数据编辑 | 义务编辑 |

（2）主要界面及信息格式

① 主页。IDIS 主页由顶部的动态滚动条和左侧以国旗作图标的语言选择工具条组成。主窗口上部是简单的关于 IDIS 的文字介绍，IDIS 主页界面如图 10-1 所示。

图 10-1　IDIS 主页界面

点击相应国家的国旗图标，进入 IDIS 搜索界面。IDIS 搜索界面由主窗口、顶部动态滚动信息条和左侧 IDIS 使用常识工具条构成。

主窗口以文本方式介绍了 IDIS 的功能和使用要求。左侧的使用常识工具条包括 9 个条目，分别是主页（Home）、IDIS 搜索（Discovery）、问题解答（F，A，Q）、订购样单（Order）、联系方式（Contacts）、联盟成员（Consortium）、意见反馈（Feedback）、版权声明（Copyright）和语言选择（Language）。点击"语言选择（Language）"条目，可返回到 IDIS 主页。

在 IDIS 搜索窗口中，有 IDIS 在线演示程序连接（IDIS Software Online Demo），点击提示后即可进入。IDIS 车型目录界面如图 10-2 所示。

② 目录。IDIS 车型目录界面由左侧功能工具条和厂商标志及查询车型复选框组成。左侧功能工具条，包括车型目录（Content）、浏览（View）、数据库（Database）、工具（Tools）、报告（Reports）、帮助（Help）和退出（Exit）等条目。

IDIS 车型目录界面上，可以选择厂商标志、品牌、年型和型号等参数以确定查询的车型，点击相应的功能菜单项，可进入相关界面。IDIS 车型界面如图 10-3 所示。

图 10-2  IDIS 车型目录界面

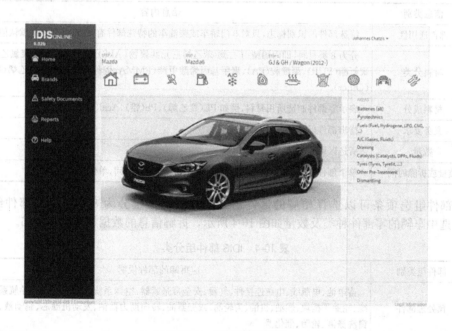

图 10-3  IDIS 车型界面

③ 浏览。点击"浏览"条目，首先进入的是"预处理部件组"界面。界面左侧有功能工具条；界面底部左端有 8 个部件组选项条；中部是窗口内容标题和页码，右端是部件拆解参数查询条。界面窗口内有要查询的车辆外形，顶部是车辆基本信息，右下角是窗口内容标题下子项内容的部件拆解信息查询图标。点击部件参数查询条中的带下划线的文字或点击部件拆解信息查询图标，将以文本方式显示内容，"预处理部件组"界面文本显示内容见表 10-2。

**表 10-2 "预处理部件组"界面文本显示内容**

| 序号 | 显示内容类别 | 内容说明 |
|------|------------|---------|
| 1 | 系列号 | 用来确认部件所在系统,系列号由两部分组成,第一部分是小数点前的数字,表示部件的分组;第二部分是数字识别号,在某些情况下还有 1 个或多个字母 |
| 2 | 部件名称 | 部件全名 |
| 3 | 基本信息 | |
| 4 | 固定方式 | 固定方式名称和数量 |
| 5 | 工具 | 拆除部件的工具名称;如果图标被显示,点击按钮则显示相应的工具图形 |
| 6 | 方法 | 以文本方式介绍拆卸方法 |
| 7 | 注释 | 由制造商提供的关于部件拆除的说明 |
| 8 | 设置 | 显示删除文件名、协议名和义务要求等内容 |

如果部件以彩色显示,则可以点击激活。点击后可以显示部件相关信息,即自动显示系列号和部件名,同时其他信息也相应地被调出。也可双击框格线文字,以显示与部件相关的内容。点击部件组选择图标可以浏览其他部件的矢量图,部件基本信息见表 10-3。

**表 10-3 部件基本信息表**

| 序号 | 信息类别 | 信息内容 |
|------|---------|---------|
| 1 | 部件通用性 | 特殊部件的识别标志,只对 5 门轿车或柴油车的特殊部件有效,对通用性的默认值是"全部" |
| 2 | 材料分类 | 分为 8 类材料,即丙烯腈-丁二烯-苯乙烯三元共聚物(ABS)、聚丙烯(PP)、聚氯乙烯(PVC)、聚氨酯(PUR)、聚酰胺(PA)、聚甲基丙烯酸甲酯(PMMA,俗称有机玻璃)、聚乙烯(PE)和其他(Other) |
| 3 | 材料成分 | 表示零部件制造所用材料,例如 PE(聚乙烯)、Pb(铅)、Acid(酸) |
| 4 | 义务要求 | 指出部件拆除是否属应尽义务 |
| 5 | 数量 | 所选区域相同部件的数量 |
| 6 | 质量或拆除时间 | 单个部件的质量或体积,单位为 g 或 mL;大约拆除时间,单位为 s(秒) |

点击部件组选项条可以选择相应的部件组。IDIS 将部件组分为 8 类,IDIS 部件组分类见表 10-4,选中车辆的零部件种类及数量如图 10-4 所示,拆解信息的数据格式见表 10-5。

**表 10-4 IDIS 部件组分类**

| 序号 | 部件组类别 | 应拆卸的部件说明 |
|------|----------|----------------|
| 1 | 预处理部件 | 蓄电池、电瓶线、电瓶连接件、气囊、安全带张紧器、空调系统、灯光仪表件、导航系统、通信系统、轮胎平衡块、燃油、机油、齿轮油、减振器油、转向助力器油、发动机滤芯、制动液、冷却液、车窗洗涤液、轮胎、催化器 |
| 2 | 门窗玻璃 | 风挡玻璃、后窗玻璃、门玻璃、车门饰件 |
| 3 | 外饰件 | 保险杠、前面罩、进气管、洗涤箱、车轮 |
| 4 | 仪表台 | 仪表台、中央饰件、储物箱 |
| 5 | 座椅 | 坐垫、靠背垫 |
| 6 | 内饰件 | C 柱饰件、B 柱饰件、A 柱饰件 |
| 7 | 发动机室饰件 | 进气管、空气滤清器箱、空气滤清器箱盖 |
| 8 | 行李舱 | 行李舱内饰件、手扣饰件 |

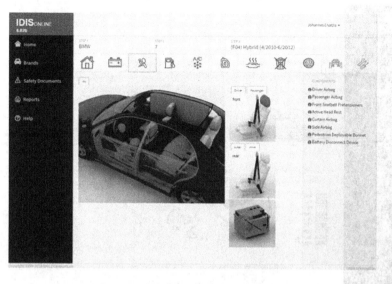

图 10-4　选中车辆的零部件种类及数量

**表 10-5　拆解信息的数据格式**

| 数据类型 | 拆解信息说明 |
|---|---|
| 零部件编号 | Battery(电池名称) |
| General Information(基本信息) | |
| Derivative(通用性) | All(全部车型) |
| Family(材料分类) | Pre-treatment(预处理组) |
| Materials(材料成分) | PP(聚乙烯)、Pb(铅) |
| Quantity(数量) | 1 |
| Weight(质量) | 12500g |
| Marked(标记) | not marked(无标记) |
| Position(位置) | Front(前部) |
| Tools(工具) | |
| Impact Screw Driver(冲击螺丝刀或扳手) | |
| Fixings(固定件) | |
| 固定数量 | Nut(螺母) |
| Method(拆卸方法) | |
| Screw off(拧下) | |
| Comment(说明) | |

　　在拆解区域，除了预处理信息以外，IDIS 系统还以彩色图片的形式给出了潜在可循环利用零件的材料成分，并将拆解区域分为若干个子区域，如车门和车窗、发动机舱和仪表板。可循环利用零件如图 10-5 所示。

　　④ 数据。数据库界面左侧是功能工具条；窗口顶部显示车辆基本信息和部件组选项条；主窗口显示出与部件组选项条图表相对应的数据信息。点击部件组选项图标可以列

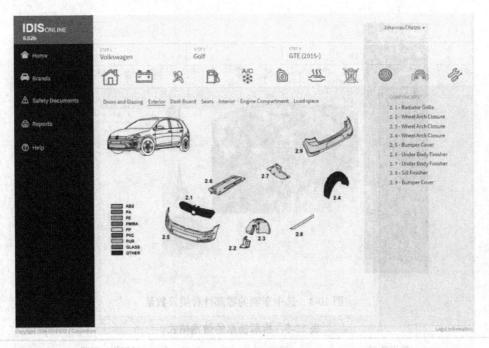

图 10-5　可循环利用零件

出对应部件组的拆解信息。在部件组信息列表中，点击部件名称，则可以显示具体的零件拆解信息。

⑤ 工具。界面结构与"数据库"界面结构一样。窗口显示被选择当前激活区域拆除时所需工具列表。如果被选择工具的图形被储存在数据库中，其将在屏幕的右侧显示。否则，将出现"数据库中没有工具图形"的提示。

⑥ 报告。IDIS 系统提供不同类型和格式的拆解信息文件和拆解工作报告。报告类型分为应拆解部件报告和已拆解部件报告。

对于应拆解部件报告，利用复选按钮，可以选择希望打印报告的格式，即文本格式或图形格式。文本格式有全部打印和选择打印方式之分。

对于已拆解部件报告，同样可以选择两种格式进行打印，即已拆除部件列表和材料回收校对单。

## 10.2.3　IDIS 文件编辑

（1）选择文件

① 文件选择。

数据文件。目录包括当前国家或所有国家的数据文件名称，可以选择其一。

合同文件。目录包含所选择车辆建立时的合同名称。选择时，将输出数据文件或合同。如确定为非选择功能，则不显示数据文件或合同目录。

义务文件。目录包含所选国家或全部国家的义务文件名称。可以选择其中之一，也可以选择"无义务"，则不列出义务文件名。

② 参数选择。利用这个窗口可以初始化当前语言，相关信息将以所选择的语言提供。在任何时候都可以改变这些参数，在文件菜单中设有"参数选择"项。

（2）编辑文件

① 合同文件。允许输入、输出、建立、修改和删除合同。合同文件是指定国家和所选车辆上应拆除部件列表，合同文件的内容见表 10-6。

**表 10-6 合同文件的内容**

| 序号 | 合同内容 | 内容说明 |
|---|---|---|
| 1 | 合同名称 | 从下拉菜单中选择"合同名称"或从"NEW"选项中建立一个新的合同名称。必须按照下拉菜单所列特性选择车型,包括制造商、品牌、年型和参数。如果希望条款是国际化的,应该从"国家"下拉菜单中,选择"全部国家" |
| 2 | 添加部件 | 显示车辆中所有被使用的部件,选择并添加到文件目录中 |
| 3 | 要求部件 | 显示在合同中所要求拆解回收的部件列表,选择并添加到原列表中 |
| 4 | 数据操作 | 当从数据库改变或删除一个合同时,确认信息的出现 |
| 5 | 确认合同 | 确认修改信息,确认删除 |
| 6 | 输入/输出 | 输入功能是确保利用文本文件插入的新的合同进入数据库 |

② 义务文件。允许输入、输出、建立、修改和删除义务文件。义务文件关系到某些对部件有要求的国家。例如,如果义务栏中被设置为"在英国""气囊""是",意味着在英国气囊应该被拆解。义务文件的内容见表 10-7。

**表 10-7 义务文件的内容**

| 序号 | 合同内容 | 内容说明 |
|---|---|---|
| 1 | 文件名称 | 从义务文件目录中选择现有的义务文件。在下拉菜单中选择"NEW"选项,并建立新名称 |
| 2 | 激活区域 | 在激活区域下拉菜单中选择一个区域,相关部件被展现在部件表中 |
| 3 | 国家 | 必须指定国家,并从国家下拉菜单中选择义务文件 |
| 4 | 输入/输出 | 输入功能允许在数据库中使用文本文件插入新的义务文件。输出功能允许建立一个包含义务文件的文本文件 |

### 10.2.4 IDIS 主要特点

为了提高车辆的可回收性,需要加强汽车制造业、拆解业和循环利用业之间的紧密协作。汽车制造商不仅应在汽车设计制造过程中对产品进行可回收设计和可拆解设计,而且拆解业者也应为循环利用者提供优质的再生资源。因此,拆解业作为车辆循环利用系统的重要环节,必须掌握报废汽车的拆解和可回收性。

(1)IDIS 的示范性 在国际汽车拆解标准化软件支持市场上,IDIS 是目前唯一以提供汽车拆解与再生信息为目的的应用软件,其数据库结构和使用功能具有示范性。

(2)IDIS 的权威性 IDIS 以 26 家著名汽车制造商组成的 IDIS2 联盟为支撑,所提供的对报废汽车进行有益于环境保护和再生利用的拆解数据信息具有权威性。

(3)IDIS 的完备性 IDIS 提供的车辆零部件的通用性、材料分类、材料成分、数量、质量、标记、固定方式、固定数量、拆卸方法和拆解工具等内容,为车辆的再生利用提供了完备的数据与信息。此外,有些汽车制造商还出版了相应的汽车拆解手册或在网站上公布拆解信息,提供了良好的可扩展平台。

(4)IDIS 的适用性 由于拆解业必须面对大量不同品牌和型号的报废车辆,因此需要有与之相对应的容量大、数据全的信息平台支持。首先,IDIS 囊括了 95% 以上在欧洲市场销售的汽车品种,适用面广;其次,IDIS 提供信息的方式多元化,应用方便;再者,IDIS 版本持续升级,应用持续有效。

## 10.3 报废汽车拆解回收信息管理系统信息采集

IDIS 系统的成功经验证明,专业的拆解信息发布平台是指导回收拆解企业以安全、高效和环保方式处置报废汽车的有效工具。信息平台是由行业第三方开发、建设的拆解信息系统平台,汽车生产企业负责组织各车型拆解信息的填报和发布，为具备资质的回收拆解企业提供在线或离线查询的便利查询方式。汽车行业所有车型拆解信息均储存于系统服务器或光盘（每年更新）中，回收拆解企业只需登录系统便可查询预拆解车型的详细信息。

我国汽车行业目前已自主研发了中国汽车绿色拆解系统（China automotive green dismantling system，CAGDS）。CAGDS 系统由汽车生产企业负责填报、发布拆解信息，回收拆解企业则以在线或离线（光盘）查询的方式指导报废汽车的解体工作。

## 10.3.1　CAGDS 概述

CAGDS 是为解决我国报废汽车拆解技术信息发布渠道和载体缺失等问题，由中国汽车技术研究中心构建的拆解信息发布平台，旨在支撑政府主管部门的管理，协助整车企业编制拆解手册，落实生产者责任，指导报废汽车拆解企业以安全、高效和环保的方式拆解报废汽车，提高我国报废汽车的资源综合利用水平。相比 IDIS，CAGDS 在预处理后的拆解阶段，各总成、零部件的拆卸信息更加细化，强调有毒有害物质处置和材料标识；CAGDS 响应速度较快，具有拆解信息设置更加符合中国拆解行业、操作方式更加符合中国用户使用习惯、操作更加便捷等突出特点。

## 10.3.2　CAGDS 功能介绍

（1）拆解信息填报　CAGDS 主界面如图 10-6 所示。拆解信息填报的流程如下：创建品牌—创建车型—填报 DI—校验—发布。点击"拆解信息填报"菜单，右侧工作区会显示本企业品牌操作页面，用户可以对品牌进行"品牌中文名称""品牌英文名称""品牌 LOGO"信息录入，点击【保存】按钮将品牌信息添加至系统数据库。

选中某一品牌，点击品牌记录末尾的"查看车型"操作，即可进入该品牌下的车型创建与维护界面。点击添加车型，用户将车型信息输入对应车型属性中，点击【保存】按钮，可将车型信息录入系统数据库。添加完车型后，会关闭当前页面并返回车型列表页，可以看到新添加的车型在列表中显示。

图 10-6　CAGDS 主界面图

选定某一车型，点击填报 DI（拆解信息）。零部件 DI 信息包括：主要材料、紧固件、紧固件数量、拆解方法、回收利用途径、拆解注意事项、安全警示图标等内容。所有企业品牌、车型以及拆解信息的填报工作，均在此功能菜单下完成，拆解信息填报页面如图 10-7 所示。

（2）模板管理　CAGDS 是一个动态、模板化的软件系统。整个软件使用一个统一的自定义模板。该模板分为 3 级，第 1 级模板固定为"预处理"和"车身内外零部件拆解"，不可动态定义；第 2 级模板为"预处理"和"车身内外零部件拆解"的各环节，数量可以动态定义；第 3 级模板为单个零部件。整车企业可以根据特定车型结构，进行相应的勾选，点击确定按钮，仅显示勾选内容。车型模板选择界面如图 10-8 所示。

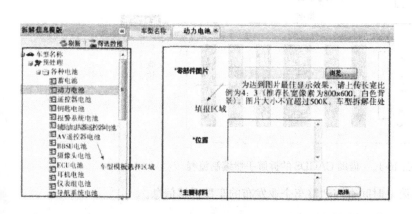

图 10-7　拆解信息填报页面　　　　　　　　　　图 10-8　车型模板选择界面

（3）车型校验与发布　车型拆解信息填写完毕后，需要对填报的数据进行校验和发布操作。只有校验通过并成功发布的车型，拆解企业用户才可以进行查询。目前系统只是针对部分零部件节点是否填报进行了校验，校验规则如下：预处理节点下的"各种电池""安全有关部件""燃料""空调制冷剂""废油液""催化转化器""轮胎"。其中，拆解节点下的"玻璃""车身外饰件""仪表板""座椅""内饰件""发动机机舱区域""行李舱区域"为必填项。即上述节点中，必须包含一个以上填报过拆解信息的零部件子节点。

（4）导出拆解手册　CAGDS 的另一个突出功能是能够快速生成拆解手册。CAGDS 系统可支持导出 Word 和 PDF 两种格式的拆解手册。拆解手册分为两部分：一部分是对拆解车型、拆解场地、拆解注意事项的说明；另一部分是企业所填写的具体拆解信息。导出拆解手册功能一方面为整车企业进行拆解手册备案提供便捷，另一方面也便于拆解企业使用。

### 10.3.3　借助 CAGDS 编制拆解手册的优越性

对传统拆解手册编制流程和借助 CAGDS 编制拆解手册流程进行对比分析，其中传统拆解手册编制流程如图 10-9 所示，而借助 CAGDS 编制的拆解手册流程如图 10-10 所示。

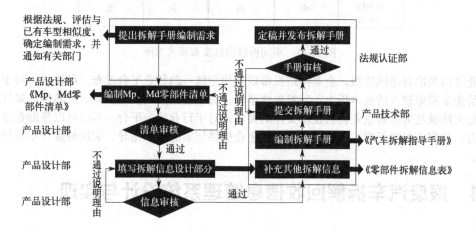

图 10-9　传统拆解手册编制流程

传统拆解手册编制涉及多个部门，如果某个环节出现问题，则难以满足法规要求，并且存在效率低、不可逆等弊端；而借助 CAGDS 编制的拆解手册，整车企业可以根据系统提供选项，轻松完

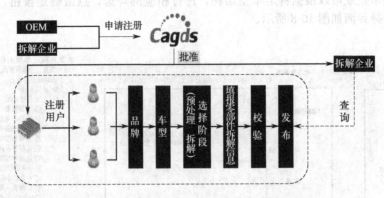

图 10-10　借助 CAGDS 的拆解手册编制流程

成填报、发布，拆解企业可以第一时间查询到整车企业发布的车型拆解信息。

### 10.3.4　不同拆解信息发布模式之间的差异

由于缺乏良好的拆解信息发布模式，造成部分拆解企业与整车企业沟通不畅，使大量报废汽车得不到有效利用。为了更好地解决上述问题，应采用不同的拆解信息发布模式，相关对照如图 10-11 所示。

| 发布方式 | 总体成本 | 管理效率 | 查询使用效率 | 发布效率 |
|---|---|---|---|---|
| 纸制或光盘类 | 高 | 低 | 高 | 低 |
| 企业网站在线 | 低 | 中 | 低 | 中 |
| 行业统一平台 | 中 | 高 | 中 | 高 |

图 10-11　不同拆解信息发布模式对照

企业可以采取寄送纸质版、企业网站发布以及使用统一的行业平台发布三种模式。对于纸质版文件，给企业带来较大的成本压力，且发布效率低；对于企业网站发布模式，虽然可以降低企业成本，但是无法满足为拆解企业提供技术支撑的要求；对于行业统一平台，不仅可以帮助企业节约人力、物力，从容应对法规要求，还可以为拆解企业提供切实的技术指导，实现报废汽车精细化拆解的目标。

## 10.4　报废汽车拆解回收信息管理系统设计与实现

### 10.4.1　我国汽车拆解回收利用面临的问题

汽车工业作为我国的支柱产业，每年都要消耗大量的金属材料和塑料、橡胶、玻璃等非金属材料。其中，金属材料的回收利用技术目前较为成熟，可以通过经济、环保的技术工艺得到合理有效的利用。而非金属材料的再利用则是制约我国汽车回收利用率提高的主要因素，有毒有害物质的不规范使用也直接影响了我国汽车产品的环境友好性。非金属材料性质稳定、不易降解，加之再生技术或回收成本的限制，大部分非金属材料被直接填埋或焚烧。

我国长期以来再生资源回收利用产业的技术装备相对落后，拆解手段较为原始，拆解生产效率较低，技术储备及更新改造能力薄弱，缺乏对车用新材料、新零部件总成的回收利用能力，且二次污染严重。目前引入了绿色环保理念的回收企业还不太多，今后应继续采用废油和废液集中抽取、车架液压剪切、车体翻转和气动拆解等一系列新工艺和新设备，减少和控制作业过程对环境的污染，减轻作业人员的劳动强度，提高作业效率。

汽车是集机、电、液为一体的机电产品，每款车型涉及的零部件成千上万，涉及的材料也有千余种。目前国家可持续发展战略的各种政策法规对汽车产品回收利用工作提出了严格要求，然而靠传统的人工方法无法完全、详细地记录下每个零部件能否进行回收利用。不过随着信息化产业的高速发展，我国汽车行业已经具备了一定的信息化管理经验。如何利用好现代信息技术，继续加强对汽车产品的回收利用管理还将继续成为政府部门、整车及零部件生产企业共同关注的课题。

## 10.4.2　国外汽车回收利用信息化管理经验

目前，国外发达国家都先后制定了相关的法律、法规和技术标准等，对报废汽车回收、拆解和再利用以及对新车型的可回收利用性设计和禁用有毒有害物质等进行规范和引导，创造出了显著的社会和经济效益。早在 2000 年 9 月 18 日，欧盟就发布了《报废汽车技术指令》(2000/53/EC)，其内容涉及汽车产品的设计、生产、材料、标识、有害物质的禁用期限、回收体系的建立等，开始将报废车辆的回收利用纳入管理体系；随着材料技术的进步，欧盟又相继于 2002 年 12 月 27 日、2005 年 9 月 20 日和 2008 年发布了《2002/525/EC 指令》《2005/673/EC 指令》《2008/689/EC 指令》，对 2000/53/EC 中的附件进行了修改。欧盟各成员国按照欧盟指令的要求，积极推动报废汽车的回收利用工作，成员国已将有关要求转化为各自的法律法规，并自 2006 年 12 月起对 M1 和 N1 类新车进行禁用物质管理，按《关于型式认证中车辆可再使用性、可再利用性和可回收利用性的指令》(2005/64/EC) 实施汽车可回收利用率认证。日本国会 2002 年 7 月通过了关于报废机动车再资源化等的法律（简称《汽车回收利用法》），于 2005 年 1 月 1 日起正式实施，同时制定了相应的"实施令"和"实施细则"。美国对废轮胎的收集和运输要求注册和许可的州有 35 个，比例约为 70%；对废轮胎的收集和处理设备进行注册和许可的州有 46 个；针对汽车零部件的再制造，联邦贸易委员会颁布了《再制造、翻新和再利用汽车零部件工业指南》，要求政府采购项目中优先选择再制造的汽车零部件及相关材料等。

为实现各国回收利用法规的要求，提升汽车产品的回收利用率、推广环保材料，建立有效的数据管理系统、完善控制措施势在必行。欧盟从 20 世纪 90 年代开始着手建立国际材料数据系统 (IMDS) 及国际拆解信息系统 (IDIS) 等公共信息平台。这些系统极大地方便了生产企业掌握零部件材料信息，快捷、准确地进行产品设计、环境影响分析、可回收性设计和可回收利用率计算，在设计生产中提高汽车零部件的可拆解性和可回收性，为报废汽车的拆解提供技术信息支持，使汽车生产企业与回收利用企业形成一个有机整体，在满足法规要求的同时，提高其产品的环境友好性和市场竞争力。

与此同时，国外各大汽车企业为了满足法规关于可回收利用率的要求，保证人身安全和保护环境，已经开始基于 IMDS 等公共信息平台建立企业内部的零部件及材料信息系统。德国大众汽车公司建立了自己的 MISS 系统（材料数据系统）、VERON 系统（车型回收利用率计算系统）来管理本企业的汽车材料数据信息和回收利用信息；同时，MISS 系统还支持与 IMDS 的数据接口与交换。德国大众汽车回收利用管理体系如图 10-12 所示。美国通用汽车公司也建立了本企业汽车回收利用信息管理系统 (MACOS)。与大众汽车公司不同，通用公司没有建立企业材料数据系统。通用公司将 IMDS 的材料数据和车型的物料同时输入自行开发的 MACOS 系统中，由 MACOS 系统计算出车型的回收利用率。MACOS 系统是通用汽车公司的内部工具，可用于链接材料数据，还可用于建立材料数据文档和分析。美国通用汽车回收利用管理体系如图 10-13 所示。

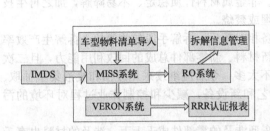

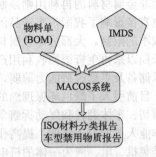

图 10-12　德国大众汽车回收利用管理体系　　　　图 10-13　美国通用汽车回收利用管理体系

国外开展汽车回收利用的信息化管理起步较早，已经积累了比较丰富的经验。在众多信息系统的支持下，到目前为止除非金属材料外，多数金属材料的回收技术及手段相对成熟。目前欧盟国家的汽车可回收利用率已达到95％，材料的再利用率达85％以上，不仅节约了大量资源，极大地降低了汽车制造、使用及回收利用过程中的二氧化碳排放量，也减少了汽车废弃物的处置量。以日本为例，日本报废汽车废弃物的50％以上可以再次进入材料循环系统，目前日本汽车的实际回收利用率已达到95％，填埋量不到5％。

## 10.4.3　我国汽车回收利用管理体系

目前我国关于汽车回收利用管理方面的管理体系逐渐完善，近年出台的我国汽车回收利用主要相关法律法规及标准规范见表10-8。

表 10-8　我国汽车回收利用主要相关法律法规及标准规范

| 序号 | 层面 | 法律法规标准名称 |
|---|---|---|
| 1 | 基本法律 | 《中华人民共和国固体废物污染环境防治法》 |
| 2 | | 《中华人民共和国循环经济促进法》 |
| 3 | 管理办法 | 《机动车辆类（汽车产品）强制性认证实施规则》 |
| 4 | | 《汽车有害物质和可回收利用率管理要求》 |
| 5 | | 《报废机动车回收管理办法》（国务院第 715 号令） |
| 6 | | 《报废机动车回收管理办法实施细则》（商务部 2020 年第 2 号令） |
| 7 | 标准规范 | 《道路车辆 可再利用率和可回收利用率 要求及计算方法》（GB/T 19515—2023） |
| 8 | | 《汽车塑料件、橡胶件和热塑性弹性体件的材料标识和标记》（QC/T 797—2008） |
| 9 | | 《汽车禁用物质要求》（GB/T 30512—2014） |
| 10 | | 《报废机动车回收拆解企业技术规范》（GB 22128—2019） |

## 10.4.4　回收利用信息化管理平台的设计

早在 2006 年我国有关部门就发布了《汽车产品回收利用技术政策》，中国汽车材料数据系统（CAMDS）是为贯彻好《汽车产品回收利用技术政策》、实施汽车产品回收利用率和禁用/限用物质认证、提高中国汽车材料回收利用率而开发的产品数据管理平台。CAMDS 能够帮助汽车行业对汽车零部件供应链中的各个环节和各级产品进行信息化管理。借助该系统，零部件供应商可完成对整车生产企业的零部件产品填报与提交，表明零部件的基本物质与材料的使用情况，对所填报产品进行统一分类管理。在此数据的基础上，整车企业能够在产品的设计、制造、生产、销售和报废回收等各个阶段完成对车辆产品中禁用/限用物质使用情况的跟踪与分析，为我国汽车行业提供一个能够在整个供应链中跟踪零部件产品化学组成成分的解决方案，全面提高我国汽车产品零部件材料的报废回收水平。CAMDS 的适用范围主要如下。

① 各级零部件供应商对产品材料数据的填报与提交等操作。

② 整车生产企业收集零部件材料信息,对权限范围内的零部件产品的材料数据进行查询、浏览与接收确认等操作。

③ 整车生产企业对汽车零部件产品的回收性进行管理。

④ 整车企业对汽车零部件产品中禁用/限用物质的使用情况进行跟踪与管理。

⑤ CAMDS 与其他产品数据系统,例如国际材料数据系统(IMDS)或企业使用的 PDM(产品数据管理)、ERP(企业资源计划)系统等之间的数据实现共享与交换等操作。CAMDS 与企业内部系统的数据交换如图 10-14 所示。

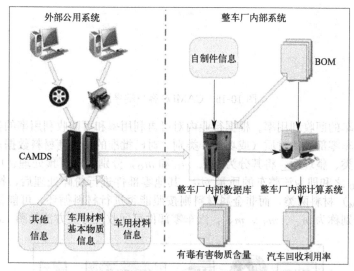

图 10-14　CAMDS 与企业内部系统的数据交换

针对 CAMDS 的主要适用范围,CAMDS 数据库采用模块化设计,主要包括产品管理模块、数据管理模块、安全性管理模块及其他功能模块等。CAMDS 数据库模块化设计如图 10-15 所示。通过这些模块,能够以 B/S(浏览器/服务器)方式实现 CAMDS 的各项功能。

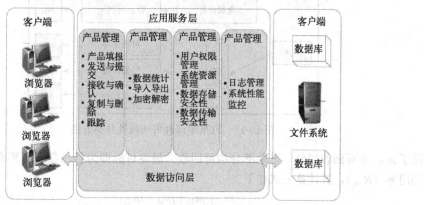

图 10-15　CAMDS 数据库模块化设计

CAMDS 的主要功能包括:产品填报功能,产品发送与接收确认,数据统计功能,用户权限管理,与其他系统的数据共享与交换等。CAMDS 客户端界面如图 10-16 所示。

## 10.4.5　利用 CAMDS 实现汽车回收利用的信息化管理

(1)信息化管理依据及目标　对于整车生产企业,汽车回收利用的信息化管理包含很多方面,包括研发、设计、认证、采购、销售等,而实现信息化管理的基础则是搜集和记录整车的材料数据

图 10-16　CAMDS 客户端界面

信息进而计算出整车的回收利用率。根据行业内对可再利用率和可回收利用率的标准计算要求，企业首先需要根据汽车零部件的材质（或功能）类别，对已批准的供应商材料数据表、企业自制件的材料数据表进行分类、整理后，将其分为 $m_P$、$m_D$ 和 $m_O$，分别表示可预处理、可拆解、其他零部件。$m_P$、$m_D$ 和 $m_O$ 之和即为该整车的质量 $m_V$。其他零部件进行粉碎处理后，按照材料类别分为非金属和金属（$m_M$）材料两类，而非金属材料则按照能否进行材料循环、可能量回收和不可回收继续分为三类，分别称为 $m_{T_r}$、$m_{T_e}$、$m_{N_o}$，汽车零部件可回收性分类方法如图 10-17 所示。

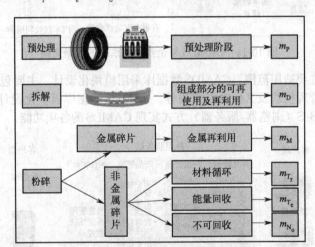

图 10-17　汽车零部件可回收性分类方法

除了 $m_{N_o}$ 不可回收以外，其余部分均可回收。最终目标即为得出整车可再利用率（$R_{cyc}$）和可回收利用率（$R_{cov}$），其计算公式如下。

$$R_{cyc} = \frac{m_p + m_D + m_M + m_{T_r}}{m_V} \times 100\%$$ (10-1)

$$R_{cov} = \frac{m_p + m_D + m_M + m_{T_r} + m_{T_e}}{m_V} \times 100\%$$ (10-2)

（2）信息化管理流程　整车企业为了达到管理汽车零部件可回收的目的，需要基于 CAMDS 依次完成以下几方面工作。

① 为一级供应商企业注册 CAMDS 账号，并要求其按照规定的时间节点提交材料数据表，材料数据表中的信息包括零部件的名称、零部件号、供应商代码、质量、数量、材料种类、成分等。

② 对供应商发来的材料数据表进行数据审核，对通过审核的材料数据表进行批准。

③ 建立能与 CAMDS 进行数据交换的企业内部管理系统，录入相关车型 BOM（物料清单）表。

④ 将 CAMDS 中批准的材料数据表导入本企业管理系统，并对照某款车型 BOM 表中的零部件号以确认材料数据表是否为整车全部表单。

⑤ 依据标准的规定，对该车型的全部材料数据表进行分类与标识，并对不可预处理和需拆解部分按材料进行分类。

⑥ 计算整车、分总成的回收利用率和可再利用率，生成相关报告或报表。

⑦ 分析多款车型及零部件的可回收性，生成相关报告或报表。

 **思考题**

1. 简述 IDIS 的定义及特点。
2. 简述 CAGDS 的定义及功能。
3. 简述我国报废汽车回收利用的主要相关法规及标准。
4. 简述 CAMDS 的定义及适用范围。
5. 简述汽车回收利用的信息化管理流程。

# 第 11 章 报废汽车材料分类检验与利用

汽车材料主要是指汽车零部件材料和汽车运行材料，一辆汽车是由上万个零部件组成的，而这些零部件又是由上千种不同品质、规格的材料加工制造出来的，因此在汽车制造中，需要应用大量的机械工程材料作为汽车零部件材料。

汽车零部件材料数量大、品种多，几乎涵盖了所有传统和新型的工程材料。据统计，全世界钢材产量的1/4、橡胶产量的1/2以上都用于汽车生产。汽车零部件常用材料有金属材料、非金属材料及复合材料。

汽车零部件制造材料以金属材料为主，金属材料中又以钢铁材料的用量最多。有色金属和非金属材料因具有钢铁材料所没有的特性，所以在汽车制造中得到广泛应用。近年来，为适应汽车安全性、舒适性和经济性的要求，以及汽车低能耗、低污染的发展趋势，要求汽车减轻自重以实现轻量化，所以在汽车制造中钢铁的用量有所下降，而有色金属、非金属材料和复合材料等新型材料的用量正在上升，各种新材料的应用促进了汽车性能的提高和汽车工业的发展。

据统计，目前我国国产中型载货汽车的材料构成比大致如下：钢材64%、铸铁21%、有色金属1%、非金属材料4%。一汽奥迪轿车的材料构成比大致如下：钢材62%、铸铁9.67%、粉末冶金1.23%、有色金属11.5%、非金属材料11.6%。从中可以看出汽车零部件材料的应用情况和发展趋势。国产典型汽车制造材料质量及占比见表11-1。

**表 11-1    国产典型汽车制造材料质量及占比**

| 项目 | 轿车 | | 卡车 | | 公共汽车 | |
|---|---|---|---|---|---|---|
| | kg/台 | % | kg/台 | % | kg/台 | % |
| 铸铁 | 35.7 | 3.2 | 50.8 | 3.3 | 191.1 | 3.9 |
| 钢材 | 871.2 | 77.7 | 1176.7 | 76.1 | 3791.1 | 76.6 |
| 有色金属 | 52.4 | 4.7 | 72.3 | 4.7 | 146.7 | 3.0 |
| 其他 | 161.8 | 14.4 | 246.1 | 15.9 | 817.8 | 16.5 |
| 合计 | 1121.1 | 100 | 1545.9 | 100 | 4946.7 | 100 |

## 11.1  报废汽车黑色金属材料的分类检验与利用

黑色金属材料主要分为钢和铸铁两大类，俗称钢铁材料，其主要组成元素为铁和碳，因此又称为铁碳合金。钢铁材料因其优良的力学性能且加工方便，因此是汽车制造工业中应用最广泛的金属材料，其用量超过汽车制造材料的2/3。

钢铁材料包括碳素钢、合金钢和铸铁。含碳量小于2.11%的铁碳合金称为钢，含碳量大于2.11%的铁碳合金称为铸铁。一般要求的汽车结构零件大多采用碳素钢或铸铁制造，性能要求高的汽车结构零件则采用合金钢制造。

### 11.1.1  黑色金属材料的分类

(1) **碳素钢**  碳素钢简称碳钢，其含碳量小于2.11%，除含有铁和碳两种主要元素外，还含有少量的硅、锰、硫、磷等杂质元素（称为常存元素）。碳素钢价格低廉，冶炼容易，具有较好的力学性能和优良的机械加工性能，因此在汽车制造中得到广泛应用。典型碳素钢制造的零件如下：低碳钢制造的油底壳、气缸盖罩；中碳钢制造的连杆、曲轴等。

（2）合金钢　合金钢是在碳素钢的基础上，为改善钢的性能，在冶炼时有针对性地加入一些合金元素而制成的钢。常用的合金元素如下：硅（Si）、锰（Mn）、铬（Cr）、镍（Ni）、钨（W）、钼（Mo）、钒（V）、硼（B）、铝（Al）、钛（Ti）和稀土元素等。

汽车上的一些受力复杂的重要零件，如变速器齿轮、半轴和活塞销等，如果采用碳素钢制造，不能满足其性能要求，因此汽车制造中还广泛应用了合金钢。典型合金钢制造的汽车零件有变速器齿轮、减速器齿轮、活塞销、十字轴、半轴、气门弹簧等。

（3）铸铁　铸铁的含碳量大于 2.11%（一般在 2.5%～4.0%），除含有铁和碳两种主要元素外，还含有一定量的硅、锰、硫和磷等元素。

铸铁中的碳以石墨（自由态）或化合物渗碳体的形式存在，根据碳的存在形式不同，铸铁可分为以下五种。

① 白口铸铁。其中的碳全部或大部分以化合物渗碳体的形式存在，由于其端口呈白色，故称为白口铸铁。由于白口铸铁组织中含有高硬度的渗碳体，因此其性能硬而脆，难以切削加工，极少用来直接制造零件，主要用作炼钢原料或可锻铸铁毛坯。

② 灰口铸铁。其中的碳绝大部分以片状石墨形态存在，由于其断口呈暗灰色，故称为灰口铸铁。灰口铸铁有一定的力学性能和良好的切削加工性，是工业中应用最广泛的铸铁。

③ 可锻铸铁。其中的碳绝大部分以团絮状石墨形态存在，由于其塑性和韧性比灰口铸铁好，故称为可锻铸铁。但可锻铸铁实际上不能锻造，主要用于铸造韧性较好的薄壁零件。

④ 球墨铸铁。其中的碳绝大部分以球状石墨形态存在，故称为球墨铸铁。球墨铸铁的强度和韧性比灰口铸铁、可锻铸铁都好，因此可以代替部分钢材制造某些重要零件。

⑤ 蠕墨铸铁。其中的碳绝大部分以蠕虫状石墨形态存在，故称为蠕墨铸铁。蠕墨铸铁是一种新型的高强度铸铁，已在生产中得到大量应用。

此外，在灰口铸铁或球墨铸铁的基础上加入某些合金元素后，形成具有特殊性能的铸铁称为合金铸铁。合金铸铁主要有耐磨铸铁、耐热铸铁和耐腐蚀铸铁等，从而进一步扩大了铸铁的应用范围。

## 11.1.2　黑色金属材料在汽车上的应用

汽车上黑色金属材料主要为钢铁，钢铁主要可以分为钢板、特殊钢和铸铁。

（1）钢板

① 热轧钢板。主要用于车架等承受应力较大的零件，如汽车的纵梁和横梁等，采用双相钢通过轧制而成。

② 冷冲压钢板。厚度小于等于 4mm 的薄钢板，一般用来制造驾驶室、发动机罩、翼子板、车厢、散热管护罩等不受载荷的各种覆盖零件；厚度大于 4mm 的厚钢板用来制造承受一定载荷的零件，如大梁、横梁、保险杠等。

③ 涂镀层钢板。涂镀层钢板有镀锌板和镀铝板，镀锌板冲压性能、焊接性能都较好，可用作驾驶室底板、车身覆盖件和油箱等汽车零件；镀铝板耐腐蚀性能和镀层耐热性好，主要用于消声器、排气管等零件。

④ 复合减振钢板。复合减振钢板由低成本的钢板和低密度树脂结合而成，其特点是可以减轻汽车质量、降低车内噪声，主要用作挡泥板、隔板、底板和顶板、油底壳及隔声板等。

（2）特殊钢

① 弹簧钢。汽车上某些零件如钢板弹簧、发动机气门弹簧、悬挂弹簧、离合器膜片弹簧和波形片弹簧等，要求具有高且稳定的弹性极限以及高的强度和疲劳极限，并能承受较大的冲击载荷，同时具有足够的塑性和韧性。为保证上述零件在高载荷下能正常工作，必须采用弹簧钢制造。

② 齿轮钢。汽车中的变速箱齿轮、差速齿轮、后桥齿轮等在工作时承受交变弯曲力的作用，

换挡时又承受冲击，轮齿的表面在带有滑动的滚动摩擦中受到接触压力和摩擦力的作用。齿轮在使用过程中由于受力情况较为繁重，所用材料必须具有高的疲劳极限、合适的芯部强度和韧性，且轮齿的表面要耐磨。为满足这些要求，汽车齿轮一般须进行表面渗碳、碳氮共渗或高频表面淬火等热处理。

③ 调质钢。曲轴是发动机的主要零件之一，承受发动机周期性变化着的气体压力，活塞连杆组的往复惯性力、回转惯性力和曲柄间的扭转力。在高速运转的发动机中，还伴有扭转振动的影响，因此制造曲轴的材料要求具有高强度和适当的冲击特性。凸轮轴经常承受滚轮、推杆、挺杆、气门弹簧等零件传来的惯性力、气门的推力及由凸轮传送的扭力等，因此要求材料具有高硬度、高强度和适当的韧性。连杆连接活塞和曲轴，将气缸内气体形成的爆发力传递给曲轴，驱动曲轴回转，承受往复惯性力和旋转惯性力，因此连杆在工作中处于一种很复杂的应力状态。连杆螺栓是发动机中承受载荷较大的零件之一，承受很大的具有冲击性的迅速变化着的拉力。曲轴、凸轮轴、连杆、连杆螺栓，还有缸盖螺栓、后半轴、转向节等零件所用钢材一般均为调质钢，即中碳结构钢或中碳低合金结构钢，采用调质处理以获得所需要的性能。

④ 非调质钢。非调质钢是在碳素结构钢中加入微量钒、钛、铌等元素，通过轧制和锻造直接冷却，微合金元素的碳化物或碳氮化物弥散析出，起到析出强化和细化晶粒的作用。钢在锻轧状态就可以直接加工成制品，不必经过调质处理就能达到良好的综合力学性能。由于非调质钢的显著经济效益，得到各国生产和使用部门的高度重视，世界上几乎所有的主要产钢厂都在研制和推广应用这类钢种。非调质钢在工业上的应用范围正在不断扩大，已成功地用来制造汽车中的曲轴、连杆、半轴、齿轮轴等轴类零件。

⑤ 渗碳钢。用于制造要求表面具有高强度、高硬度、高耐磨性和高疲劳极限而芯部仍保持足够塑性和韧性的零件，如齿轮、活塞销、凸轮轴、气门挺杆、拉杆、球头销、球碗、前桥半轴、万向节十字轴等。

⑥ 不锈钢。汽车发动机排气门常见的故障是头部工作面烧坏、腐蚀，部分过热或熔化、挠曲变形，头部疲劳碎裂及阀杆断裂等。因此在设计配气机构时，不仅要有合理的结构与工艺，并且在选材上应有严格的要求。气门用钢应具有较高的室温和高温强度、持久强度、硬度和耐磨性，具有良好的抗燃气腐蚀和抗氧化性，在工作期间保持尺寸稳定和不变形，具有高的热导率，且其线膨胀系数应与导管材料大致相近，具有冷热变形和切削加工性能及良好的焊接性能。为达到上述性能要求，发动机排气门及排气系统中的排气歧管、溢流管、催化转化器、消声器和尾管等应采用耐热不锈钢制造。

⑦ 易切削钢。在机械制造工业中，切削加工是一种主要工艺，随着机械工业和切削技术的发展，切削加工正走向精密化，要求越来越高，从而促使易切削钢的出现。在汽车生产中需要大量的各种品种规格的易切削结构钢，以便在不增加设备和人员的条件下提高需要切削加工的机器零件的加工速度，如各种标准件、齿轮、转向齿条、阀簧座、连杆、曲轴等。

(3) 铸铁　除变速箱、发动机气缸体采用铸铁制造外，由于铸造和热处理技术的进步，汽车中许多重要零件也采用铸铁制造，既可显著地降低制造成本，又不影响使用效果，如发动机上采用稀土镁球墨铸铁曲轴。近年来，合金铸铁和球墨铸铁的凸轮轴发展空间迅速扩大，经过适当热处理的铸铁凸轮轴在耐磨性方面并不亚于钢制的凸轮轴，甚至在某些场合优于钢制的凸轮轴。

## 11.1.3　黑色金属的简易鉴别检验

黑色金属材料的鉴别是汽车拆解工应掌握的一项重要技术，同时也是一项容易受到忽视的技术。在汽车拆解现场，常见、简便实用的是火花鉴别法。通过钢的火花可以鉴别钢号混杂或可疑的钢材，鉴别碳素钢的含碳量、合金元素的种类以及检查钢的表面脱碳情况等。

(1) 火花鉴别原理　在旋转砂轮上打磨钢试件时，试件脱下的钢屑向外飞溅，同时被加热至熔点，在离心力作用下飞溅而下的钢屑形成一道道或长或短，或连续，或间断的火花射线（主流线）。试件与砂轮的接触压力不同，钢的成分不同，火花射线也各不一样，许多射线组成火花束。飞溅钢屑达到高温时，钢和钢中伴生元素（特别是碳、硅和锰）与空气中的氧气发生反应，形成氧化物。

由于碳的氧化物 CO 和 $CO_2$ 是气体，当这些气体离开砂轮一定距离时会产生类似于爆炸的现象，使钢屑爆裂成火花。根据流线和火花的特征，可以鉴别钢材的成分。

（2）火花的组成

① 火束。钢铁在砂轮机上磨削时所产生的全部火花称为火束，分为根部、中部、尾部三部分，如图 11-1 所示。

② 流线。火束中明亮的线条称为流线。钢的化学成分不同，其流线也不一样，例如碳钢的流线是直线或抛物线状、铬钢和铬镍钢火束中常夹有波浪状流线、钨钢和高速钢火束常出现断续流线，如图 11-2 所示。

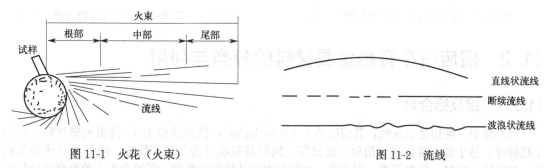

图 11-1　火花（火束）　　　　　　　　　　　图 11-2　流线

（3）火花鉴别方法　火花鉴别的主要设备是砂轮机。砂轮是 36～60 号普通氧化铝砂轮，砂轮转速一般为 2800～2850r/min。

进行火花鉴别时，操作者要戴上无色眼镜，场地光线不宜太亮，以免影响火花色泽及清晰度。在钢试件接触砂轮时，压力要适中，使火花向略高于水平的方向发射，以便于仔细观察。根据火花的颜色、形状、长短、结花的数量和尾的特征等多方面来判断，必要时应备有标准钢样，用以帮助判断及比较。

一般来说，钢中含碳量越高，火花越多，火束也由长趋向短。锰、铬、钒促进火花爆裂，钨、硅、镍和铝能抑制火花的爆裂。对碳素钢作火花鉴别时，精确度很高；对合金钢作火花鉴别时较困难。

（4）常用钢的火花特征

① 低碳钢（以 20 钢为例）。整个火束较长，颜色呈橙黄带红，芒线稍粗，发光适中，流线稍多，多根分叉爆裂，呈一次节花，如图 11-3 所示。

② 中碳钢（以 45 钢为例）。整个火束稍短，颜色呈橙黄色，发光明亮，流线多而稍细，多根分叉，二次节花为主，也有三次节花，花量约占整个火束的 3/5 以上，火花盛开，如图 11-4 所示。

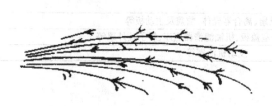

图 11-3　低碳钢火花　　　　　　　　　　　图 11-4　中碳钢火花

③ 高碳钢（以 T10 钢为例）。火束较中碳钢短而粗，颜色呈橙红色，根部色泽暗淡，发光稍弱，流线多而细密，节花为多根分叉，三次节花，小碎花和花粉量多而密集，花量占整个火束的 5/6 以上，磨削时手感较硬，如图 11-5 所示。

④ 轴承钢（以 GCr15 钢为例）。整个火束粗而短，颜色呈橙黄色，发光适中，芒线多而细，节花为多根分叉，三次节花，花量占 5/6 左右，有很多花粉和小碎花，尾部细而长，如图 11-6 所示。

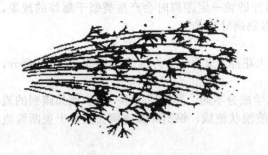
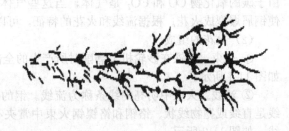

图 11-5　高碳钢（以 T10 钢为例）火花　　　　图 11-6　轴承钢（以 GCr15 钢为例）火花

# 11.2　报废汽车有色金属材料的分类与利用

## 11.2.1　铝及铝合金

（1）纯铝　纯铝呈银灰色，其密度为 $2.7 \times 10^3 \, kg/m^3$，仅为铁的 1/3。纯铝的塑性好，压力加工性能好，易于加工成板材、箔材、线材等。纯铝易吸收冲击，减振性好。纯铝的导热性仅次于银，导电性也较好，仅次于银、铜和金。纯铝在大气环境以及弱酸、弱碱介质中的耐腐蚀性能也较好。但是，纯铝的强度、硬度较低，焊接性能较差。

我国工业纯铝的代号用"L"加"顺序号"的格式表示，有 L1、L2、L3…L6 等 6 种，其中 L1 中所含的杂质最少，L6 中所含的杂质最多。

纯铝一般不能用作结构件，在汽车上主要用作电线、电缆等电气元件，散热器等导热元件，以及汽车内外的装饰件和铭牌等。

（2）铝合金　铝合金是在纯铝中加入硅、铜、镁、锰等合金元素而形成的合金。由于合金元素的作用，铝合金的强度、硬度得到了提高，同时又具有纯铝密度小、导热性好、耐腐蚀性好等优点，铝合金在汽车上常用于需要轻量化、强度要求较高的零件。

根据化学成分和加工方法的不同，铝合金可分为形变铝合金和铸造铝合金两大类。

（3）铝合金在汽车上的应用　铝合金在汽车上的应用见表 11-2。

表 11-2　常用铝合金在汽车上的应用

| 类别 | 代号 | 应用举例 |
|---|---|---|
| 形变铝合金 | LF5 | 车身、汽油箱、油管、防锈蒙皮、铆钉和装饰件等 |
| | LF11 | |
| | LF12 | |
| 铸造铝合金 | ZL103 | 发动机风扇、离合器壳体、前盖及主动板等 |
| | ZL104 | 气缸盖罩、挺杆室盖板、机油滤清器底座、转子及外罩等 |
| | ZL105 | 发动机活塞等 |

## 11.2.2　铜及铜合金

（1）纯铜　纯铜呈紫红色，故又称紫铜，其密度为 $8.96 \times 10^3 \, kg/m^3$。纯铜具有优良的导电性和导热性，较好的耐腐蚀性和塑性，但纯铜的硬度和强度较低。

我国工业纯铜的代号用"T"加"顺序号"的格式表示，有 T1、T2、T3、T4 等 4 种。其中 T1 中所含的杂质最少，T4 中所含的杂质最多。

纯铜在汽车上的应用主要有两方面，一是利用其导电性，制造电线、电缆和电路接头等电气元件；二是利用其导热性，制造散热器等导热元件。此外，纯铜还可用于制作气缸垫，进、排气管垫，轴承衬垫和各种管接头等。

（2）铜合金　由于纯铜价格较高、强度低，一般不宜用作结构件。在工程上应用较多的往往是在纯铜中加入合金元素后形成的铜合金。常用铜合金有黄铜和青铜两大类。

① 黄铜。黄铜是以锌为主要添加元素的铜合金。按其化学成分的不同，黄铜可分为普通黄铜和特殊黄铜两类。

普通黄铜是由铜和锌两种元素组成的合金。普通黄铜具有良好的耐腐蚀性和压力加工性能，其含锌量一般在 35%～40%，具有一定的塑性和强度。

特殊黄铜是在普通黄铜中加入铝、硅、锰、锡、铅等合金元素而形成的合金，按其所加元素的不同，特殊黄铜可分为铝黄铜、硅黄铜、锰黄铜、锡黄铜、铅黄铜等。

② 青铜。青铜是指黄铜和白铜（即铜镍合金）以外的铜合金。按其化学成分的不同，青铜可分为锡青铜和特殊青铜两类；按其加工方法的不同，又可分为压力加工青铜和铸造青铜两类。

锡青铜是以锡为主要添加元素的铜合金，工业用锡青铜的含锡量一般超过 14%，锡青铜具有较高的强度和硬度、良好的耐腐蚀性和铸造性能，特别适合铸造形状复杂、壁较厚的铸件，如青铜器工艺品等。锡青铜在汽车上主要用于制造发动机摇臂衬套、连杆衬套等。

特殊青铜又称为无锡青铜，是以铝、铅、硅、铍、锰等元素替代锡作为添加元素而组成的铜合金，按所加元素的不同，特殊青铜可分为铝青铜、铅青铜、硅青铜、铍青铜、锰青铜等。

（3）常用铜合金在汽车上的应用　常用铜合金在汽车上的应用见表 11-3。

**表 11-3　常用铜合金在汽车上的应用**

| 类别 | 牌号（代号） | 应用举例 |
| --- | --- | --- |
| 黄铜 | H62 | 水箱进、出水管，水箱盖，水箱加水口，水箱座及支架，散热器进出水管等 |
| | H68 | 水箱储水室、水箱夹片、水箱本体、散热器主片等 |
| | H90 | 排气管热密封圈外壳、水箱本体、散热器散热管及冷却管等 |
| | HPb59-1 | 化油器零件、制动阀阀座、储气筒放水阀本体及安全阀座等 |
| | HSn90-1 | 转向节衬套、行星齿轮及半轴齿轮支承垫圈等 |
| 青铜 | QSn4-4-2.5 | 活塞销衬套、发动机摇臂衬套等 |
| | QSn3-1 | 水箱出水阀弹簧、空气压缩机松压阀阀套、车门铰链衬套等 |
| | ZCuSn5Pn5Zn5 | 机油滤清器上、下轴承等 |
| | ZCuPb30 | 曲轴轴瓦、曲轴止推垫圈等 |

## 11.2.3　滑动轴承合金

滑动轴承是一种重要的机械元件，由于具有承压面积大、工作平稳、噪声小等特点，因此在高速重载的场合被广泛地使用。如汽车发动机中的曲轴轴承、连杆轴承、凸轮轴轴承等都采用了滑动轴承。滑动轴承中直接与轴颈接触的是轴瓦，轴瓦通常由双层金属组成。双金属轴瓦的结构示意，如图 11-7 所示。用于制造滑动轴承轴瓦内衬的合金称为滑动轴承合金。

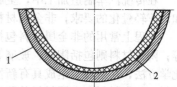

图 11-7　双金属轴瓦的结构示意
1—钢背（低碳钢）；
2—内衬（滑动轴承合金）

按其化学成分的不同，常用滑动轴承合金可分为锡基、铅基、铝基和铜基滑动轴承合金等。锡基、铅基轴承合金又称为巴氏轴承合金。其中锡基、铅基滑动轴承合金属于软基体硬质点的轴承合金，而铝基、铜基滑动轴承合金属于硬基体软质点的轴承合金。

## 11.2.4　汽车新型合金材料

随着材料科学和汽车制造技术的发展，除了铝及铝合金、铜及铜合金等有色金属在汽车上得到大量应用外，镁及镁合金、锌及锌合金、钛及钛合金以及粉末合金等新型合金材料在汽车上也得到了应用。

（1）镁及镁合金　镁的密度为 $1.74 \times 10^3 \mathrm{kg/m^3}$，不到铝密度的 2/3，是金属结构材料中密度最小的。纯镁的强度低，镁合金经热处理后强度有所提高。镁的熔点低，铸造性能好，回收利用性也较好。但是镁的塑性较差，压力加工性、耐热性和耐腐蚀性差，并且其价格比铝贵。

镁合金和铝合金一样可分为形变镁合金和铸造镁合金。在汽车上除少量镁板或镁型材等形变镁合金外，一般都使用铸造镁合金。

目前，镁合金作为汽车轻量化材料，在汽车上的应用明显不如铝合金普遍。但是，随着镁合金性能的改进；在汽车工业中的应用正在逐渐扩大，如汽车发动机中的气缸体、曲轴箱、汽油滤清器壳体、空气滤清器壳体、进气歧管和风扇叶片等都有用镁合金制造的；又如，汽车底盘中的离合器壳、变速器壳、转向盘柱和转向器壳等也有用镁合金制造的。此外，镁合金还应用于制造车身装饰框、车门铰链、仪表板和挡泥板支架等。

（2）锌及锌合金　锌的密度为 $7.1 \times 10^3 kg/m^3$。锌合金的强度比较高，铸造性能好，价格也不贵，但其塑性较低，耐热性、耐腐蚀性和焊接性能较差。锌合金主要用于铸造受力不大而形状复杂的小型结构件和装饰件，在汽车上可用于制造汽油泵壳、机油泵壳、变速器壳、车门手柄、雨刮器、安全带扣和内饰件等。

（3）钛及钛合金　钛呈银白色，密度为 $4.5 \times 10^3 kg/m^3$，熔点高达 1700℃，是一种高熔点的轻金属。纯钛的强度与碳素结构钢相当，耐腐蚀性与铬镍不锈钢相当，韧性与钢铁相当，钛合金的比强度极高，耐腐蚀性好，并且高温和低温性能都很好，但其加工困难，成本高。钛合金在航空和航天工业中应用普遍，目前在汽车上也得到了应用，通常可用于制造发动机连杆、曲轴、气门、气门弹簧和悬架弹簧等。

（4）粉末合金　粉末合金是由几种金属粉末或金属与非金属粉末压制成型，再经高温烧结而成的材料，粉末合金的冶炼、制取工艺称为粉末冶金。粉末冶金是一种新型的技术，能在完成金属材料冶炼的同时，获得形状大小合乎要求的机械零件。因此，粉末冶金既是一种制取金属材料的冶金方法，也是制造机械零件的加工方法。粉末冶金获得的粉末合金零件只需少量切削或不必切削，不仅能节约材料、简化加工，而且能获得传统材料所不具备的某些特殊性能。

粉末合金零件在汽车上已得到广泛应用，国外粉末合金产品 60% 以上都用于汽车制造。粉末合金零件微孔多，能吸收、储存润滑油；其硬度高，耐磨性好且强度较高，可用于制造气门导管、离合器衬套、轮毂油封外圈、机油泵齿轮、曲轴带轮、水泵叶轮、正时齿形轮等；粉末合金也可用来替代传统的石棉制品，用于制作汽车制动片、离合器摩擦片材料，以满足环保的要求；粉末合金还能达到传统材料难以达到的耐高温和耐高压性能，可用于制作现代汽车的过滤元件和消声元件等。总之，粉末合金在汽车零部件上的应用正在进一步扩大。

# 11.3　报废汽车非金属材料的分类检验与利用

在传统汽车制造加工中，金属材料一直占据主导地位。但近年来，随着非金属材料的迅猛发展和汽车轻量化的要求，非金属材料已越来越多地应用在汽车上。

工程上常用的非金属材料包括高分子材料、陶瓷材料和复合材料。高分子材料涵盖塑料、橡胶等；陶瓷材料则包括陶瓷、玻璃等；复合材料则是由两种或两种以上不同性质的材料，通过物理或化学方法，在宏观上组成具有新性能的材料，其中工程用复合材料以非金属复合材料为主。高分子材料、陶瓷材料和金属材料并称为三大工程材料，而复合材料则是一种新兴的、具有广阔发展前景的工程材料。

## 11.3.1　塑料

随着塑料性能的不断改进，塑料在汽车上除了广泛地应用于制作各种内装饰件外，现在已可用来替代部分金属材料，制造某些结构零件、功能零件和外装饰件。这样不仅可以满足某些汽车零部件的特殊性能要求，还符合汽车轻量化的要求。

（1）塑料的组成　塑料是以合成树脂为主要原料，并加入某些添加剂而制成的高分子材料。塑料在一定的温度和压力下，能塑造出各种形状的制品。

① 合成树脂。合成树脂是从煤、石油和天然气中提炼出来的高分子化合物，合成树脂是塑料的基本成分，其种类、性质和含量决定了塑料的性能。塑料的名称大多是以合成树脂的名称来命名

的。合成树脂的种类很多，常用的有酚醛树脂、环氧树脂、聚酯树脂、有机硅树脂、聚氯乙烯和聚苯乙烯等。

② 添加剂。大多数塑料都在合成树脂中加入添加剂，以改善塑料的性能，添加剂的种类有很多，按其改善性能的目的不同，主要有填充剂、增塑剂、稳定剂、固化剂、润滑剂、抗静电剂、阻燃剂和着色剂等。

(2) 塑料的分类　塑料的种类有很多，一般可以按以下两种方法分类。

① 按塑料的热性能和成型特点分，可分为热塑性塑料和热固性塑料。

凡能受热软化、冷却后硬化，且此过程可多次反复进行的塑料称为热塑性塑料。这类塑料成型加工方便，废旧塑料可回收使用。但其耐热性相对较差，容易变形。常用的热塑性塑料有聚乙烯、聚丙烯、聚氯乙烯、ABS 塑料、聚甲醛、聚酰胺和有机玻璃（PMMA）等。

凡一次加热成型后，不能再通过加热使其软化、熔融的塑料称为热固性塑料。这类塑料耐热性好，不易变形，但生产周期长，废旧塑料不能回收使用。热固性塑料主要有酚醛塑料、氨基塑料和环氧塑料等。

② 按塑料的用途分，可分为通用塑料和工程塑料。

通用塑料是指用于制造日常用品、农用品等的塑料。这类塑料产量大，成本低，应用广泛。常见的通用塑料主要有聚乙烯、聚氯乙烯、聚苯乙烯、聚丙烯等。

工程塑料是指用于制造工程构件和机械零件的塑料。这类塑料强度、刚度较高，韧性、耐热性、耐腐蚀性较好，可用来替代金属材料制造机械结构件。工程塑料主要有聚酰胺、聚甲醛、聚碳酸酯和 ABS 塑料等。但在实际应用中，工程塑料和通用塑料的区分并无严格的界限。

(3) 塑料的主要特性　塑料和其他材料相比较，具有许多独特的物理、化学和力学性能，其主要特性如下。

① 密度小。塑料的密度在 $0.82 \times 10^3 \sim 2.29 \times 10^3 kg/m^3$，仅为钢密度的 1/8～1/4、铝密度的 1/2。因此，塑料用作汽车零部件材料，可减轻汽车质量。

② 比强度高。比强度即单位质量的强度。虽然塑料的比强度比金属材料低得多，但塑料的密度小，单位面积的质量轻，因此相同质量的构件，塑料的比强度高。

③ 耐腐蚀性好。塑料对酸、碱、盐等溶液具有良好的抗腐蚀能力，可长期在潮湿或腐蚀环境下工作。

④ 绝缘性好。塑料是良好的绝缘体，其绝缘性能与陶瓷相当。

⑤ 吸振和消声性能好，塑料大多具有良好的吸振和消声性能，用于制作机械零件可大大减少振动和噪声。

⑥ 耐磨和减摩性能优良，一些塑料的摩擦系数小，耐磨性好，自润滑性能良好，可用作轴承材料或其他耐磨材料。

此外，塑料还具有易于加工成型、绝热性好的特性。但是，塑料的热膨胀系数大，力学性能、耐热性较差，一般只能在100℃以下工作；同时，塑料还有易老化、易燃烧等缺点。

(4) 塑料在汽车上的应用　塑料在汽车上的应用越来越多，常用作内、外装饰件和结构零件等，目前塑料在轿车上的用量占全车质量的 9% 左右。常用塑料的主要特性及其在汽车上的应用，见表 11-4。

表 11-4　常用塑料的主要特性及其在汽车上的应用

| 种类 | | 主要特性 | 应用举例 |
|---|---|---|---|
| 热塑性塑料 | 低压聚乙烯 | 强度高,耐磨性、耐高温性、耐腐蚀性和绝缘性较好 | 汽油箱、挡泥板、门窗嵌条、保险杠等 |
| | 聚酰胺(尼龙) | 韧性好,强度高,耐磨性、耐疲劳性、耐油性等综合性能好,但吸水性和收缩率大 | 车窗摇柄、风扇叶片、里程表齿轮、衬套等 |
| | 聚甲醛 | 综合力学性能优良,尺寸稳定性好,耐磨性、耐油性、耐老化性好,吸水性小 | 半轴齿轮和行星齿轮垫片、汽油泵壳、转向节衬套等 |
| | ABS 塑料 | 综合力学性能优良,耐热性、耐腐蚀性、尺寸稳定性好,易于加工成型 | 方向盘、仪表板、挡泥板、行李箱等 |

续表

| 种类 | | 主要特性 | 应用举例 |
|---|---|---|---|
| 热塑性塑料 | 聚四氟乙烯 | 化学稳定性优良,耐腐蚀性极高,摩擦系数小,耐高温性、耐寒性和绝缘性好 | 各种密封圈、垫片等 |
| | 有机玻璃(PMMA) | 透明度高,耐腐蚀性、绝缘性好,有一定的力学性能,但耐磨性差 | 油标尺、灯罩等 |
| | 聚苯醚 | 抗冲击性能优良,耐磨性、绝缘性、耐热性好,吸水率低,尺寸稳定性好但耐老化性差 | 小齿轮、轴承、水泵零件等 |
| | 聚酰亚胺 | 耐高温性能好、强度高、综合性能优良、耐磨性和自润(滑)性好 | 正时齿形轮、冷却系统和液压系统密封垫圈等 |
| 热固性塑料 | 酚醛塑料 | 耐热性、绝缘性、化学稳定性、尺寸稳定性等性能优于热塑性塑料,但质地较脆,抗冲击性差 | 分电盘盖、分火头、制动摩擦片和离合器摩擦片等 |
| | 环氧塑料 | 强度较高、韧性较好、收缩率低,绝缘性、化学稳定性、耐腐蚀性好 | 塑料量具、模具,电气和电子元件的密封等 |

（5）报废汽车塑料的回收再利用　从现代汽车使用的材料看，无论是外装饰件、内装饰件，还是功能与结构件，到处都可以看到塑料制件的影子。外装饰件主要部件有保险杠、挡泥板、车轮罩、导流板等；内装饰件的主要部件有仪表板、车门内板、副仪表板、杂物箱盖、座椅、后护板等；功能与结构件主要有油箱、散热器水箱、空气过滤器罩、风扇叶片等。采用塑料制造汽车部件的最大好处是减轻了汽车质量，提高了汽车某些部件的性能。但塑料是一种不易自燃且难以分解的物质，有些改性后的塑料材料使用寿命更长。若是通过焚烧的方式来处理会造成严重的大气污染。

汽车是有报废年限的，随着全世界汽车保有量的增加，每年从汽车上拆解下来的废塑料数量也在增加。目前，国内主要是采用焚烧以利用热能的方式来处理汽车废旧塑料件，并通过一定的清洁装置，将不能利用的废气和废渣进行清洁处理。

实际上，提高材料的综合应用技术，科学地进行汽车部件的选材尤其是新产品的选材是汽车废旧塑料回收和再生利用的基础。统一汽车塑料材料的选择标准，便于将来报废后的分类回收和整体利用。在国外已开始倡导材料综合应用的观念，充分提高材料的再利用率，并将其应用于汽车塑料材料及制品的设计与生产实践。例如，德国宝马汽车公司为尽量避免使废塑料进入粉碎屑中，采取了在车体压碎前将塑料部件从车体上拆下来，并单独回收利用的方法。宝马系列车型可回收塑料件分解图，如图11-8所示。

图 11-8　宝马汽车可回收塑料件分解图

## 11.3.2 橡胶

橡胶是一种高分子材料，橡胶在汽车工业中的应用十分广泛，许多汽车零部件如轮胎、风扇皮带、胶管、制动皮碗和缓冲垫等，都采用橡胶制造。

（1）橡胶的组成和分类　橡胶是以生橡胶为主要原料，加入各种适量的配合剂制成的。

① 生橡胶。生橡胶简称生胶，是橡胶的主要原料。按其来源不同，可分为天然橡胶和合成橡胶两大类。

a. 天然橡胶。天然橡胶是从橡胶树上采集的胶乳经凝固、干燥、混炼加工而成的高分子材料，天然橡胶是一种综合性能优良的高弹性材料。

b. 合成橡胶。合成橡胶是以石油、天然气和煤等为原料，通过化学合成的方法制成的与天然橡胶性质相似的高分子材料。合成橡胶的原料来源丰富，成本低廉，其品种和数量较多，产量已超过天然橡胶。按其性能和用途不同，可分为通用橡胶和特种橡胶两大类。

通用橡胶的性能与天然橡胶相似，物理和加工性能较好，如丁苯橡胶、顺丁橡胶、异戊橡胶等。特种橡胶是指具有耐热、耐寒、耐油和耐化学腐蚀等特殊性能的橡胶，如硅橡胶、氟橡胶、聚氨酯橡胶等。

② 配合剂。配合剂是为了提高和改善橡胶制品性能而加入的化学原料，主要有硫化剂、硫化促进剂、补强剂、软化剂和防老化剂等。

（2）橡胶的主要特性

① 极高的弹性。橡胶具有独特的高弹性，其延伸率可高达500%～600%。橡胶在开始受力时会产生很大的形变，但随着外力的增加，橡胶又具有很强的抗形变能力，外力去除后又能恢复原形。因此，橡胶可作为弹性减振材料。例如，橡胶制成的汽车轮胎在汽车行驶时，能承受强烈的弯曲变形，并有效缓冲减振。

② 良好的加工性。橡胶在特定温度和压力下，可以失去部分弹性而易于加工成不同形状和尺寸的制品，这一过程称为橡胶的加工性。加工后的橡胶制品在常温时又能恢复其弹性。

③ 良好的黏着性。黏着性是指橡胶与其他材料紧密结合而不易分离的能力。橡胶特别擅长与毛、棉、尼龙（聚酰胺）等纤维材料牢固地黏结在一起。例如，汽车轮胎正是通过橡胶与轮胎帘线的牢固黏结，增强了轮胎的抗冲击、抗振动性能。

④ 良好的绝缘性。橡胶大多具有优良的绝缘性能，是电线、电缆和电气设备中不可或缺的绝缘材料。

此外，橡胶还具备优良的耐腐蚀性、密封性和耐寒性等特点。然而，橡胶的导热性能较差，抗拉强度相对较低，且容易老化。橡胶老化是指随时间推移，橡胶出现变色、发黏、变硬、变脆及龟裂等现象。为延缓橡胶老化，延长橡胶制品的使用寿命，在使用过程中应避免与酸、碱、油及有机溶剂接触，并尽量减少受热、日晒和雨淋等不利因素的影响。

（3）橡胶在汽车上的应用　橡胶是在汽车上得到应用的一种重要材料，也是其他材料所无法替代的。现代轿车中橡胶的用量约占轿车总质量的3%～6%，其中用量最大的是轮胎，约占轿车中橡胶件总质量的70%，橡胶在汽车上除了用于制造轮胎外，还可用于制造各种胶管、胶带、减振件和密封件。常用橡胶的主要特性及其在汽车上的应用见表11-5。

表 11-5　常用橡胶的主要特性及其在汽车上的应用

| 种类 | 主要特性 | 应用举例 |
|---|---|---|
| 天然橡胶 | 强度较高，耐磨性、抗撕裂性、耐寒性、气密性和加工性能良好，但耐高温性、耐油性较差，易老化 | 轮胎、胶带、胶管和通用橡胶制品等 |
| 丁苯橡胶 | 耐磨性优良，耐老化性、耐热性优于天然橡胶，力学性能和天然橡胶相近，但加工性能和黏着性较天然橡胶差 | 轮胎、胶带、胶管、摩擦片和通用橡胶制品等 |
| 氯丁橡胶 | 力学性能良好，耐老化性、耐腐蚀性、耐热性、耐油性较好，但密度大，绝缘性、耐寒性较差，加工时易黏结 | 胶带、胶管、电线护套、模压制品和汽车门窗嵌条等 |

| 种类 | 主要特性 | 应用举例 |
|---|---|---|
| 丁基橡胶 | 气密性好，吸振能力强，化学稳定性、耐老化性、耐气候性、耐酸性、耐碱性良好，但耐油性、加工性能较差 | 轮胎内胎、胶管、电线护套和减振元件 |
| 丁腈橡胶 | 优良的耐油性、耐热性、耐磨性、耐老化性，气密性较好，但耐寒性、绝缘性较差 | 油封、油管、制动皮碗和密封圈等耐油元件 |

（4）报废汽车橡胶再生利用

① 废旧轮胎翻新。翻新是利用废旧轮胎的主要和最佳方式。传统的轮胎翻新方法是将混合胶黏结在经磨锉后的轮胎胎体上，然后放入固定尺寸的钢质模型内，经过温度高达150℃硫化的加工方法，俗称"热翻新"或"热硫化法"。

② 废旧车胎制胶粉。通过机械方式将废旧轮胎粉碎后得到的粉末状物质就是胶粉，其生产工艺有常温粉碎法、低温冷冻粉碎法、水冲击法等。与再生胶相比，胶粉不必脱硫，所以生产过程耗费能源较少，工艺较再生胶简单得多，降低环境污染，而且胶粉性能优异，用途广泛。通过生产胶粉来回收废旧轮胎是集环保与资源再利用于一体的很有前途的方法。

胶粉有许多重要用途，譬如掺入胶料中可代替部分生胶，降低产品成本；活化胶粉或改性胶粉可用来制造各种橡胶制品（汽车轮胎、汽车配件、运输带、挡泥板、防尘罩、鞋底和鞋芯、弹性砖、圈和垫等）；与沥青或水泥混合，用于公路建设和房屋建筑；与塑料并用可制作防水卷材、农用节水渗灌管、消声板和地板、水管和油管、包装材料、框架、周转箱等。

③ 废旧轮胎用于建筑材料。近年来，废旧轮胎在土木（岩土）工程中的应用逐步增加，在土木（岩土）工程中使用碎轮胎的益处是碎轮胎的单位体积重量只是常用回填土的三分之一，因而用其作填料所产生的上覆压力要比泥土回填材料所产生的压力小得多。这对软弱地基而言，将会明显地减少沉降，增强整体稳定性，且大幅降低挡土结构的造价。

④ 原形改制。原形改制是通过捆绑、裁剪、冲切等方式，将废旧轮胎改造成有利用价值的物品。最常见的是用作码头和船舶的护舷、沉入海底充当人工渔礁、用作航标灯的漂浮灯塔等。原形改制是一种非常有价值的回收利用方法，但该方法消耗的废旧轮胎量并不大，所以只能作为一种辅助途径。

⑤ 热能利用。废旧轮胎是一种高热值材料，其每千克的发热量远超木材、烟煤和焦炭。将废旧轮胎作为燃料使用，有多种途径。直接燃烧虽简单但污染大，而将其破碎后与可燃废弃物混合制成固体垃圾燃料，则是一种更为环保的选择。在制备过程中，获得的炭黑经活化后还能作为补强剂再用于橡胶制品生产。热能利用是目前废旧轮胎综合利用的主要方向，它方便、简洁且设备投资少。

⑥ 再生胶。通过化学方法使废旧轮胎橡胶脱硫，得到的再生橡胶是综合利用废旧轮胎的一种古老而重要的方法。目前，动态脱硫法、常温再生法等多种技术被用于再生胶的生产，但需要注意其环境影响。

⑦ 热分解。热分解技术利用高温将废旧轮胎分解为油类产物、可燃气体和碳粉。这些产物具有广泛的应用价值：油类产物与商业燃油特性相近，可直接燃烧或混合使用；可燃气体主要由氢和甲烷组成，是优质的燃料；碳粉则可用于橡胶加工或制成特种吸附剂，对水中污物具有强滤清作用。热分解技术以其高效性和灵活性，在废旧轮胎的综合利用中占据重要地位。

## 11.3.3 其他非金属材料

应用于汽车上的非金属材料除塑料、橡胶等高分子材料外，还有陶瓷材料和复合材料。陶瓷材料不仅包括传统的由天然硅酸盐矿物生产的硅酸盐材料（如陶瓷），还指新型的特种陶瓷材料。工程用复合材料主要以非金属复合材料为主。玻璃是汽车上常用的且不可缺少的材料，而作为汽车新材料的陶瓷材料和复合材料在汽车上得到了越来越多的应用。

（1）玻璃 玻璃是由二氧化硅和各种金属氧化物组成的无机化合物，是由石英等硅酸盐矿物材料经过配料、熔制而成的。

玻璃具有透明、隔音、隔热等特性及良好的化学稳定性，并且原料丰富，生产简单。玻璃不仅是日常生活中常用的材料，在汽车上也是一种重要材料。玻璃在汽车上主要用于车窗、挡风玻璃等。常用的玻璃主要有普通平板玻璃、钢化玻璃和夹层玻璃等，普通平板玻璃强度低，破碎后容易伤人，不宜作为汽车用玻璃。汽车玻璃普遍采用钢化玻璃、夹层玻璃等安全玻璃。

① 钢化玻璃。钢化玻璃是由普通玻璃经一定的热处理后制成的。钢化玻璃的抗弯强度高，冲击韧性较高，而且在受到冲撞时，冲撞点处的玻璃一旦破碎，整个玻璃就像雪崩般破碎，形成不锋利的颗粒碎片，这样对人体的伤害大为减小，同时也可避免人体冲撞到玻璃。

普通钢化玻璃也有缺点，就是在汽车行驶时若遇事故，挡风玻璃呈蜘蛛网状全面破碎，严重阻挡驾驶员的视线，从而容易引起二次事故。新型的区域钢化玻璃，弥补了上述缺点，在驾驶员视线范围内的玻璃经过特殊处理，能够控制碎片的形状和大小，从而保证不影响驾驶员的视线。

② 夹层玻璃。夹层玻璃是在两张或两张以上的玻璃中间夹上一层有弹性的透明安全膜，经热压制成的，这种玻璃具有较高的强度，同时由于具有夹层安全膜，玻璃受冲撞破碎后呈辐射状碎裂，但仍能黏结在安全膜上。这样既避免了玻璃碎片脱落伤人，又能抑制对乘客头部的冲撞，具有很高的安全性。夹层玻璃属于高级的安全玻璃，目前大多应用于高级轿车上。

此外，现代汽车用玻璃正向轻量化、绝热、安全和多功能的方向发展。

③ 报废汽车玻璃回收再利用。汽车玻璃主要来自灯、反射镜和驾驶室前、后挡风玻璃等。汽车废玻璃回收一般都是采用手工拆卸，汽车废玻璃的回收再利用方式主要如下。

a. 原形利用，也称原型利用，即回收后直接用于原设计目的。

b. 异形利用，也称转型利用，是将回收的玻璃直接加工，转化为其他用途的原料。这种利用方式分为两类：一种是加热方式利用；另一种是非加热方式利用。

加热方式利用是将废玻璃粉碎后，用高温熔化炉将其熔化，再用快速拉丝的方法制得玻璃纤维。这种玻璃纤维可广泛用于制造石棉瓦、玻璃钢及各种建材与日常用品。

非加热方式利用是根据使用情况直接粉碎或先将回收的破旧玻璃经过清洗、分类、干燥等预处理，然后采用机械的方法将其粉碎成小颗粒，或研磨加工成小玻璃球待用。

(2) 陶瓷　陶瓷是以天然或合成的化合物为原料，经原料处理、成型、干燥、烧结而成的一种无机非金属材料。陶瓷不仅仅是指制作日用器皿的传统陶瓷材料，近年来随着陶瓷性能的不断改进，已发展成为金属材料和高分子材料以外的第三大类工程材料。陶瓷材料具有耐高温、耐腐蚀性、耐磨性好，抗拉强度高等特点，目前在汽车上得到了越来越多的应用。在汽车上应用的陶瓷材料主要有普通陶瓷、工程陶瓷和功能陶瓷。

① 普通陶瓷。普通陶瓷是用黏土、石英或长石等天然硅酸盐材料（含 $SiO_2$ 化合物）为原料，经过配制、烧结而制成的。这类陶瓷质地坚硬，耐腐蚀性好，不导电，易于加工成型，是应用广泛的传统材料。日用陶瓷、建筑陶瓷和化工陶瓷等一般都属于这类普通陶瓷，汽车上的发动机火花塞就是由普通陶瓷制成的。

② 工程陶瓷。工程陶瓷是指具有优良的物理、化学和力学性能的陶瓷，是以氧化铝、氧化硅、碳化硅或氧化硼等化合物为原料经过配制、烧结而制成的。工程陶瓷作为一种新型的高强度、高硬度、高耐热性、高耐磨性和高耐腐蚀性材料，在汽车上也具有广阔的应用前景。目前工程陶瓷已应用于燃气涡轮机零件、柴油机喷嘴、气门零件和活塞等。

③ 功能陶瓷。功能陶瓷是指具有特殊的介电性、压电性、导电性、透气性和磁性等性能的陶瓷材料，在汽车上主要用于各种电子设备的传感器、导电材料和显示元件等。

(3) 复合材料　复合材料是新发展起来的一种工程材料，是由两种或两种以上性质不同的金属材料或非金属材料通过人工复合而制成的。广义复合材料应用的历史悠久，如建筑用的稻草黏土泥墙和钢筋混凝土等。复合材料作为一种新型工程材料，是从 20 世纪 40 年代开始使用玻璃纤维增强塑料（玻璃钢）后发展起来的，复合材料首先主要应用在航空、航天工业中，近年来随着汽车轻量化和高性能的发展趋势，在汽车上的应用开始日益增多。

① 玻璃纤维增强塑料。玻璃纤维增强塑料又称为玻璃钢，是 20 世纪 40 年代开始发展起来的

一种工程材料，是以玻璃纤维作为增强材料，以工程塑料作为基体材料制成的复合材料。玻璃纤维柔软如丝，但抗拉强度却比高强度钢高两倍，并且制取方便，价格低廉。玻璃纤维增强塑料的强度、抗疲劳性、韧性都比塑料大大提高，比强度高于铝合金，耐腐蚀性、隔热性好，且成型工艺简单，成本低。玻璃纤维增强塑料用作汽车零部件材料，可减轻汽车的自重，提高汽车的性能，目前在汽车上常用于仪表板、发动机罩、行李箱盖、挡泥板的制造。

② 碳纤维增强塑料。碳纤维增强塑料是 20 世纪 60 年代开始发展起来的一种新型工程材料，是以碳纤维为增强材料，以工程塑料为基体材料制成的复合材料。由于碳纤维比玻璃纤维具有更高的强度和刚性，且具有良好的耐疲劳性能，是比较理想的增强材料。碳纤维增强塑料强度与钢相近，化学稳定性好，摩擦系数小，自润性、耐热性好，其综合性能优于玻璃钢，主要用作航天工业材料，在汽车上应用于传动轴、钢板弹簧、保险杠、配气机构挺杆等结构件。

此外，还有纤维增强金属、纤维增强陶瓷等复合材料在汽车上也得到了开发和应用。随着对复合材料进行不断深入的研究，碳纤维在汽车上的应用将越来越多。

# 11.4 汽车可回收利用性

## 11.4.1 绿色设计简介

### 11.4.1.1 绿色设计概念及内容

(1) 绿色设计概念　绿色设计是将保护环境的措施和预防污染的方法应用于产品的设计，其目的是使产品在全寿命周期内对自然环境的影响最小。即从产品的概念形成、设计制造、使用维修、报废回收、再生利用以及无害化处理等各个阶段，要达到保护自然生态、防止污染环境、节约原料资源和减少能源消耗的目的。具体地讲，绿色设计就是在产品整个生命周期内，将产品的环境影响、资源利用及可再生等属性同时作为产品设计目标，在保证产品应有的基本功能、使用寿命和周期费用最优的前提下，满足环境设计要求。

(2) 绿色设计内容　绿色设计是在设计、制造、使用、回收和再生利用等产品生命周期各阶段综合考虑环境特性和资源利用效率的先进设计理念和方法。绿色设计要求在产品的功能、质量和成本基本不变的前提下，系统地考虑产品在生命周期的各项活动对环境的影响，使得产品在整个生命周期中对环境的负面影响最小，资源利用率最高。绿色设计的主要内容包括如下。

① 产品描述与建模。为了准确、全面地描述绿色产品，建立系统的绿色产品评价模型是绿色设计的关键。

② 材料选择与管理。绿色设计的选材不仅要考虑产品的使用条件和性能，还要考虑环境约束准则，同时必须了解材料对环境的影响，选用无毒、无污染材料及易回收、可重复利用、易降解材料。

除合理选材外，同时还应加强材料管理。绿色产品设计的材料管理包括两方面内容：一方面不能把含有有害成分与无害成分的材料混放在一起；另一方面，达到寿命周期的产品，有用部分要充分回收利用，不可用部分要采用一定的工艺方法进行处理，使其对环境的影响降到最低程度。

③ 可回收性设计。在产品设计初期，应充分考虑其零件材料的可回收性、回收价值、回收方法、可回收结构及拆解工艺性等一系列与回收相关的问题，最终达到零件材料资源、能源的最大利用，对环境污染最小的目的。

④ 可拆解性设计。在产品设计初级阶段，应将可拆解性作为设计的评价准则，使所设计的结构易于拆卸和便于维护，并在产品报废后再使用可用部分，以便充分有效地回收和利用，从而达到节约资源、能源和保护环境的目的。可拆解性要求在产品结构设计时，改变了传统的连接方式，使用易于拆解的连接方式。可拆解结构设计有两种方式，即基于典型构造模式的可拆解性设计和计算机辅助的可拆解性设计。

⑤ 产品包装设计。绿色包装已成为产品整体绿色特性的一个重要内容。绿色包装设计的内容包括：优化包装方案和包装结构，选用易处理、可降解、可回收利用或可再利用的包装材料。

⑥ 技术经济分析。在产品设计时就必须考虑产品的回收、拆解及再利用等技术性能；同时，也必须考虑相应的生产费用、环境成本及其经济效益等。

⑦ 数据库建立。数据库是绿色产品设计的基础，应包括产品寿命周期中与环境、经济等有关的一切数据。如材料成分，各种材料对环境的影响值，材料自然降解周期，人工降解时间与费用，制造、装配、销售和使用过程中，所产生的附加物数量及对环境的影响值，环境评估准则所需的各种判断标准等。

#### 11.4.1.2　绿色设计的特点与原则

(1) 绿色设计特点　绿色设计源于人们对发达国家工业化过程中，对资源浪费和环境污染的反思以及对生态规律认识的深化，是传统设计理论与方法的发展与创新。

在产品绿色设计时，必须按环境保护的要求选用合理的材料和合适的结构，以利于产品的回收、拆解及材料再利用；在制造和使用过程中，应能实现清洁生产、绿色使用并对环境无危害；在回收和资源化时，保证产品的回收率，使废弃物最少并可进行无害化处理等。

绿色设计在产品整个寿命周期中将其对环境的影响作为设计要求，即在概念设计及初步设计阶段，就充分考虑产品在制造、销售、使用及报废后对环境的各种影响。通过相关设计人员的密切合作、信息共享，运用环境评价准则约束制造、装配、拆解和回收等过程，并使之具有良好的经济性。

绿色设计涉及机械设计理论与制造工艺、材料学、管理学、环境学和社会学等学科门类的理论知识和技术方法，具有多学科交叉的特性。绿色设计是一种综合了面向对象技术、并行工程、寿命周期设计的系统设计方法，也是集产品的质量、功能、寿命和环境为一体的系统设计。绿色设计系统简图如图 11-9 所示。

绿色设计与传统设计的根本区别在于：绿色设计要求设计人员在设计构思阶段就把降低能耗、易于拆解、再利用和保护生态环境与保证产品的性能、品质、寿命和成本的要求列为同等重要的设计要求，并保证在产品生产过程中能够顺利实施。

(2) 绿色设计原则　绿色设计把减量化、再利用和再循环作为基本原则，这些原则按照从高到低的优先级排列。

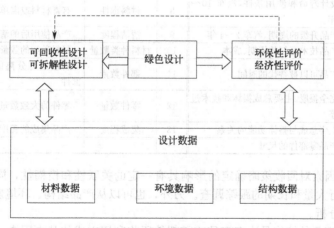

图 11-9　绿色设计系统简图

减少资源使用是绿色设计最经济和最有效的选择，即从产品生产的源头采取措施，尽量减少资源的使用。但是，资源的节约并不是不消耗资源，而是物尽其用。资源高效利用和再生利用的实质是在生产活动中尽量应用智力资源来强化对物质资源的替代。

尽量利用可用零部件或者经过再制造的零部件进行设计，其中模块化设计是常用的设计方法。模块化设计在一定范围内对不同功能或相同功能的不同性能、不同规格的产品进行功能分析，划分并设计出一系列功能模块。通过模块的选择和组合构成不同产品，满足不同需求，既可以解决产品品种规格和生产成本之间的矛盾、方便维修，又有利于产品的更新换代和废弃后的回收与拆解。

绿色设计选择资源再利用模式，在保证自然资源利用和环境容量生态化的前提下，尽可能延长产品使用周期，把废弃产品变为可以利用的再生资源，使资源的价值在循环利用过程中得到充分发挥，并且把生产活动对自然环境的影响降低到尽可能小的程度。

## 11.4.2 汽车可回收利用性分析

### 11.4.2.1 产品回收利用方式

（1）回收利用方式分类 根据回收处理方式，废旧汽车零部件可分为以下类型。

① 再使用件。经过检测确认合格后可直接使用的零部件。同一辆汽车的所有零部件不可能达到同等设计寿命。当汽车报废时总有一部分零部件性能完好，因此既可以作为维修配件，也可作为再生产品制造时的零部件。

② 再制造件。通过采用包括表面工程技术在内的各种新技术、新工艺，实施再制造加工或升级改造，制成性能等同或者高于原产品的零部件。

③ 再利用件。无法修复或再制造不经济时，通过循环再生加工成为原材料的零部件。

④ 能量回收件。以能量回收方式被再次利用的零部件。

⑤ 废弃处置件。无法再使用、再制造和再循环利用时，通过填埋等措施进行处理的零部件。

废旧汽车回收利用的基本方式可分为：再使用、再制造、再利用及能量回收等方式。

（2）回收利用方式选择 产品回收方式的选择即产品回收策略的确定，是指产品报废时对产品整体或零部件采取的回收利用途径。根据产品的设计目标、结构特点和使用情况，为获得最大的回收利用效益应采用不同的回收策略。无论是新产品设计还是废旧产品回收，都应进行回收利用方式分析。对于新设计产品，主要是为了提高其回收性能；而对于废旧产品回收，则主要是为了提高其回收利用效益。产品回收利用方法确定时，应考虑的主要影响因素如表11-6所示。

表 11-6 产品回收利用方式选择的主要影响因素

| 编号 | 影响因素 | 说明 | 编号 | 影响因素 | 说明 |
|---|---|---|---|---|---|
| 1 | 使用寿命 | 设计寿命和使用条件，汽车10～15年 | 8 | 材料毒性 | 有毒材料或需单独处理的材料 |
| 2 | 设计周期 | 产品升级的周期，汽车2～4年 | 9 | 清洁程度 | 产品使用后的清洁程度 |
| 3 | 技术更新 | 产品技术更新的周期、成本 | 10 | 材料种类数量 | 材料种类的数量 |
| 4 | 替代产品 | 产品可以被替代的时间 | 11 | 部件数量 | 物理上可分离的并能实现独立功能的部件 |
| 5 | 废弃原因 | 完全报废、主要总成损坏和技术过时等 | 12 | 零件数量 | 零件的大致数量 |
| 6 | 功能层次 | 主要总成与整体功能的关系 | 13 | 集成程度 | 产品集成的程度 |
| 7 | 部件尺寸 | 产品零部件的尺寸 | — | — | — |

表11-6中所列因素对回收策略确定的影响具有一定的关联性和模糊性，同时各种因素影响的确定也需对产品进行大量和长期的跟踪调查。另外，也可以从产品结构、环境影响和成本估算三个方面进行综合定性分析。

① 产品结构。产品的结构是决定产品或零部件回收利用方式的基本因素。产品的设计确定了产品零部件潜在的回收可能性与利用方式，其结构直接决定产品的可拆解性，间接影响产品或零部件回收利用的经济性。

② 环境影响。产品回收过程应尽量减小环境负荷，因此，产品回收决策应考虑环境影响程度。在不同的回收策略中，会产生环境负荷的过程如下：运输、拆解、再制造、包装、粉碎、材料分离、再生加工和最终废弃物处理。

回收过程可能产生的环境影响形态如下：能耗、粉尘、气体或液体排放、固体废弃物和噪声等。产品的回收既有使产品或材料再生的可能，又会带来附加的环境影响。为了简化分析，仅考虑回收过程的环境负荷，并用以下公式表示。

$$EI = EI_{\text{manuf}} + EI_{\text{transp}} + EI_{\text{package}} + EI_{\text{recycle}} + EI_{\text{disposal}} + EB_{\text{bonus}} \qquad (11\text{-}1)$$

式中　$EI$——回收过程的环境负荷；

　　$EI_{\text{manuf}}$——再制造过程的环境负荷；

　　$EI_{\text{transp}}$——运输过程的环境负荷；

　　$EI_{\text{package}}$——包装产生的环境负荷；

　　$EI_{\text{recycle}}$——回收处理产生的环境负荷；

　　$EI_{\text{disposal}}$——填埋处理产生的环境负荷；

　　$EB_{\text{bonus}}$——能够减少的环境负荷或奖励值（负值）。

环境负荷的计算值只具备比较意义，并无绝对意义。采用不同的回收策略，将涉及不同的回收过程。因此上述环境负荷的计算不一定包括上述公式所列的各项，例如对于部件的再使用就不涉及再制造、回收及最终处理等过程。

③ 成本估算。成本因素是决定是否可进行回收利用的关键因素。回收策略不同，所需的回收成本也不同，必须在权衡成本和收益后作出决策，成本计算公式如下。

$$PLM(k) = R_{\text{v}k} - C_{\text{d}k} - C_{\text{p}k} + C_{\text{r}k} + C_{\text{b}k} \qquad (k = 1, 2, 3 \cdots J) \qquad (11\text{-}2)$$

式中　$PLM(k)$——第 $k$ 个零部件采用某种回收策略的盈亏值；

　　$R_{\text{v}k}$——第 $k$ 个零部件采用某种回收策略的收益值；

　　$C_{\text{d}k}$——第 $k$ 个零部件采用某种回收策略时的拆解成本；

　　$C_{\text{p}k}$——第 $k$ 个零部件采用某种回收策略时再制造的成本；

　　$C_{\text{r}k}$——第 $k$ 个零部件采用某种回收策略时回收处理成本；

　　$C_{\text{b}k}$——第 $k$ 个零部件采用某种回收策略时的奖励值。

#### 11.4.2.2　产品可回收性设计要求

废弃产品的回收利用能减轻自然资源的消耗强度，同时也可减少废弃物对环境的危害。美国、日本和欧盟等国家和地区先后颁布了有关产品回收利用的法律法规，引起了学术界和工业界的高度重视。许多学者和研究人员针对产品的可回收性提出了各自不同的理论，其中面向回收的设计最具代表性。所谓面向回收的设计是指在产品设计时，应保证产品、零部件的回收利用率，并达到节约资源及环境影响最小的目的。面向回收设计也被称为可回收性设计。

广义上讲，产品可回收性设计包括以下内容：可回收材料的选择和可回收性标识、可回收产品及零部件的结构设计、可回收工艺及方法的确定和可回收经济性评价等。面向回收的设计思想要求在产品设计时，既要减小对环境的影响，又要使资源得到充分利用，同时还要明显降低产品的生产成本，其主要要求包括以下几个方面。

(1) 合理选择材料

① 应用新型材料。汽车上使用的树脂类材料必须具有足够的刚度、冲击韧性和良好的可回收性，并且材料回收再利用时，性能不能退化。例如，丰田公司采用新的结晶理论进行材料分子结构设计，开发出了商业化的丰田超级石蜡聚合物。这种热塑性塑料比常规的增强型复合聚丙烯具有更好的回收性。现在，超级石蜡聚合物已经广泛应用于各种新车型的部件制造。

② 少用 PVC 材料。用具有良好循环性的材料代替聚氯乙烯（PVC）材料。例如，用无卤素线束代替具有溴化物防火阻燃层的 PVC 线束。

③ 采用天然材料。使用天然材料作车门的内装饰件等。

④ 减少材料种类。例如汽车仪表台采用的材料组合型结构，是由基材、发泡材料和表面蒙皮组成的。采用热塑性树脂使三种结构的材料成分统一，可以简化材料的回收工艺，避免了对复杂材料成分的分离。

⑤ 标注统一标识。采用国际标准化的材料标识，有利于提高材料的回收利用率。

(2) 改进可拆解性　丰田公司在 Raum 车上采用新的拆解技术，使车辆的拆解时间缩短了20%。改进主要体现在废液的排出和大尺寸树脂部件的拆解方法上，使拆解效率有较大的提高。

为改进结构的可拆解性，主要采取以下措施：

① 采用连接结构，使固定部件黏结区域可以在较大的拉力下被顺利分离；

② 尽可能使用弹性卡夹固定方式替代使用螺栓的固定方式；

③ 部件模块化；

④ 避免零部件采用材料组合型结构，即避免所用零部件的材料成分不同；

⑤ 设计和采用易于识别的拆解标识。

为简化拆解工艺，在车辆部件上标注拆解标识。当第一次拆解时，可以清楚地确定拆解点。例如，大尺寸树脂部件的固定部位、液体排放孔的位置等。

（3）控制有害材料用量 对环境有影响的材料成分主要是铅、汞、镉和六价铬等，这些材料的使用需要严格控制。

（4）减少废物产生

① 减轻质量。通过改进结构和工艺，降低产品质量。例如，使用高强度螺栓，减少紧固件尺寸；改进材料加工工艺，制造薄铝车轮；采用高强铝材制造制动器支架。此外，还可通过使部件小型、轻量化等措施，达到减轻质量的目的。

② 提高消耗材料的使用寿命。延长发动机润滑油、冷却液、机油滤芯和自动变速器传动液等消耗材料的使用寿命，见表11-7。

表 11-7　消耗材料使用寿命指标

| 消耗材料 | 原使用里程或时间 | 改进后使用里程或时间 |
| --- | --- | --- |
| 发动机润滑油 | 10000km | 15000km |
| 长寿命冷却液 | 3 年 | 11 年 |
| 机油滤芯 | 20000km | 30000km |
| 自动变速器传动液 | 40000km | 80000km |

③ 采用可回收性结构。例如，将传统的整体式保险杠设计成组合式，以便于拆解和更换部分损坏的零件，以减少废弃物的产生。

例如，本田 CR-V 汽车的侧护板原来采用的是金属和树脂复合结构，现在使用聚丙烯材料，通过采用气体辅助注射成型方法既可以保证刚度要求，又可以减少材料的用量，目前通过采用金属和树脂复合结构已减少到以前用量的 52%。

（5）遵循可回收性设计指南 为了保证在新车型的开发中具有积极和前瞻性的再利用意识，有些汽车生产企业提出了产品可回收设计指南，使汽车零部件的可回收性在新车型的开发中达到可回收性要求。

产品设计过程是一个由概念设计到技术设计逐渐深入与不断细化的过程。在这个过程中，设计指南起到了很重要的作用，使得设计者能够沿着正确的方向和路线改进设计，从而减少了设计反复修改的次数，大大降低了设计周期。面向可回收设计应考虑的因素见表11-8。

表 11-8　面向可回收设计应考虑的因素

| 序号 | 因素内容 | 考虑原因 |
| --- | --- | --- |
| 1 | 提高再使用零部件的可靠性 | 便于产品和零部件具有再使用性 |
| 2 | 提高产品和回收零部件的寿命 | 确保再使用的产品和零部件具有多生命周期 |
| 3 | 便于检测和再制造 | 简化回收过程、提高再利用价值 |
| 4 | 再使用件应无损地拆卸 | 使再使用成为可能 |
| 5 | 减少产品中的不同材料种类数 | 简化回收过程，提高可回收利用率 |
| 6 | 相互连接的零部件材料要兼容 | 减少拆卸和分离的工作量，便于回收 |
| 7 | 使用可以回收的材料 | 减少废弃物，提高产品残余价值 |
| 8 | 对塑料和类似零件进行材料标识 | 便于区分材料种类，提高材料回收的纯度、质量和价值 |
| 9 | 使用可回收材料制造零部件 | 节约资源，并促进材料的回收 |
| 10 | 保证塑料与印刷材料的兼容 | 获得回收材料的最大价值和纯度 |
| 11 | 减少产品上与材料不兼容的标签 | 避免去除标签的分离工作，提高回收价值 |
| 12 | 减少连接数量 | 有利于提高拆卸效率 |
| 13 | 减少对连接进行拆卸所需要的工具数量 | 减少工具变换空间，提高拆卸效率 |
| 14 | 连接件应具有易达性 | 降低拆卸的困难程度，减少拆卸时间，提高拆卸效率 |

| 序号 | 因素内容 | 考虑原因 |
|---|---|---|
| 15 | 连接应便于解除 | 减少拆卸时间,提高拆卸效率 |
| 16 | 快捷连接的位置 | 位置明显并便于使用标准工具进行拆卸,提高效率 |
| 17 | 连接件应与被连接的零部件材料兼容 | 减少不必要的拆卸操作,提高拆卸效率和回收率 |
| 18 | 若零部件材料不兼容,应使其容易分离 | 提高可回收性 |
| 19 | 减少黏结,除非被黏结件材料兼容 | 许多黏结造成了材料的污染,并降低了材料回收纯度 |
| 20 | 减少连线和电缆的数量及长度 | 柔性物质或器件拆卸效率差 |
| 21 | 将不便拆解的连接,设计成便于折断的形式 | 折断是一种快捷的拆解操作 |
| 22 | 减少零件数 | 减少拆卸工作量 |
| 23 | 采用模块化设计,使各部分功能分开 | 便于维护、升级和再使用 |
| 24 | 将不能回收的零件集中在便于分离区域 | 减少拆卸时间,提高拆卸效率,提高产品可回收性 |
| 25 | 将高价值零部件布置在易于拆卸的位置 | 提高可回收利用的经济效益 |
| 26 | 使有毒有害的零部件易于分离 | 尽快拆卸,减少可能产生的负面影响 |
| 27 | 产品设计应保证拆解对象的稳定性 | 稳定的基础件有利于拆卸操作 |
| 28 | 避免塑料中嵌入金属加强件 | 减少拆卸工作量,便于粉碎操作,提高材料回收的纯度和价值 |
| 29 | 连接点、折断点和切割分离线应比较明确 | 提高拆卸效率 |

目前,单一材料的回收和金属材料的回收技术相对比较成熟,而对于复合材料和混合材料的回收还存在着一定的困难,而且往往是以牺牲回收材料的质量为代价的。影响回收材料纯度以及混合材料兼容性的因素如下。

① 连接件与被连接零件材料的兼容性。若两者不兼容,可能造成回收材料纯度下降。例如,被连接的两个零件材料相同,但连接件材料却与之不兼容。从拆卸的经济性考虑不需要再继续拆解下去,但对连接件却要进行非兼容材料的拆解处理。再如,由于某个连接件被腐蚀,很难将其从被连接件上拆除,而该连接件的材料就被混入其他材料的回收过程中,则需要进行拆解处理。

② 被连接零件材料的兼容性。当拆解的经济性比较差时,往往就不再继续拆解,还没有被拆解的零部件就被混在一起处理。对混合材料的处理一般会先将各种成分采用一定的技术手段进行分离。例如,利用磁铁分离铁金属,利用密度不同分离塑料,然后再进行回收。但这种分离的效果较差,大大降低了材料的纯度,也使回收材料的质量下降。因此在设计时,应尽量使被连接零部件的材料相同或者兼容。

③ 金属件嵌入塑料中。由于小金属件在塑料成型过程中镶嵌在塑料零件中,分离很不方便,而且经济性又较差。这就造成了材料可回收性的下降。因此,在产品设计时应予以避免。

④ 塑料零件缺少标识。汽车使用的塑料种类繁多,成分千差万别,对其回收比较困难。由于塑料零件在外形上极其类似,使得塑料的区分和分离成为一大难题。但可以采用类似《塑料制品的标识和标记》等 ISO 标准进行塑料成分标识。

⑤ 标签、黏结剂或墨水的材料兼容性。许多产品为了美观、宣传和广告等目的在产品表面粘贴了很多标签或印上各种颜色的图案。虽然粘贴在装配过程中是一个快捷的操作,但拆卸相对困难。因此,从回收和环保的角度来看,应尽量少贴标签或采用材料兼容的标签、黏结剂和墨水。

### 11.4.2.3 产品可回收利用性评价信息

对于产品可回收性评价而言,所需要的信息包括各零部件的回收要求、材料成分、质量大小以及在使用过程中的性能变化、国家法令对产品的限制等。这些信息是从产品和零部件的设计文件中直接读取的,或通过产品回收评价与决策系统交互输入。主要的信息包括以下方面。

(1)产品设计信息 产品设计过程中,完整地描述产品所需的信息包括设计寿命、材料种类、部件结构、尺寸和质量等。这些信息决定了零部件的技术性能和结构特性,是进行产品回收决策所必需的基本信息。

(2)产品结构信息 基于产品三维装配模型提取产品的结构信息,主要是产品的装配层次、零部件之间的装配关系以及紧固件的类型与数量等信息。产品结构信息是进行产品拆解规划的基础。

(3)零件基本信息 零件的基本信息包括零件的类型、形状、质量、位置和材料等信息。这些信息一方面影响产品拆解规划，如零件类型与形状；另一方面影响产品材料回收规划，如零件的材料及质量。

（4）使用过程信息　在使用阶段，由于工作环境和使用者等不确定因素的长期作用，使产品的回收性能发生改变。因此，使用过程信息应包括使用时间、使用环境和操作人员等。

（5）产品维护信息　在进行产品维护时常会发生零部件更换或增加的情况，这就改变了产品零部件正常的使用情况，甚至会由于维修而改变产品结构。产品回收决策必须充分考虑这些因素，以作出正确的回收规划。

（6）产品拆解信息　对于以获取某一零件或装配体为目的的拆解而言，拆解操作可分为两个部分：一是解除（其他零部件对装配体或零件的）约束；二是从一定的方向取出。从信息描述的角度，必须了解待拆零部件与整体的连接关系。在待拆零部件的拆卸方向上是否有障碍，这就要求了解零部件在整体中的位置关系信息，以及与拆卸难易程度和经济性相关的信息，如拆卸工具和拆卸时间等。

 **思考题**

1. 简述黑色金属材料在汽车上的应用。
2. 简述有色金属材料在汽车上的应用。
3. 简述黑色金属材料的简易鉴别方法。

# 第 ⑫ 章  报废汽车零部件修复与再制造

## 12.1  汽车零件的修复和修理工艺选择

### 12.1.1  汽车零件修复方法简介

科学技术的发展为汽车零件的修复提供了多种方法，这些修复方法各自具有一定的特点和适用范围，一般根据拟修复零件的缺陷特征进行分类。

磨损零件的修复方法基本分为两类：一是对已磨损的零件进行机械加工，使其恢复正确的几何形状和配合特性，并获得新的几何尺寸；二是利用堆焊、喷涂、电镀和化学镀方法对零件的磨损部位进行增补，或采用胀大（缩小）镦粗等压力加工方法增大（或缩小）磨损部位的尺寸，然后再进行机械加工，恢复其名义尺寸、几何形状及规定的表面粗糙度。

变形零件的修复可采用压力校正或火焰校正法；零件上的裂缝、破损等损伤缺陷采用焊接或钳工锉削、钻孔等修复方法。零件修复方法分类如图 12-1 所示。

机械加工修复法是零件修复中最基本、最重要和最常用的修复方法。汽车上许多重要零件都采用机械加工修复法修复，主要包括修理尺寸法、附加零件修理法、零件局部更换修理法及转向和翻转修理法。

#### 12.1.1.1  修理尺寸法

修理尺寸法是修复配合副零件磨损的常用方法，是将待修配合副中的一个零件利用机械加工的方法恢复其正确几何形状并获得新的尺寸（修理尺寸），然后选配具有相应尺寸的另一个配合件与之相配，恢复配合性质的一种修理方法。

（1）轴和孔的修理尺寸的确定　修理尺寸的大小与级别多少取决于汽车零部件修理间隔期中零件的磨损量、加工余量和安全系数，比如气缸和曲轴的修理级差一般为 0.25mm。轴和孔的修理尺寸如图 12-2 所示。

轴和孔的修理尺寸计算如下。

轴在不改变轴心位置的情况下进行机械加工：

$$d_{r_1} = d_m - 2(\delta_{max} + x_1) \tag{12-1}$$

$$d_{r_n} = d_m - nr \tag{12-2}$$

式中　$d_m$——轴的基本尺寸；

　　　$d_{r_1}$——轴的第一级修理尺寸；

　　　$d_{r_n}$——轴的第 $n$ 级修理尺寸。

轴的最小直径是依据零件刚度、强度条件、结构上的要求以及零件表面热处理等要求的最低允许厚度值来确定的。

孔在不改变中心位置的情况下进行机械加工：

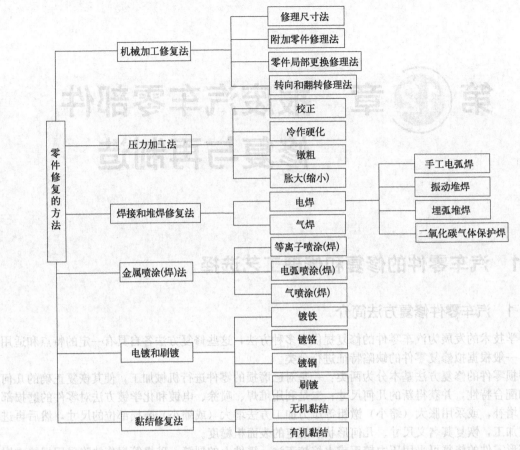

图 12-1　零件修复方法分类

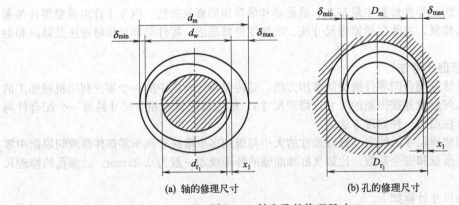

(a) 轴的修理尺寸　　(b) 孔的修理尺寸

图 12-2　轴和孔的修理尺寸

$$D_{r_1} = D_m + 2(\delta_{max} + x_1) = D_m + r \tag{12-3}$$

$$D_{r_n} = D_m + nr \tag{12-4}$$

式中　$D_m$——孔的基本尺寸；

　　　　$r$——修理级差；

　　　　$D_{r_1}$——孔的第一级修理尺寸；

　　　　$D_{r_n}$——孔的第 $n$ 级修理尺寸。

（2）修理尺寸法的应用　修理尺寸法可适用于汽车上许多主要零件，如曲轴、凸轮轴、气缸、转向节主销孔等。由于受到零件强度及结构的限制，采用修理尺寸法到最后一级时，零件应采用其他方法修理。

#### 12.1.1.2　附加零件修理法

附加零件修理法（也称镶套修理法），是通过机械加工方法将磨损部分切去，恢复零件磨损部位的几何形状，采用过盈配合方式加工一个套，将其镶在被切取的部位以代替零件磨损或损伤的部分，恢复到基本尺寸的一种修复方法。镶衬套如图 12-3 所示。

汽车上许多零件都可以用这种方法修理，如气缸套、气门座圈、气门导管、飞轮齿圈、变速器轴承孔、后桥和轮毂壳体中滚动轴承的配合孔以及壳体零件上的磨损螺纹孔和各类型的端轴轴颈等。

#### 12.1.1.3　零件局部更换修理法

具有多个工作面的汽车零件，由于各工作表面在使用中磨损不一致，当某些部位损坏时，其他部位尚可使用，为防止浪费，可采用局部更换法。

局部更换法就是将零件需要修理（磨损或损坏）的部分切除，重制这部分零件，再以焊接或螺纹连接方式将新换上的部分与零件整体连在一起，经最后加工恢复零件原有性能的方法。这种修理方法常用于修复半轴、变速器第一轴或第二轴齿轮、变速器盖及轮毂等。

例如当个别轮齿严重损坏时，可采用镶齿法进行修复，局部更换法修复齿轮如图 12-4 所示。镶齿是在原轮齿根部开一个燕尾槽，镶入轮齿毛坯，而后加工出齿形。为使镶齿牢固，应在齿的两侧加以点焊。

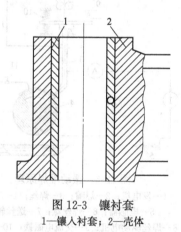

图 12-3　镶衬套
1—镶入衬套；2—壳体

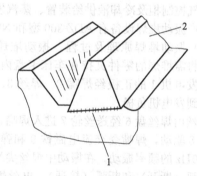

图 12-4　局部更换法修复齿轮
1—焊缝；2—镶齿

零件的局部更换法可以获得较高的修理质量，节约贵重金属，但修复工艺比较复杂。

#### 12.1.1.4　转向和翻转修理法

转向和翻转修理法是将零件的磨损或损坏部分翻转一定角度，利用零件未磨损部位恢复零件工作能力的一种修复方法。

转向和翻转修理法常用来修复磨损的键槽、螺栓孔和飞轮齿圈等，零件的转向修理法如图 12-5 所示。

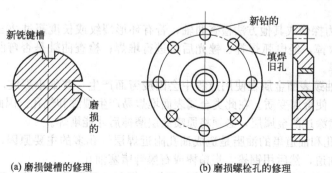

(a) 磨损键槽的修理　　　　(b) 磨损螺栓孔的修理

图 12-5　零件的转向修理法

### 12.1.2 焊接和堆焊修复法

焊接是汽车零部件修复广泛使用的一种方法，可以修复磨损量较大的零件，能增加零件的尺寸。焊层厚度易控制，设备简单，修复成本低，是一种应用较广的零件修复方法，普遍用于修复零件磨损、破裂、断裂等缺陷。

焊接修复法修复零件是借助于电弧或气体火焰产生的热量，将基体金属及焊丝金属熔化和熔合，使焊丝金属填补在零件上，以填补零件的磨损和恢复零件的完整。焊接根据使用的热源不同分为气焊和电焊。电焊根据熔剂层的不同又可分为手工电弧焊、振动堆焊。堆焊又可分为二氧化碳气体保护焊、埋弧堆焊、电脉冲堆焊、等离子堆焊。下面介绍典型的几种焊接方法。

#### 12.1.2.1 振动堆焊修复法

振动堆焊是焊丝以一定的频率和振幅振动的脉冲电弧焊，是机械零件修复中广泛应用的一种自动堆焊方法。其实质是在焊丝送进的同时，按一定频率振动，造成焊丝与工件周期起弧和断弧，电弧使焊丝在较低电压（12～20V）下熔化，并稳定、均匀地堆焊到工件表面。其主要特点是堆焊层厚、结合强度高、工件受热变形小，常用于修复一些轴类零件。

（1）振动堆焊设备　振动堆焊设备包括堆焊机床、电源、电气控制柜及冷却液供给装置、蒸汽发生器等附属设备。国产振动堆焊设备有 ADZ-300 型和 NU-300-1 型。

（2）振动堆焊原理及过程　振动堆焊原理如图 12-6 所示。将需堆焊的零件夹持在车床卡盘内，工件接负极，电流从发电机 1 的正极经焊嘴 2、焊丝 3、工件 4 及电感器 5 回到发电机负极。

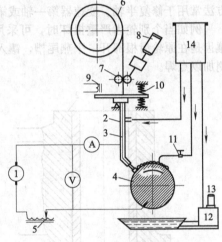

图 12-6　振动堆焊原理

1—发电机；2—焊嘴；3—焊丝；4—工件；
5—电感器；6—焊丝盘；7—送丝轮；
8—焊丝驱动电机；9—交流电磁铁；10—弹簧；
11—阀；12—冷却液；13—电机；14—冷却液箱

焊丝由焊丝盘 6 经送丝轮 7 进入焊嘴，送丝由焊丝驱动电机 8 驱动，焊嘴受交流电磁铁 9 和弹簧 10 的作用以 50～100Hz 的频率振动，在振动中焊丝尖端与堆焊表面不断地起弧（断开）和断弧（接通），电丝熔化并焊在工件表面上。为防止焊丝和焊嘴熔化黏结，焊嘴应少量冷却。当堆焊圆柱形工件时，可一边施焊一边旋转，同时焊嘴作横向移动，焊道呈螺旋状缠在零件上。堆焊过程的每个循环基本可分为三阶段，即短路期、电弧期和空程期。

（3）曲轴的振动堆焊工艺　当曲轴的轴颈磨损超过极限，不能以其最小一级修理尺寸进行修理时，可采用堆焊方法增补磨损表面后再磨削到名义尺寸从而延长曲轴寿命。

① 焊前准备。

a. 清洗。曲轴在堆焊前必须用煤油等进行清洗，然后用砂布打磨各道轴颈除去全部油污和锈迹。

b. 检查。用磁力探伤或其他方法检查曲轴，若有环形裂纹或长度超过 20mm 的纵向裂纹，应用凿子或用气割枪吹掉，经电弧焊补、锉光后再进行堆焊；检查曲轴是否弯曲、扭曲，如变形超限，应校正后再堆焊。

c. 磨削。曲轴轴颈表面金属在使用过程中会因疲劳而产生一些细小裂纹，同时因受到有害气体（如酸类）作用，使金属变质。在此类金属表面堆焊易产生裂纹和气孔。因此，堆焊前必须进行磨削。此外，对于喷涂过的金属层，必须将原喷涂层磨掉后才能堆焊。

d. 堵油孔。油孔和油道里的油脂是造成油孔附近焊层气孔多的主要原因，因此，在堵油孔前应仔细清洗油孔和油道，然后用铜棒、炭精棒或石墨膏堵塞油孔。

e. 预热。曲轴或者直径大于 60mm 的其他工件，焊前必须预热，以防止产生跨焊道的纵向裂纹并减少焊层里的气孔，改善堆焊时焊层与基体金属的结合，一般的预热温度为 150～350℃。预热时应垂直吊放，以防止变形。

② 曲轴的堆焊。曲轴堆焊时应先选好合理的工艺参数，然后再进行堆焊。为防止轴颈圆角处应力集中，在距曲柄 $2\sim2.5mm$ 处不应堆焊，且在堆焊靠近圆角处开始或仅剩两圈焊道时不浇冷却液。为防止开始堆焊的地方出现堆焊不完全等缺陷，曲轴堆焊时最好从曲柄臂的前侧方向起焊且圆角处停止堆焊，堆焊时先堆焊连杆轴颈，后堆焊主轴颈，且从中间向两边堆焊，可有效地防止工件变形。

③ 焊后处理。为减少曲轴变形和消除残余应力，曲轴堆焊后最好在 $100\sim200℃$ 的保温箱内保温一段时间，然后钻通各轴颈油孔，并检查有无缺陷，必要时进厂焊接修复。

（4）堆焊层的性质

① 硬度及耐磨性。振动堆焊层的硬度不均匀，这是由于后一焊滴对前一焊滴，或后一圈焊波对前一圈焊波均存在回火现象。但大量振动堆焊修复的曲轴装车使用后表明，这种软硬相间的组织并不影响其耐磨性，与新曲轴性能相差不多。

② 结合强度。堆焊层与基体的结合强度高达 $5MPa$，这是由于堆焊层与基体的结合是冶金结合，比喷涂修复层的结合强度高得多，使用中很少发现有脱落、掉块现象。

③ 疲劳强度。由于振动堆焊层与基体金属间有很大的内应力，故堆焊修复后疲劳强度降低较多，一般可高达 $40\%$。因此，受大冲击负荷的柴油机曲轴、合金钢及铸铁曲轴不应采用振动堆焊修复。

### 12.1.2.2 其他堆焊修复法

蒸汽保护下振动堆焊、二氧化碳气体保护焊以及埋弧（堆）焊的原理与振动堆焊相同，不同之处仅在于为保护焊层的性能，减少焊层的气孔、裂纹和夹渣，堆焊过程是在气体或焊剂保护下的。二氧化碳气体保护下的电弧区示意如图 12-7 所示。

### 12.1.2.3 气焊

（1）气焊的特点及应用范围 气焊火焰热量较电焊分散，工件受热变形大，生产效率低，且焊接质量不如电弧焊。但是，火焰对熔池压力及输入量可控制。熔池冷却速度、焊缝形状和尺寸、焊透程度容易控制，能使焊缝金属与基材相近似；同时，由于设备简单，不受电源限制，方便灵活，且用途广泛。主要适用于碳钢、合金薄板件的焊接，还可用于有色金属和铸铁的焊补。

（2）气焊焊接方法

① 加热减应焊。又称对称加热法，即焊补时选定减应区进行加热，以减少焊补时的应力和变形。

例如焊补有孔的零件，加热减应区选定示意如图 12-8 所示。如直接焊接裂纹处而不采用加热减应，则焊后焊缝很可能被拉断，即使不拉断，零件也会产生较大的变形。如在减应区加热，焊缝与减应区在受热时一起膨胀，冷却时又一起收缩，就会大大减小焊补应力。加热区的温度不得低于 $400℃$，但不能超过 $750℃$，以免引起相变。

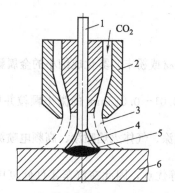

图 12-7 二氧化碳气体保护下的电弧区示意
1—焊丝；2—焊嘴；3—二氧化碳气流；
4—电弧；5—对焊金属；6—工件

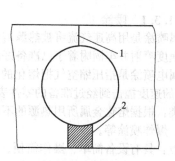

图 12-8 加热减应区选定示意
1—裂纹；2—加热减应区

② 焊接工艺。

a. 焊前准备。当焊接部分厚度在 6mm 以上时，要开 90°～120°的 V 形坡口，如所焊部位厚度在 15mm 以上时，要开 X 形坡口。

b. 焊接要点。施焊火焰应用弱碳化焰或中性火焰，加热区应用氧化焰，施焊方向应指向减应区。施焊时，先熔母材，再掺入焊丝，否则熔化不良，并随时用焊丝清除杂质，以防气孔和夹渣。施焊时应一次焊完，避免反复加热而造成应力过大。

③ 加热减应焊的应用。发动机气缸体裂纹、气门座孔内裂纹、曲轴箱内裂纹、气缸体上平面裂纹，以及变速器壳体均可采用加热减应焊。

### 12.1.2.4 手工电弧焊

手工电弧焊是利用普通电弧作为热源，以焊条为填充金属材料，采用手工操纵焊条进行焊接的方法。

(1) 手工电弧焊的特点及适用范围 手工电弧焊具有设备简单、操纵方便、连接强度高、施焊速度快、生产率高、零件变形小等优点，广泛应用于碳钢、合金钢及铸铁等金属材料不同厚度及不同位置的焊接，主要用于修复汽车零部件的裂纹、裂痕和断痕等。但其焊缝硬而脆、塑性差、机械加工性能比气焊差，且在焊接应力作用下易产生裂纹及焊缝剥离，为保证焊接修复质量，应在工艺上采取措施。

(2) 手工电弧焊工艺

① 预热保温。对较大的零件应进行预热和焊后保温，可以减小焊接应力及防止裂纹产生。

② 焊前准备。当母材材质较差时，为防止焊接时裂纹延伸和提高焊补强度，在裂纹两侧钻止裂孔，止裂孔的直径根据板厚来确定，一般为 3～5mm。在裂纹处开坡口，可以全部或部分地除去裂纹，焊缝坡口如图 12-9 所示。

③ 施焊。采取小电流、分层、分段、趁热锤击等方法，以减小焊接应力和变形，并限制母材金属成分对焊缝的影响。

a. 分段施焊法。焊接过程可减小焊补区与整体之间的温差，相应减小焊接时的应力和变形。

b. 分层施焊法。通常在工件较厚时采用此法。用较细的焊条、较小的电流，使后焊的一层对先焊的一层有退火软化作用；同时，趁热锤击，每焊完一段，应趁热锤击焊缝，直到温度下降至 40～60℃时为止，然后再焊下一段。其目的是消除焊接应力，砸实气孔，提高焊缝的致密性。

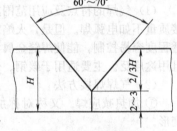

图 12-9 焊缝坡口

④ 焊后检查。零件焊完后，应检查有无气孔、裂纹，焊缝是否致密、牢固；如有缺陷，应采取必要的补救措施。

## 12.1.3 喷涂与喷焊修复法

### 12.1.3.1 喷涂

金属喷涂是用高速气流将被热源熔化的金属（丝材、棒材或粉末）雾化成细小的金属颗粒，以极高的速度喷射并牢固附着于已准备好的零件表面上。

金属电喷涂是指压缩空气把熔化的金属吹散成为直径 0.01～0.015mm 的微小颗粒并以 100～180m/s 的速度撞击到经过准备的零件表面上。

分类：根据熔化金属所用热源的不同，喷涂可分为电喷涂、气体火焰喷涂、高频电喷涂、等离子喷涂、爆炸喷涂等。

特点：具有设备简单、操作简便、应用灵活、噪声小等优点，因此在汽车零件修复中应用最广，主要用于修复曲轴、凸轮轴、气缸等。

(1) 气体火焰喷涂（氧-乙炔喷涂）设备 所用设备主要有喷涂枪、氧气瓶、乙炔发生器等。

(2) 喷涂粉末 打底层粉末、工作粉末。

(3) 喷涂工艺

① 工件表面的准备。喷涂前工件表面准备是喷涂成败的关键，通过表面准备使待喷涂表面绝对干净，并形成一定粗糙度，才能保证涂层与工件的结合强度。

② 喷涂。喷涂打底层（厚约 0.1mm）；喷工作层应来回多次喷涂，且总厚度不应超过 2mm，太厚则结合强度会降低。

③ 喷涂层加工。

（4）涂层性质 喷涂层性质与很多因素有关，如粉末材料、喷涂工具、喷涂工艺等，尤其是所选用的材料不同，其性能各异。

① 硬度。喷涂层的组织是在软基体上弥散分布着硬质相，并含有 12% 的气孔。其硬度值主要取决于所选用的喷涂材料。

② 耐磨性。喷涂层的耐磨性优于新件和其他修复层，这是由涂层组织决定的，喷涂层这种软硬相间的结构能保证摩擦面间最小的摩擦系数。此外，涂层中的气孔有助于磨损表面形成油膜，起到减少磨损和储油作用，但是磨合期或干摩擦时磨损较快，且磨下的颗粒易堵塞油道。

③ 涂层与基体结合强度。涂层与基体主要靠机械结合，因此结合强度较低。

④ 疲劳强度。喷涂对零件疲劳强度影响比其他修复法小，一方面是因为喷涂前表面加工量小，另一方面是喷涂时，基体没有熔化，基材损伤小。

### 12.1.3.2 喷焊

（1）喷焊特性 喷焊是利用高速气流将氧-乙炔火焰加热熔化的自熔合金粉末喷涂到准备好的零件表面，经再一次重熔处理形成一层薄而平整、呈焊合状态的表面层，即喷焊层。喷焊层能够使工件表面具有耐磨、耐腐蚀、耐热及抗氧化的特殊性能。

喷焊层与喷涂工艺相似，但可达到堆焊的效果。一般喷涂的缺点是涂层与工件之间呈机械结合，结合强度低、内应力大，而堆焊层虽与工件是冶金结合，但堆焊时基体的熔池较深且不规则、堆焊层粗糙不平、基体冲淡率大。而氧-乙炔喷焊能克服以上两个缺点，喷涂层薄且均匀、表面光滑、结构致密、冲淡率极小，且焊层与基材结合强度高，因而得到了广泛应用，可用于修复旧件，也可用于新件表面强化。

（2）喷焊设备 氧-乙炔喷焊设备，包括喷焊炬、氧气和乙炔供给装置。为了适应不同工艺及工况要求，喷焊炬分为中小型和大型两类。

（3）喷焊工艺 氧-乙炔喷焊工艺一般如下：工件表面准备—喷前预热—喷涂粉末与重熔处理—冷却及精加工等。

① 工件表面准备。工件表面准备主要包括除油污、铁锈、氧化物及电镀、渗碳、氧化表面层等，有时为了容纳一定焊层厚度还需开槽。

② 喷前预热。其目的在于防止涂层脱落。预热温度应根据材质的性质而定。通常碳钢的预热温度为 250~300℃，合金钢为 350~400℃，预热温度不应使零件变形。

③ 喷涂粉末与重熔处理。氧-乙炔喷焊有两种基本操作方法，即边喷边熔一步法和先喷后熔两步法。

边喷边熔一步法喷焊是喷涂和熔化在同一操作过程中完成，喷焊时先预热工件，然后再送粉进行熔化，这种连续的喷熔直到整个待喷表面被喷焊层覆盖为止。

喷焊时要求火焰为中性焰或轻微的碳化焰，喷嘴与工件的距离为 100~150mm 或火焰内焰与工件的距离为 10mm。一步法喷焊对工件热影响小，适用于面积小或形状不规则的零件。

先喷后熔两步法：喷涂和重熔分开进行，先将合金粉用轻微碳化焰喷涂到零件上形成一定厚度，然后立即用中性焰或弱碳化焰将涂层重熔处理。喷涂时要求喷嘴与工件距离为 150mm；重熔时要求喷嘴与涂层表面距离为 20~30mm，且火焰与零件表面为 60°~70° 夹角。两步法适用于轴类及外形简单的大批生产件。

④ 冷却及精加工。由于焊层延展性差，线膨胀系数较大，冷却过程易产生裂纹或使工件变形，因此喷焊后可埋入石棉、草灰中缓冷。对于合金铸钢件、不锈钢铸件，应在喷焊后进行等温退火。

喷焊层的加工可用车削和磨削来进行。

车削加工时，应选用强度较高、耐磨性较好的刀具，切削速度可选 5~17m/min，切削宽度为

0.3～1mm/r，深度为 0.5mm。

磨削加工时，最好采用人造金刚石或氧化硼砂轮，对于镍基或铁基粉末焊层也可选用碳化硅砂轮进行磨削。

⑤ 喷焊层性能及用途。喷焊层性能取决于喷焊合金粉末材料。

a. 硬度和耐磨性。喷焊层组织为在奥氏体基体上分布着碳化物和硼化物的硬质相，其硬度可达 1000～1200HV。这些硬质相分布在整个焊层内，正是由于这些软硬不同的硬质相，赋予该焊层优良的耐磨性。

b. 结合强度。焊层与基材的结合不同于喷涂，其属于冶金结合。用 Ni45 在 40Cr 上喷焊测定其结合强度在 5.99～6.29MPa。

由于喷焊层具有高的结合强度和好的耐磨性，目前被广泛用于修复阀门、气门、键轴、凸轮等零件。

## 12.1.4 电镀和电刷镀修复法

电镀是汽车零件修复工艺的重要方法之一。由于电镀过程温度不高，不致使零件受损、变形，也不影响基体组织结构，且可以提高机械零件的表面硬度，改善零件表面性能，同时还可恢复零件的尺寸，因此在汽车零部件修复中得到广泛应用。例如各种铜套镀铜修复，既能修复零件，又能延长零件寿命，还可节约大量贵重金属铜。特别是对于磨损 0.01～0.05mm 就不能使用的汽车的重要零件，用电镀修复更为方便。电镀可采用有槽电镀和无槽电镀等方式。

### 12.1.4.1 电镀

（1）电镀的基本原理 电镀是将金属工件浸入电解质（酸类、碱类、盐类）溶液中（刷镀则不浸入），以工件为阴极通直流电，在电流作用下，溶液中的金属离子（或阳极溶解的金属离子）析出，沉积到工件表面，形成金属镀层的过程。根据零件的结构特点和使用性能，目前用来修复磨损零件的金属电镀有镀铁、镀铬和镀铜等。

（2）电镀工艺 电镀工艺包括镀前准备、电镀及镀后处理。镀前准备包括清洗、机械加工、除锈除油、冲洗等。

电镀是一种表面处理技术，包括阳极刻蚀、交流活化、浸蚀，目的是除去待镀表面的氧化膜、钝化膜，以保证镀层与基体良好结合。

镀后处理：将镀件放在清水中冲洗，然后在 70～80℃ 的 10% 苛性钠溶液中浸泡 5～10min，以中和残留在镀件上的电解液，再放入热水中清洗，最后进行机械加工。

### 12.1.4.2 刷镀

刷镀又称涂镀，是近些年发展起来的一种零件修复工艺。其特点是设备简单、无须镀槽，在不解体或半解体条件下快速修复零件，可用于轴、壳体、孔类、花键槽、轴瓦瓦背平面、盲孔、深孔等各类零件的修复。

刷镀机动灵活，可用于零件的局部修复，且镀层均匀、光滑、致密，尺寸精度容易控制，修理成本低，因此在修理行业得到广泛推广和应用。

（1）刷镀基本原理 刷镀的基本原理和槽镀相同，刷镀就是利用刷子似的镀笔在被镀工件上来回摩擦而进行电镀的方法，刷镀原理如图 12-10 所示。零件作为阴极装在机床的卡盘上，石墨镀笔接阳极，刷镀时用内部吸入纤维的镀笔吸满镀液在工件上相对运动，这时镀液中的金属离子在电场力作用下，向工件表面扩散，镀在工件表面形成镀层，刷笔刷到哪里，哪里就形成镀层，直至达到所需厚度。

（2）刷镀设备 刷镀设备主要包括刷镀电源、刷镀笔及辅助工具等。

① 刷镀电源。刷镀电源用直流电源，要求其输出的外特性平直，输出电压为 0～25V，并能无级调节。目前国内刷镀电源种类繁多，但其基本结构形式分为两大类：硅整流电源和晶闸管电源。

② 刷镀笔。刷镀笔由导电手柄和阳极两部分组成，阳极和导电手柄用螺纹相连或压紧。导电手柄的作用是连接电源和阳极，使操作者可以移动阳极作需要的动作，以实现金属刷镀，导电手柄结构如图 12-11 所示。阳极是镀笔的工作部分，一般采用石墨作阳极。为了适应不同形状零件刷镀

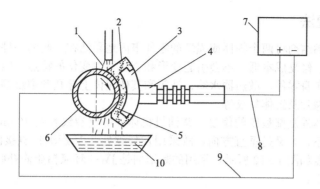

图 12-10 刷镀原理

1—刷镀液；2—阳极包套；3—石墨阳极；4—刷镀笔；5—刷镀层；6—工件；
7—电源；8—阳极电缆；9—阴极电缆；10—储液盒

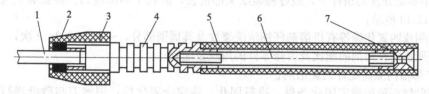

图 12-11 导电手柄结构

1—阳极；2—O形密封圈；3—锁紧螺母；4—手柄套；5—绝缘套；6—连接螺栓；7—电缆插座

的需要，阳极有圆柱形、平板形、瓦片形、圆饼形、半圆形、板条形等。

③ 刷镀辅助工具。主要有转胎和镀液循环泵，主要作用是夹持工件和泵送镀液。

（3）刷镀溶液　刷镀溶液按其作用不同可分为表面准备液、电镀溶液、退镀溶液和钝化溶液四大类。刷镀溶液中最常用的是表面准备液和电镀溶液两种。

① 表面准备液。表面准备液又称预处理液，其主要作用是去除被镀零件表面的油污和氧化物，以获得洁净的待镀表面。表面准备液有电净液和活化液两种，电净液用于镀前工件除油。一般工件进行电净处理时，工件接负极，镀笔接正极。利用氢气产生的大量气泡对油膜产生撕裂作用来除油，同时镀笔在工件上反复擦拭，促使溶液中的化学物质与其发生皂化或乳化反应而将油污带走，起到除油效果，但对某些氢脆敏感零件（如弹簧钢、高碳钢）不宜采用上述方法，以防氢脆。活化液的作用是去除待镀工件表面的氧化膜、杂质和残留物，从而使基体金属露出其纯净的显微组织，以利于金属的沉积。活化处理有阳极活化和阴极活化，但以阳极活化居多。

② 除了表面准备液外，刷镀过程中使用的电镀溶液也很重要。刷镀溶液种类很多，但常见的有镍、铜、铬、镉、锡、锌、铟、银、金等盐镀液和合金镀液，以满足被镀件的不同需要。

（4）刷镀工艺　刷镀的工艺过程包括：一般预处理—电净—水冲—活化—水冲—镀过渡层—水冲—镀工作层—镀后处理。

电净结束的标志是水冲后，被镀表面水膜连续，活化好的标志是低碳钢表面呈银灰色，高、中碳钢呈黑灰色，铸铁表面呈深黑色。

过渡层一般用特殊镍或碱铜作过渡层，工作层一般根据工件不同需要和要求选取后进行刷镀。

（5）刷镀层的性能

① 镀层与基体结合强度。结合强度是衡量刷镀层质量好坏的重要指标之一。镍、铁等刷镀层的结合强度大于镀层本身结合强度，并且远高于喷涂。

② 硬度。刷镀层硬度比槽镀层硬度高，一般硬度在50HRC以上。

③ 刷镀层的耐磨性。刷镀的耐磨性比45淬火钢好，其中镀铁层是45淬火钢耐磨性的1.8倍。

④ 刷镀层对基体疲劳强度的影响。刷镀层由于内应力较大，对金属疲劳强度影响较大，一般下降30%～40%，但镀后若进行200～300℃低温回火，可降低其对疲劳强度的影响。

### 12.1.5　黏结修复法

黏结修复是应用黏结剂将两个物体或损坏的零件牢固地黏结在一起的一种修复方法。由于其具有工艺简单、设备少、修复成本低、不会引起变形和金属组织变化的特点，因此在机械修复中得到了广泛应用。常用于车身零件、散热器水箱、油箱和其他壳体上穿孔和裂纹等的修复；也可用于黏结制动蹄、离合器摩擦片及缸体裂纹等。

例如，柴油机机体外侧壁裂纹的修复。柴油机机体外侧壁裂纹长约 100mm，此部位承受一定的载荷，但由于裂纹不长，又是垂直方向，故采用在裂纹处开 V 形坡口直接涂胶修复的方法。柴油机体侧面壁裂纹修复如图 12-12 所示，采用的黏结剂是 JW-1 环氧树脂修补胶。

修复工艺过程如下：

① 清除零件表面油污，找出裂纹的走向；

② 在裂纹两端钻止裂孔，以防裂纹进一步扩展，止裂孔的直径为 3～5mm；

③ 用狭凿沿裂纹凿出 V 形槽，长度超过裂纹两端各 5～10mm，深度视零件厚度而定；在零件壁厚较大、不影响强度的条件下，最好将裂纹全部凿去，以利于消除应力、避免裂纹进一步扩大。V 形槽如图 12-13 所示；

④ 用丙酮或四氯化碳等有机溶剂仔细清洗裂纹及其周围部分，一般清洗 2～3 次；

⑤ 根据所选定黏结剂的配比及所修零件的用胶量配胶；

⑥ 在 V 形槽内灌满配好的黏结剂；

⑦ 根据黏结剂种类确定固化条件，进行固化，待完全固化后，用锉刀与砂纸进行表面修整，然后进行缸体水压试验。

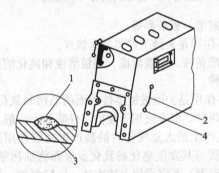

图 12-12　柴油机体侧面壁裂纹修复
1—黏结剂；2—裂纹；3—V 形坡口；4—止裂孔

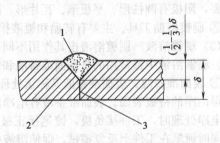

图 12-13　V 形槽
1—胶黏剂；2—V 形槽；3—裂纹

黏结剂种类繁多，有机黏结剂如环氧树脂、酚醛树脂、Y-150 厌氧胶、J-19 高强度黏结剂等；无机黏结剂常用氧化铜黏结剂。汽车零件胶黏修复中常用的是环氧树脂胶、酚醛树脂胶、氧化铜黏结剂等。

（1）环氧树脂胶黏结剂　环氧树脂胶黏结剂是一种人工合成的树脂状化合物，能使多种材料表面产生较大的黏结力，是目前广泛使用的一种黏结剂。环氧树脂本身不能单独作为黏结剂使用，使用时必须加入固化剂、稀释剂、增塑剂和填料等。其特点是：黏附力强，固化收缩小，机械强度高，且耐腐蚀、耐油、电绝缘性好，适合工件工作温度在 150℃ 以下使用。其缺点在于性脆、韧性较差。

（2）酚醛树脂黏结剂　酚醛树脂是由酚和醛在催化剂作用下经缩合而得到的一类树脂，其可以单独使用，也可以和环氧树脂混合使用。酚醛树脂有较高的黏结强度，耐热性好，但脆性较大，不耐冲击。汽车修理中常用来黏结制动蹄片及离合器摩擦片。

酚醛树脂与环氧树脂混合使用时，其用量为环氧树脂的 30%～40%，同时还要添加增塑剂和填料。为加速固化，可加入 5%～6% 乙二胺，既改善其耐热性，又提高其韧性。

（3）氧化铜黏结剂　氧化铜黏结剂耐热性好（耐热温度为 600～900℃），黏结工艺简单、使用方便、操纵容易，但固化过程体积略有膨胀，宜采用槽接或套接。适用于缸体上平面、气门室裂纹、管接头防漏等的黏结。其缺点是黏结脆性大、耐冲击能力差。

氧化铜黏结剂是由粒度为 320 目的纯氧化铜粉和密度为 $1.7g/cm^3$ 的磷酸（$H_3PO_4$）调制而成的。调制过程中，将纯氧化铜粉和无水磷酸放在铜片上用竹片调匀，待能拉出 $7\sim10mm$ 的细丝时即可使用。

## 12.1.6 汽车零件修复工艺选择

### 12.1.6.1 汽车零件修复质量评价

汽车零件的修复质量可用修复零件的工作能力来表示，而零件的工作能力是由耐用性指标来评价的。

修复零件的耐用性指标与覆盖层的物理力学性能以及对基体金属的影响程度有关。统计资料表明修复件丧失工作能力的基本原因在于覆盖层与基体金属结合强度不够，耐磨性不好，零件疲劳强度降低过多。因此在一般情况下，上述指标决定了修复零件的质量。

（1）修复层结合强度 结合强度是评定修复层质量的重要指标，如果修复层的结合强度不够，在使用中就会出现脱皮、滑圈、掉块等现象。结合强度按受力情况可分为抗拉、抗剪及抗扭转、抗剥离等，其中抗拉结合强度能较真实地反映修复层与基体金属的结合力。

抗拉结合强度试验目前国内暂无统一标准，检验零件修复层结合强度的方法主要有敲击法、车削法、磨削法、凿剔法和喷砂法等，出现脱皮、剥落则为不合格。

（2）修复层耐磨性 修复层耐磨性通常以一定工况下单位行程磨损量来评定，不同方法修复的覆盖层耐磨性不完全一致。

（3）修复层对零件疲劳强度的影响 许多汽车零件常在高交变载荷及高冲击荷载环境下工作，因此修复层对零件疲劳强度的影响是考核零件修复质量的一个重要指标。修复层不仅影响零件的使用寿命，而且关系到行车安全。例如，由于振动堆焊对疲劳强度的影响大，因而不允许应用这种方法修复转向节和半轴。

### 12.1.6.2 汽车零件修复方法选择

汽车零件修复方法的选择直接影响到汽车零件的修复成本与修复质量。应根据零件的结构、材料、损伤情况、使用要求以及企业的工艺装备等情况进行选择，通过对零件的适用性指标、耐用性指标和技术经济指标进行统筹分析后来确定。

零件的适用性指标取决于零件的材料、结构复杂程度、损伤状况及可修性等因素，可由下列函数表示：

$$K_i = f(M_n, Q_g, D_g, E_g, H_g, \sum T_i) \tag{12-5}$$

式中 $M_n$——修复件的材料；

$Q_g$，$D_g$——修复件的外形和直径；

$E_g$——修复件需要修复缺陷的数量及其组合；

$H_g$——修复件承受载荷的性质与数量；

$\sum T_i$——修复工艺累计时间或工作量。

耐用性指标取决于零件修复后的耐磨性系数、疲劳强度影响系数、结合强度影响系数等，是用来表征零件修复质量的指标，可用公式表示如下：

$$K_g = f(K_e, K_b, K_c) \tag{12-6}$$

式中 $K_e$——耐磨性系数；

$K_b$——疲劳强度影响系数；

$K_c$——结合强度影响系数。

技术经济指标取决于修复方法的生产率和修复费用，并与相应的经济指标有关，表示如下。

$$K_{ne} = f(K_n, E) \tag{12-7}$$

式中 $K_n$——修复方法生产率系数；

$E$——修复方法的经济指标。

广义的零件修复方法选择，是指在给定条件下能得到最好修复效果的方法，应根据技术可行、质量可靠、经济合理等原则来确定，同时还应考虑以下几点。

① 充分考虑零件的工作条件（工作温度、润滑条件、载荷及配合特性等）及其对修复部位的技术要求等，使选择的方法技术上可行。

当零件磨损严重时，有些修复方法不能适用。例如，用镀铬修复磨损零件时，镀层厚度一般不超过 0.30mm。

零件工作条件不同，其所要求的修复方法也不同。例如，环氧树脂黏结剂修复的零件一般只适用于工作温度不超过 100℃ 的零件；金属喷涂法修复零件时，因涂层与基体结合强度低，不能修复用于承受冲击载荷及抗剪结合强度要求较高的零件；用电脉冲堆焊修复零件时，因堆焊对零件的疲劳强度影响较大，不适用于修复对疲劳强度十分敏感的零件；用镀铬修复的零件，因光滑的镀铬层适油性差，磨合性不好，不适宜在润滑困难的条件下工作。

② 应掌握各种修复方法的特点、影响因素及适用范围。

③ 确定零件修复方法时，要同时进行成本核算。某种零件修复方法的选择合理性应符合下式：

$$\frac{C_p}{L_p} \leqslant \frac{C_h}{L_h} \tag{12-8}$$

式中　$C_p$——修复成本，包括原材料费、基本工资和其他杂费等；

　　　$L_p$——制造成本，包括原材料、基本工资和其他杂费等；

　　　$C_h$——零件修复后的行驶里程；

　　　$L_h$——新零件的行驶里程。

式(12-8) 表明，修复件每百公里成本应低于新零件，否则成本核算不合格，即经济不合算。但是，衡量是否经济，要从全局观点出发，如配件供应不足、停工待料等。

④ 确定零件修复方法时应考虑企业现有生产设备，必须采用新工艺方案时，应进行经济论证。

通常工艺方案的改变会直接导致设备的更换和工艺的变更，需要追加基建投资。经济论证的目的在于比较不同方案的生产率增长速度和修复成本。

# 12.2　其他修复技术

随着科学技术的进步，机械设备（包含汽车）向着高精度、高自动化、高智能化方向发展，因而对机械零件的修复加工要求更高。传统的机件修复法主要依靠电焊或气焊，但许多精密件对强韧性、尺寸精度都有严格要求，焊接工艺往往不能满足要求。而昂贵配件的更换（例如模具）会大幅度增加成本，减少经济效益，并且许多配件并无现成的备件，因此更需要进一步提高机件的修复技术水平。利用传统手段难以达到高质量的修复要求，因此需要借助现代先进的修复技术。

## 12.2.1　埋弧自动堆焊

埋弧自动堆焊又称焊剂层下自动堆焊，是埋弧自动焊的一种。其焊剂对电弧空间有可靠的保护作用，可减少空气对焊层的不良影响。熔渣的保温作用使熔池内的冶金作用比较完全，焊层的化学成分和性能比较均匀，焊层表面也光洁平直，焊层与基体金属结合强度高，能根据需要选用不同焊丝和焊剂以获得比较满意的堆焊层。与手工堆焊相比，埋弧自动堆焊劳动条件好，生产率高10 倍左右，适于修补面积较大、形状不复杂的工件。

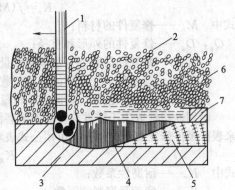

图 12-14　埋弧自动堆焊原理
1—焊丝；2—焊剂；3—基体；4—熔化金属；
5—凝固焊层金属；6—熔渣；7—渣壳

（1）埋弧自动堆焊原理　埋弧自动堆焊原理如图 12-14 所示。电弧在焊剂下形成，由于电弧的高温放热，熔化的金属与焊剂蒸发形成金属蒸气与焊剂蒸气，在焊剂层下形成一个密闭的空腔，电弧在此空腔内燃烧。空腔的上面由熔化的焊剂层覆盖，隔绝了大气对焊缝的影响。由于气体的热膨胀作用，空腔内的蒸气压力略高于大气压力，此压力与电弧吹力共同作用向后方挤压熔化的金属，增大了基体金属的熔深。随金属一同被挤向熔池较冷部分的熔渣相对密度较小，在流动过程中渐渐与金属分离而上浮，最后浮于金属熔池的上部，因其熔点较低、凝固较晚，从而降低了焊缝金属的冷却速度，使液态时间延长，有利于熔渣、金属及气体之间的反应，能够更好地清除熔池中的非金属质点、熔渣和气体，从而得到化学成分相近的金属焊层。

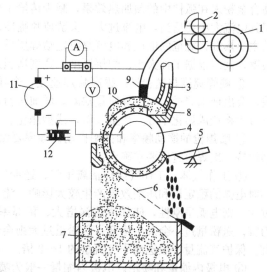

图 12-15　埋弧自动堆焊设备工作示意
1—送丝盘；2—送丝轮；3—焊剂软管；4—工件；
5—除渣刀；6—渣壳筛；7—焊剂箱；8—焊剂挡板；
9—焊丝导管；10—焊剂；11—堆焊电源；12—电感器

（2）埋弧自动堆焊设备　图 12-15 为埋弧自动堆焊设备工作示意。埋弧自动堆焊设备包括堆焊电源、送丝机构、堆焊机床和电感器。堆焊电源是直流电，具有平稳或缓降的特性，能提供 0～26V 电压及 0～320A 的电流。送丝机构能实现无级调节，速度一般在 1～3m/min。堆焊机床可根据拟修复工件的要求设计，一般要求其主轴转速能在 0.3～10r/min 范围内进行无级调节，堆焊螺距在 2.3～6mm/r 范围内调节。

## 12.2.2　等离子喷焊

等离子喷焊和等离子喷涂都是以等离子弧为热源的，但等离子喷焊采用转移和非转移联合型弧。转移弧用于加热工件使其表面形成熔池，同时将喷焊粉末材料送入等离子弧中，粉末在弧柱中得到预热，呈熔化或半熔化状态，被焰流喷射至工件熔池里，充分熔化并排出气体，浮出熔渣。随着喷焊枪和工件的相对移动，合金熔池逐渐凝固，形成合金熔焊层。

（1）等离子喷焊特点

① 喷焊层成型平整、光滑，尺寸可得到较精确控制；一次喷焊可控制宽度 3～40mm，厚度 0.25～8mm，而其他堆焊法难以实现；

② 喷焊层稀释率低，可控制在 5% 以下；

③ 焊层成分和组织均匀；

④ 等离子弧温度高，可进行各种材料的喷焊，尤其适用于难熔材料的喷焊；

⑤ 工艺稳定性好，易于实现喷焊过程自动化。

根据以上特点，目前等离子喷焊主要用于修补那些对焊层质量要求较高的工件，诸如高温耐磨件、强腐蚀介质耐磨件及承受强负荷冲击、冲刷的工件。

（2）等离子喷焊设备　图 12-16 为等离子喷焊系统示意。等离子喷焊工艺程序和规范的控制要求较严格，要求配备精密设备。等离子粉末喷焊设备由焊接电源、电气控制系统、喷焊枪、供粉系统、气路系统、水冷系统和机械装置等部分组成。其中大部分与等离子喷涂设备相类似，仅增加一个摆动机构，且主电路、喷焊枪与离子喷涂存在差别。

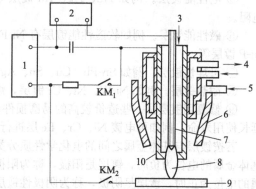

图 12-16　等离子喷焊系统示意
1—焊接电源；2—高频振荡器；3—离子气；4—冷却水；
5—保护气；6—保护气罩；7—钨极；8—等离子弧；
9—工件；10—喷嘴；$KM_1$，$KM_2$—接触器触头

（3）等离子喷焊工艺　等离子喷焊工艺主要包括以下参数。

① 非转移弧和转移弧的电流。非转移弧对喷焊过程的稳定性和熔覆效率都有较大影响，为提

高合金粉末在弧柱中的预加热效果，减少传给工件的热量，以降低熔深，喷焊中应保留非转移弧，但其电流大小要适当，电流过大，会造成喷嘴冷却强度不够，不利于对电弧的压缩。转移弧是喷焊的主要热源，规范的电压和电流是决定喷焊层质量的主要参数，要得到较大的熔覆效率和较小的冲淡率，则需根据工件大小、焊层厚度和宽度适当选择转移弧电流值。

② 喷焊速度与送粉量。提高喷焊速度，会导致焊层变薄、熔深减小、稀释率降低。若速度过快，会出现未焊透、气孔等质量缺陷。增加送粉量，焊层变厚，熔深减小，焊层稀释率降低。送粉量过大将造成熔化不好，严重飞散，成型恶化。

③ 喷焊枪的摆动频率和摆幅摆动。频率要保证电弧对喷焊面均匀加热，避免焊道出现锯齿状；摆幅按一次焊道宽度要求确定。

④ 工作气体。工作气体包括离子气、送粉气和保护气。离子气是等离子弧的介质，其流量大小对电弧的稳定性和压缩效果产生较大影响。流量过小，对电弧压缩不好，造成电弧不稳定；流量过大，则电弧呈刚性，使基体熔深增大、稀释率增大。一般采用柔性弧，其流量选取 6～9L/min 为宜。送粉量过小会发生堵塞，送粉量过大则会干扰电弧。一般将送粉量控制在 20～100g/min 为宜。保护气流量一般选离子气流量的 1～2 倍。

⑤ 电极内缩量和喷距。电极内缩量一般为喷嘴孔道长度再增加 2.5mm，喷距一般按焊层厚度和弧电流大小在 6～18mm 范围内进行调整。

### 12.2.3 特种电镀技术

电镀是一种用电化学方法在镀件表面上沉积所需形态的金属的覆层工艺。电镀的目的是改善材料的外观，提高材料的各种物理化学性能，赋予材料表面特殊的耐腐蚀性、耐磨性、装饰性、焊接性及电、磁、光学性能等，因此镀层仅需几微米到几十微米厚。电镀工艺设备较简单，操作条件易于控制，镀层材料广泛，成本较低，因而在工业中广泛应用，也是报废汽车零部件表面修复的重要方法。镀层种类很多，按使用性能分类，可分为以下九类。

① 防护性镀层。例如锌、锌-镍、镍、镉、锡等镀层，作为耐大气及各种腐蚀环境的防腐蚀镀层。

② 防护-装饰性镀层。例如 Cu-Ni-Cr 镀层等，既具有装饰性，又具有防护性。

③ 装饰性镀层。例如 Au 及 Cu-Zn 仿金镀层、黑铬、黑镍镀层等。

④ 耐磨和减摩镀层。例如硬铬、松孔镀、Ni-SiC，Ni-石墨、Ni-PTFE 复合镀层等。

⑤ 电性能镀层。例如 Au、Ag、Rh 镀层等，既具有高导电率，又可防氧化，避免增加接触电阻。

⑥ 磁性能镀层。例如软磁性能镀层有 Ni-Fe、Fe-Co 镀层；硬磁性能镀层有 Co-P、Co-Ni、Co-Ni-P 镀层等。

⑦ 可焊性镀层。例如 Sn-Pb、Cu、Sn、Ag 等镀层。可改善可焊性，在电子工业中广泛应用。

⑧ 耐热镀层。例如 Ni-W、Ni、Cr 镀层，熔点高，耐高温。

⑨ 修复用镀层。一些造价较高的易磨损件，或加工超差件，采用电镀修复尺寸，可节约成本，延长使用寿命。例如可电镀 Ni、Cr、Fe 层进行修复。

若按镀层与基体金属之间的电化学性质分类，可分为阳极性镀层和阴极性镀层。凡镀层相对于基体金属的电位为负时，镀层是阳极，称为阳极性镀层，例如钢材的镀锌层。而镀层相对于基体金属的电位为正时，镀层呈阴极，称为阴极性镀层，例如钢材的镀镍层和镀锡层等。

按镀层的组合形式分，镀层可分为单层金属镀层、多层金属镀层和复合镀层。单层金属镀层例如 Zn 或 Cu 镀层，多层金属镀层例如 Cu-Sn/Cr、Cu/Ni/Cr 镀层等；复合镀层例如 Ni-Al$_2$O$_3$、Co-SiC 镀层等。

若按镀层成分分类，可分为单一金属镀层、合金镀层及复合镀层。

不同成分及不同组合方式的镀层具有不同的性能，如何合理选用镀层，其基本原则与通常的选材原则基本相同。首先要了解镀层是否具有所要求的使用性能，然后按照零件的工作条件及使用性能要求，选用适当的镀层；其次，要参照基材的种类和性质，选用相匹配的镀层，例如阳极性或阴极性镀层，特别是当镀层与不同金属零件接触时，更要考虑镀层与接触金属的电极电位差对耐腐蚀性的影响，或摩擦副是否匹配；再次，要依据零件加工工艺选用适当的镀层，例如铝合金镀镍层，镀后需通过热处理提高结合力，对于时效强化铝合金镀后热处理会造成超过时效；最后，要考虑镀覆工艺的经济性。

# 12.3　报废汽车零部件循环利用和再制造概述

## 12.3.1　汽车发动机再制造工程

### 12.3.1.1　再制造工程的内涵

再制造是以产品全生命周期理论为指导，以优质、高效、节能、节材和环保为目标，采用先进技术和产业化生产方式，进行修复或改造废旧产品的一系列技术措施或工程活动的总称。再制造是废旧机电产品循环利用最重要的措施，也是再生资源利用的高级形式。再制造通过运用先进的清洗技术、修复技术和表面处理技术，使废旧机电产品达到与新产品相同的性能，延长了产品的使用寿命；同时，还充分利用了废旧产品中蕴含的二次资源，减少制造新产品所需的能源和原料，降低了生产成本，方便了产品维修。

（1）再制造类型

① 再制造加工。对于达到技术寿命和经济寿命而报废的产品，在失效分析和寿命评估的基础上，把有剩余寿命的废旧零部件作为再制造毛坯，采用先进技术进行加工，使其性能恢复，甚至超过新品的生产活动。

② 产品性能升级。对技术性能相对落后的产品，往往是几项关键指标存在着差别。但是，采用新技术对其进行局部改造，可使原产品的性能改进或提高。

（2）再制造的特点

① 再制造的产品可拆解。拆解是再制造生产过程的开始，是零部件进行再制造的基本条件。产品被拆解并经性能检测与可再制造性评估后，才能确定是否能进行再制造。产品的初始设计对拆解性有决定性的影响，因为装配设计与拆卸设计并非完全可逆的对称问题。

② 再制造不同于维修。维修是在产品的使用阶段为了保持其良好技术状况及正常运行而采取的技术措施。维修多以换件为主，辅以单个或小批量的零（部）件修复。而再制造是将大量相似的废旧产品回收拆卸后，按零部件的类型进行收集和检测，将有再制造价值的废旧产品作为再制造毛坯，对其进行批量化修复和性能升级。因此，再制造是一个将旧产品恢复到"新"状态的过程。

可进行再制造的产品一般具有如下的特征：

a. 耐用型产品，某些功能受到损坏；

b. 通用件组成，各部件均可更换；

c. 剩余价值较高，且再制造的成本低于剩余价值；

d. 产品的各项技术指标稳定；

e. 市场认同并且能够接受再制造产品。

③ 再制造不同于再循环。再循环是通过回炉冶炼等加工方式，将废旧产品材料再生利用的过程。材料循环再生要消耗较多的能源，而且对环境还有较大的影响。再制造是以废旧零部件为毛坯，通过采用先进加工技术，获得高品质、高附加值的再制造产品，消耗能源少，最大限度地回收废旧零部件中蕴含的附加值，且成本低于新品制造。

此外，再制造的对象是广义的，它既可以是设备、系统或设施，也可以是零部件。实践证明，再制造是废旧机电产品资源化的最佳形式和首选途径。

（3）再制造意义　再制造是一种以旧零部件作为"毛坯"，按照新品的制造技术标准，采用专用设备和生产工艺进行加工的生产模式。这不仅节约了新品制造所需的原材料，而且再制造产品所需能源也只是生产新产品所需能源的 $1/5 \sim 1/4$；同时，还避免了新产品生产带来的环境污染。

汽车再制造工程是以废旧汽车的再生资源利用为目标，通过产品化的生产组织方式，对可再用的总成、零部件运用先进的再制造加工技术、严格的质量控制和系统的利用管理，使汽车再生资源得到高质量再生的生产过程和充分利用的系统性工程活动。汽车再制造具有以下意义。

① 充分发挥废旧汽车零部件的使用价值。汽车的寿命可分为物质寿命、技术寿命和经济寿命，技术和经济寿命通常大大短于其物质寿命。由于一部分废旧汽车总成和零部件没有达到它的物质寿命，可以再使用或通过再制造成为新型零部件。

② 有利于提取废旧汽车零部件的附加值。再制造是直接以废旧零部件做毛坯的，所以能充分提取报废零部件的附加值。而再循环不能回收产品的附加值，还需要增加劳动力、能源和加工等成本，才能把报废产品转变成原材料。再制造是一种从部件中获得更高价值的合理方法，其产品的平均价格约为新品的 40%～60%。

再制造作为从旧产品中获取更高价值的方法，是对产品的二次投资，更是使废旧产品升值的重要手段。再制造零部件借助专用设备和特殊加工工艺，不仅能够充分挖掘、利用旧零部件的潜在价值，而且再制造过程采取专业化、大批量的流水线生产方式，提高了生产效率，降低了生产成本。

③ 使汽车全寿命周期延长。传统的汽车寿命周期是由论证、设计、制造、使用和报废环节组成的，而现代的汽车全寿命周期是"从研制到再生"，即汽车报废后通过回收利用零部件，使寿命延长，并形成资源的循环利用系统。

④ 使汽车产业链得到延伸。在汽车全寿命周期延长的同时，汽车产业链也得到了延伸，即形成了汽车再制造产业。

在美国有专门的发动机再制造协会，有 160 多个会员。该协会负责管理和协调汽车发动机再制造行业之间的一切技术、设备、产品和备件供应等事宜。世界著名的汽车制造商如福特、通用、大众等，或者自己有发动机再制造厂，或者与其他独立的专业发动机再制造公司保持固定的合作关系，对旧发动机进行再制造。再制造发动机作为其售后服务体系不可缺少的组成部分，对维护本公司产品在市场上良好的形象和声誉，起到了强有力的保障作用。

⑤ 可节约能源和降低污染。虽然传统的废品回收利用也具有再生利用的意义，但是这种回收利用的层次较低。重新利用废旧产品的材料需要消耗较多的能源，并可能造成环境的二次污染。与此相反，汽车零部件再制造不仅能节约能源，而且还降低了零部件在制造过程中对环境的污染。据美国阿贡国家实验室统计，美国的汽车再制造在节约能源方面具有十分明显的作用。例如，新制造一台汽车的能耗是再制造的 6 倍；新制造一台汽车发电机的能耗是再制造的 7 倍；新制造汽车发动机中关键零部件的能耗是再制造的 2 倍。

#### 12.3.1.2 再制造工程体系

再制造是一个发展迅速的工程领域，其研究内容包括：再制造工程理论基础；再制造工程技术；再制造产品质量控制；再制造产品利用与管理等部分。再制造工程体系框架如图 12-17 所示。

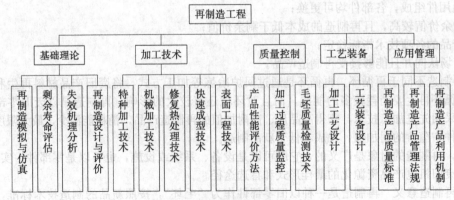

图 12-17 再制造工程体系框架

（1）再制造工程基础理论 再制造工程的理论基础是以产品的再制造性评价、失效分析和寿命预测为核心的。其重点内容包括以下方面。

① 再制造性评价与设计。废旧产品的再制造性评价是实施其再制造的前提，其目的是通过废旧产品的设计结构分析和技术经济分析，综合评价废旧产品的再制造价值。再制造性评价主要包括以下两个方面：从设计结构上分析可再制造性，选择并评价再制造工艺的可行性；从技术经济上分析可再制造性，评估再制造成本并评价经济合理性。产品再制造性评价是为形成优化的再制造方案提供依据，以实现再制造全过程中资源回收最大化、环境污染最小化和再制造产品性能最优化为目的。再制造设计是指根据再制造工程要求，进行新产品的再制造特性设计和废旧产品的再制造工艺设计，运用科学决策方法，形成优化的再制造方案。再制造性作为产品的重要属性，主要在产品设计阶段确定。但是，再制造性会随着产品的使用状况、再制造技术发展和产品应用环境而发生动态变化，所以废旧产品的再制造性评价具有个体性、时间性和应用性等动态特点。

② 产品失效机理分析。产品失效机理分析是从宏观和微观上研究零部件在复杂的使用环境中的失效机理和损伤规律，其目的是为产品再制造提供理论依据和技术指导。

③ 产品剩余寿命评估。产品剩余寿命评估是建立在零部件失效分析的基础上的，主要目的是评估新品和再制造产品的寿命及已用产品的剩余寿命。例如，应用断裂力学理论建立断裂破坏行为的数学模型，并与加速寿命实验相结合进行产品剩余寿命评估；进行腐蚀与损伤动力学过程的模拟，建立自然环境中多因素非线性耦合作用下零部件腐蚀失效行为的数学模型，研究寿命预测方法；应用金属物理理论，从零部件材料的显微组织的微观缺陷和变化上，研究零部件材料的失效行为并指导零部件的寿命预测。

④ 再制造工艺模拟与仿真。再制造工艺的模拟与仿真技术是通过数值模拟和物理模拟动态仿真再制造工艺过程，预测实际工艺条件下可获得的再制造产品的性能和质量，进而实现再制造工艺的优化设计。

（2）再制造加工技术　废旧产品的再制造过程采用了各种技术。在这些技术中，有很多是及时吸收了最新科学技术成果的关键技术，如先进表面技术、再制造毛坯快速成型技术、纳米涂层及纳米减摩自修复材料和技术、修复热处理技术及过时产品性能升级技术等。

（3）再制造产品质量控制　产品质量保证涉及很多方面，主要包括质量计划、质量检测、质量评定和质量控制等。再制造加工质量控制是再制造产品质量控制的关键环节，应建立再制造质量保证体系，制定规范的质量管理文件，采取相关的质量保证措施，使相应的控制流程得到贯彻实施。因此，需要对再制造工艺路线、工艺装备、检验计划和检验规程等项内容进行审查；对产品加工质量过程控制中，涉及的测量方法、数据分析与处理形式等作出相应的规划；同时，根据质量控制内容，提供必要的物质、技术和管理条件，使再制造产品能在受控状态下进行加工生产。

（4）再制造工艺与装备　再制造方法将影响再制造质量和生产成本。因此，在确定再制造工艺时，应重点分析工序加工能力对加工精度的影响。将工序能力和质量控制相结合确定工序加工公差，可以保证各工序都有较高的合格率，从而保证最终工序有较高的成品率。另外，采用合适的再制造工艺装备也是保证再制造产品质量和提高工作效率的重要条件。

（5）再制造产品应用管理　市场销售的所有产品都受到国家质检部门的检测与监督，必须遵守产品质量法和消费者权益保护法的要求。同样，再制造产品也应当符合市场销售的相关规定，通过相关的检验程序，达到规定的质量标准。但是，目前国家还没有对再制造产品进行法律规范，再制造的产品缺乏产品质量法的规制，国家对其质量的监控还未建立完善的标准体系。特别是再制造处于修复和制造之间，可能会对产品中含有的知识产权（专利、商标及产品包装设计等）产生影响，所以还存在着对专利产品的再制造是否侵权的界定等问题。

### 12.3.1.3　再制造系统模式

（1）再制造系统结构模式　再制造系统结构模式如图 12-18 所示。再制造系统运行过程如下：废旧产品回收、预处理、再制造、包装分销和进入应用。

废旧产品回收包括废旧产品的收集、运输和储存。预处理过程包括清洁、拆解和分类。通过拆卸，将废旧产品拆解如下：

① 可继续使用的零部件；

② 可修复或改进的零部件；

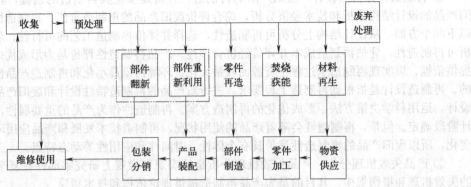

图 12-18　再制造系统结构模式

③ 无法使用或经济上不合算，但通过再生循环可成为原料的零部件；

④ 无法再生循环利用的材料，只能通过焚烧获取其蕴含的能量；

⑤ 没有利用价值的部分，进行无害化废弃处理。

（2）再制造系统运行特点　再制造生产运作模式与传统的生产运作模式有很大的区别，不仅体现在生产管理上，而且还体现在生产计划与控制方面，主要差别如下。

① 生命周期不同。在传统的规模化、精益化和敏捷化制造中，产品生命周期是"从研制到报废"，即从产品的研究开发、试制、生产、使用到报废的过程，系统是一个正向物流系统；而再制造则不同，它考虑的是"从报废到再生"，即在产品全寿命周期内考虑的是产品从报废到再生的过程，系统是一个逆向物流系统。产品甚至存在多个生命周期，即不仅包括本代产品的生命周期，还包括本代产品报废后，部分资源在后代产品的循环使用时间。

另外，再制造过程的数据积累反过来可以用于指导产品的再生设计，以便最终从源头保证产品具有良好的回收性能。按照这种设计思想，可以拓展产品的寿命周期。实质上，也实现了"从研制到再生"的过程，即系统构成了闭环的物流系统。报废不再是产品整个生命周期物流的终端，而是回收利用的起点。

② 生产理念不同。在传统的生产方式下，生产理念是以市场为中心，以用户需求为导向，追求利润最大化为原则，忽略了生产过程中和生产后对环境资源的影响，废旧产品缺乏合理的处理方法。在再制造生产环境下，生产理念是以市场为中心，引导用户的理性需求，以资源消耗最少、对环境影响最小为目的。

③ 资源种类不同。在传统的生产方式下，制造资源主要指物料、能源、设备、资金、技术、信息和人力等；在再制造生产环境下，制造资源的概念已被拓展，不仅包括传统意义上的资源，而且还包括在传统制造方式下被认为是"废物"的再生资源。

通过对这些再生物资进行拆解和分类，形成的再生资源包括：

a. 可直接使用的零部件，直接用于制造或维修；

b. 可再制造的零部件，即不能直接使用，但经过修复后可利用的零部件；

c. 可再生利用的零部件，即零部件完全报废，但是，其材料可再生成可用原料资源；

d. 可燃烧利用的能源。

④ 竞争要素不同。在传统的生产方式下，竞争的主要因素是生产成本、产品质量、制造柔性、供货时间和服务意识；而在再制造环境下，除了上述因素外，竞争的重点已转变为资源节约和环境影响。

⑤ 理论基础不同。生产方式的建立需要理论的指导。规模化生产以劳动分工论为基础；精益生产以供需协调论为基础；敏捷制造以资源整合论为基础；而再制造则是以人与自然和谐论为基础。

#### 12.3.1.4　再制造工艺流程

（1）再制造生产的不确定性　由于产品再制造是以回收的废旧产品为坯料，因此生产过程具有以下不确定性。

① 回收产品到达时间和数量不确定。回收产品到达再制造厂的时间和数量的不确定性，一方面受产品使用寿命的随机性影响，另一方面与回收的可能数量相关。要保证产品再制造生产的稳定进行，要求对回收产品到达的时间和数量作出不同时间尺度的预测，即短期、中期和长期预测。

② 回收产品可再制造率的不确定。如果在产品设计时拆解性考虑不周，产品的再制造率就可能较低。因为这样的产品不但在拆卸上花费的时间较长，而且拆卸的过程还可能会损坏零部件，使再制造生产需要更多的替换部件，使制造成本增加。此外，产品拆解后，因为零部件的状态不同，所以可以有多种利用途径，除了用于再制造之外，还可以作为配件或材料再利用。

③ 回收产品再制造加工时间的不确定。再制造加工时间的不确定性将影响实际生产计划的制定。例如，拆解时间具有很大的随机性，即使是同样的产品，拆解时间也具有不确定性。

④ 回收产品再制造加工工序的不确定。由于回收产品个体状况的不一致，使产品的再制造工序具有一定的差别。在再制造加工过程中，有些工序是必需的，如清洗和检验等。但是，根据零部件的具体状况，也有可能随机安排一些必要的附加工序。生产工艺文件要列出所有可能的加工工序，所有的部件都需要通过检验分类确定具体的工艺过程。

⑤ 回收产品再制造数量与市场需求的不确定。为了得到最大化的生产利润，必须要把回收产品的数量与对再制造产品需求的数量进行平衡。因此，在生产管理上需要对回收产品的库存量和市场需求进行平衡。一般采用如下方法来解决这个问题，即基于实际需求和预测需求来平衡回收数量，或针对实际需求来控制回收数量。针对实际需求来控制回收量，通常采用 MTO（make to order，按订单生产）和 ATO（assembly to order，按订单装配）的策略，而其余情况则选择 MTS（make to stock，按库存生产）的策略。

（2）再制造工艺组织方法　由于再制造生产具有更多的不确定性，所以带来了许多特殊的问题。因此，必须采取具有一定柔性的工艺方法组织生产。再制造工艺组织直接影响到再制造产品质量、加工成本、生产效率和生产周期。再制造生产企业应根据生产状况、设备条件、技术水平及原料供应等具体情况合理组织与安排再制造工艺。

再制造产品以批量化生产为特点，其劳动组织采用专业分工作业方法。专业分工作业方法是将产品再制造加工过程按工种或工序划分为若干个作业单元，每个单元由一个工人或一个工组专门负担，作业单元分得越细，专业化程度越高。这种作业方法易于提高工人单项作业的技术熟练程度，并有可能大量利用专用工具，从而达到提高工效、保证质量和降低成本的目的。作业方式采用流水作业，即产品的解体、再制造加工和装配是以流水线的形式在各个工作站（工位）上按工序顺序依次完成。

（3）再制造工艺基本流程　再制造工艺过程是指根据再制造产品技术条件对废旧产品进行加工的过程，典型再制造工艺基本流程如图 12-19 所示。但是，其不包括废旧产品的回收和再制造产品的销售环节。再制造工艺主要包括以下工序：产品拆解、零件清洗、检验及分类、再制造加工、质量检查、整机装配、性能测试和喷漆包装等。

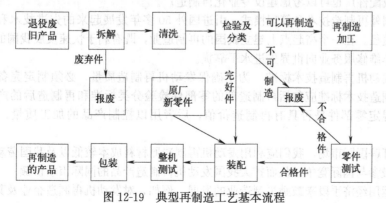

图 12-19　典型再制造工艺基本流程

### 12.3.1.5　国内外发动机再制造概况

发动机再制造在国外已有 50 余年历史，从技术标准、生产工艺、加工设备到产品销售和售后服务，已形成一套完整体系，并已形成了足够规模。例如，在美国和欧洲的许多国家都有专门的发动机再制造协会。世界著名的汽车公司还与本公司相配套的发动机再制造厂及其他独立的专业发动机制造厂保持固定的合作关系，便于对旧发动机进行再制造。

再制造是对功能性损坏或技术性淘汰等原因不再使用的产品进行专业化修复或升级改造，使其质量特性和安全环保性能不低于原厂零件的过程。2021 年 10 月，国务院发布《2030 年前碳达峰行动方案》，提出"促进再制造产业高质量发展，加强资源再生产品和再制造产品推广应用"。对报废汽车零部件进行再制造可充分利用废旧产品剩余价值、节省生产原料、节约能源、减少工业排放、延长产品生命周期。分析表明，零部件再制造与原始制造相比，成本降低 50%、节能 60%、节材70%、减排 80%。由此可见，汽车零部件再制造成为汽车产业链中不可或缺的重要环节，必将开启循环经济再利用的高级形式和装备制造业升级转型的新模式。

目前我国已进入汽车消费时代，汽车保有量增加迅速。国家和相关部委陆续出台了一系列政策，如国务院印发的《国务院关于加快建立健全绿色低碳循环发展经济体系的指导意见》、国家发改委等 8 部委联合出台的《汽车零部件再制造规范管理暂行办法》、工业和信息化部等 4 部委出台的《汽车产品生产者责任延伸试点实施方案》等，明确提出了大力发展再制造产业，为推动汽车零部件再制造产业规范、健康发展提供了政策保障，提出了目标和实施要求。在政策助力下，我国汽车零部件再制造产业在探索中前行，形成了一定规模。初步统计，2021 年我国汽车零部件再制造生产企业约 700 家，占全国再制造企业数量的 35%；汽车零部件再制造产值达 200亿元，占全国再制造行业产值的 1/3。目前我国已完成八批再制造产品认证，其中汽车产品及其零部件再制造产品认证企业共计 9 家，产品覆盖发动机、变速箱、发电机、起动机等，并逐步延伸到新能源汽车的"三电"系统。发动机再制造是指对损坏或者老化的发动机进行拆解、清洗、检测、加工、组装等一系列工序，使其恢复到与全新发动机相同或相近的性能和可靠性水平的过程。发动机再制造不仅可以降低汽车维修成本，延长发动机使用寿命，还有利于环保和节约资源。

### 12.3.1.6　国内发动机再制造发展趋势

(1) 充分发挥汽车（总成）生产厂的龙头作用　汽车（总成）生产厂具有较强的技术装备和较系统的工艺技术，而且制造厂对本厂生产的产品最熟悉，从事本厂产品的再制造，具有得天独厚的优势条件。此外，对本厂产品的再制造还有利于产品质量的信息反馈，因此汽车（总成）生产厂可以设立再制造厂，与汽车回收部门配合，将回收的本企业生产的汽车（总成）在本企业的再制造厂中完成再制造。

(2) 建立专业化的再制造厂　与汽车其他零部件或总成再制造一样，发动机再制造也需要专业化，而且要形成足够的规模批量，尽量采用先进技术，从而保证产品质量、降低产品成本。有条件的汽车修理厂或配件厂也可以考虑建设专业化再制造厂。

(3) 引进国外再制造技术和管理模式　引进国外 50 多年发展起来的先进技术和管理模式是一条行之有效的捷径。在一个高起点上建立我国的再制造业，既有利于快速发展我国的再制造业，又能引领我国汽车维修服务业向世界先进水平靠拢。

(4) 完善发动机再制造技术标准　为了确保发动机再制造质量，必须制定完备的检验技术标准。发动机再制造技术标准应包括再制造前的零部件检验分类标准和再制造后的产品检查验收标准。前者用以界定零部件是否具有再制造价值，后者用以控制产品的加工质量，两个标准同样重要。

(5) 为了开辟国际市场，我们应利用发动机再制造原材料成本较低以及我国劳动力成本相对较低的优势，积极参与国际竞争，从而扩大我国发动机再制造产品的国际市场份额。

(6) 通过运用经济手段来鼓励再制造业的发展　例如，对发动机再制造企业及其产品流通环节实施低税政策，将有助于促进再制造业的健康发展。

（7）需要人们转变观念　发动机再制造是一个相对较新的概念，它容易被人们误解为传统的发动机大修，因此市场上对再制造发动机的质量往往持怀疑态度。近年来，社会上出现的"汽车大修取消论"也对发动机再制造产生了消极影响。有些人片面地认为，采取"视情修理"的方式就不需要全面大修，甚至认为零件修理也是不必要的。

（8）关于其他总成的再制造，除了发动机再制造之外，还包括变速器、转向器、驱动桥等总成的再制造。然而，我们需要对具体问题进行具体分析。例如，变速器中常损伤的零件主要是齿轮和轴，目前对于齿轮的再制造还没有新的工艺出现。如果能够研发出齿轮的再制造新工艺（如真空熔结工艺），那么变速器的再制造将具有更大的价值。

（9）大力发展再制造的基础研究　发动机再制造在国外已有较成熟的经验，但随着科学技术的发展，新技术、新工艺不断出现，把新技术、新工艺引入再制造，将大大提高再制造产品的质量。例如，发动机气缸的等离子淬火技术、轴类零件的等离子喷涂和堆焊技术、键齿类零件的真空熔结技术等，都可显著提高产品的再制造质量，甚至使再制造产品的质量超过新产品。

## 12.3.2　汽车零部件再制造

（1）汽车零部件再制造与零部件修复　汽车零件再制造与零件修复存在相似性。汽车零件修复在我国经历了从无到有、由盛到衰的曲折发展历程。新中国成立初期，由于汽车数量较少，修理行业技术十分落后，缺乏先进的修复工艺和设备，在配件短缺的情况下，只能利用原始的修复方式进行简单修复。20世纪60～70年代，随着汽车保有量的增加和相关汽车及零部件制造企业的技术进步，为解决配件供应不足的矛盾，零件修复业快速发展，修复件的比例大大增加，解决了配件供应不足的燃眉之急。从20世纪80年代开始，随着配件供应逐渐充足，旧件修复开始由盛转衰，报废旧件逐渐退出市场。

从我国汽车零件修复业的发展历程可以看出，我国汽车零件修复业未能实现可持续发展，原因在于观念落后，把零件修复仅作为解决配件供应不足的权宜之计，未将其提升到绿色再制造的高度。零件修复与再制造的区别主要在于生产方式：零件修复是在修理厂内进行的单件生产，由于修复工艺和设备落后，修复质量难以保证，修复成本也较高，因此生命力不强；而零件再制造是在专业化的再制造厂，对报废汽车的可修复零件集中进行专业化大批量再制造，因此再制造零件的质量可以达到或超过新件，且再制造成本仅为新件的50%～60%。

汽车零部件再制造与修复存在差异性。再制造处于修理和制造之间，再制造技术是直接将产品中的零部件功能恢复、升级或再造，最大限度地实现了节省资金、节约能源、节约耗材和保护环境的效果。再制造工程在节约能源、节约耗材、提高经济效益上的作用巨大。汽车发动机再制造的综合效益统计参考情况见表12-1。

表 12-1　汽车发动机再制造的综合效益统计参考情况

| 项目 | 2005～2010 年 | 2010～2015 年 | 2015～2020 年 |
| --- | --- | --- | --- |
| 年均可再制造发动机/万台 | 225～360 | 750～1200 | 2100～3300 |
| 年均销售额/亿元 | 225～360 | 750～1200 | 2160～3360 |
| 年均节电/(亿千瓦·时) | 13～21 | 43～69 | 124～193 |
| 年均回收附加值/亿元 | 307～490 | 1021～1636 | 2945～4582 |
| 年均减少 $CO_2$ 排放/万吨 | 144～230 | 479～766 | 1379～2146 |

（2）汽车零部件再制造在成本上的优势　汽车零部件再制造在保障质量的同时，大大降低了成本。再制造产品所需能源是生产新产品成本的50%，使再制造产品的价格降低为新产品的40%～60%，同时也减少了生产新产品带来的污染。

（3）汽车零部件再制造在效益上的优势　汽车零部件再制造使维修业效率提高。传统的汽车大修，对零部件的修理大都采取原件修理，修理时间长。应用再制造的零部件可大大缩短汽车在修时间，提高汽车维修企业的效率和效益。

（4）汽车零部件再制造在能源上的优势　再制造产品的质量和性能能够达到甚至超过新产品，对环境的影响也显著降低，减少了其他成本的投入。

（5）国外汽车零部件再制造概况　目前国外工业发达国家并未忽视汽车维修和零部件再制造，再生件在汽车修理中的应用比例也较高。美国公用汽车维修企业修理中所用再生件的比例参见表 12-2。

表 12-2　美国公用汽车维修企业修理中所用再生件的比例

| 总成、零件名称 | 所用配件总数/千件 | 新配件/千件 | 再生件/千件 | 再生件占总件数的比例/% |
|---|---|---|---|---|
| 发动机 | 2105 | 834 | 1271 | 60 |
| 凸轮轴 | 1259 | 710 | 549 | 44 |
| 化油器 | 4262 | 1472 | 2790 | 66 |
| 燃油泵 | 10004 | 4195 | 5809 | 58 |
| 发电机 | 8874 | 1253 | 7621 | 86 |
| 起动机 | 4284 | 892 | 3392 | 79 |
| 水泵 | 11046 | 6196 | 4850 | 44 |
| 主制动缸 | 4496 | 2926 | 1570 | 35 |

（6）我国汽车零部件再制造的发展

① 汽车零部件再制造应与汽车总成再制造同步发展。发动机再制造与其零部件再制造相辅相成。发动机再制造离不开发动机零部件再制造，这里的零部件再制造不是发动机再制造厂进行的零部件再制造，而是由专业化零部件再制造厂进行的零部件再制造。零部件再制造厂的产品可以进入配件流通领域，供给汽车维修厂，也可以供给总成再制造厂。总成再制造与零部件再制造性质一致，仅在于产品不同，前者是再制造的总成，而后者是再制造的零件。

② 零部件再制造厂的专业化分工。专业化的零部件再制造厂可按再制造零部件的种类分工，如壳体类零件再制造厂、轴类零件再制造厂、键齿类零件再制造厂、特种零件（如轮胎）再制造厂等。不同性质的零部件，其结构、损伤性质不同，再制造采用的工艺和设备也有所不同，实现零部件再制造厂的专业化分工，有利于采用专用设备进行专业化再制造。例如，气缸体的再制造主要采用焊接和机械加工设备；轴类零件再制造主要采用自动堆焊、喷涂、电镀等工艺装备。

③ 再制造零件的来源渠道。再制造零件的来源渠道有两个：一是汽车维修厂大修时的需修件和部分报废件；二是从报废汽车上拆解出的可修件。维修厂的需修件是指超过使用极限，限于本厂条件不能进行简单修复的零件，例如未超过最后一级修理尺寸的曲轴。部分报废件是指修理厂无法修复的报废零件，例如磨损超过最后一级修理尺寸的曲轴，在修理厂只能报废，但在零件再制造厂可以再生。从报废汽车上拆解的可修件是指在零件再制造厂能够高质量修复，达到再制造零件质量标准的零件。

（7）再制造零件的确定原则　再制造厂应根据以下原则确定零件的再制造价值。

① 技术可行性原则。即根据再制造厂的技术设备条件，能够高质量完成待修复零件再制造，使其修复后质量能够达到甚至超过新产品。

② 经济合理性原则。即在再制造产品寿命达到或超过新件的前提下，其再制造成本应低于新件成本。再制造件成本低于新件价格 30% 以上时，再制造才具有经济价值，通常其成本为新件成本的 50%～60%。

（8）再制造发展方向

① 循环经济是最大限度利用资源和保护环境的经济发展模式。实现汽车回收现代化是汽车行业发展循环经济的重要战略举措。

② 汽车回收现代化是遵循汽车寿命周期循环系统的思路，将汽车回收理念贯穿于汽车的整个寿命周期，即从汽车的设计制造开始，到使用维修，直至报废回收更新为止，每个环节都要考虑到高效回收利用问题。

③ 汽车零部件再制造是实现汽车回收现代化的重要组成部分。汽车零部件再制造包括汽车总成再制造及零件再制造。再制造技术的关键是提高认识，转变观念，不能把再制造与修理等同。

④ 汽车零部件再制造要以汽车生产企业为龙头，鼓励在各汽车生产企业增设专业化的再制造厂，率先进行发动机再制造，在此基础上逐步完善变速器、转向器、驱动桥等其他总成和零部件的

再制造。

⑤ 再制造是汽车和总成大修的发展方向。具备条件的汽车修理厂可以在汽车修理的同时，考虑发动机和零件的再制造。

⑥ 再制造尚有许多问题有待于进一步深入研究。各有关企业、高校和科研单位应积极开展再制造相关问题的研究。

汽车再制造是废旧汽车最为经济的修复手段。汽车再制造延长了产品的生命周期，节约了能源，减少了生产过程中的环境污染，具有极大的经济和社会效益。汽车再制造需要应用各种高新技术，以实现节约资源、提升产品性能和质量。再制造工程的发展要走产业化、高技术化的道路，建立严格的管理检测机制，确保再制造产品的性能和质量，才能使再制造工程得到健康发展，产生巨大的经济效益、社会效益和环境资源效益。

## 12.4 表面技术概述

表面技术涉及的科学技术领域宽广，是一门具有极高使用价值的基础性技术。表面技术的使用可以追溯到很久以前，早在战国时期，我国就已经使用淬火技术提高钢的表面硬度。欧洲使用类似的技术也有较长历史。但是，表面技术的迅速发展是从19世纪工业革命开始的，尤其在最近几十年内，随着工业的现代化、规模化、产业化，以及高新技术的不断发展，表面技术得到了迅速发展，人们在广泛使用和不断试验的过程中积累了丰富经验，已经成为支撑当今技术革新与技术发展的重要因素。目前把用于提高材料表面性能的各种技术统称为材料表面技术。

### 12.4.1 表面技术应用重要性

表面技术的应用已经遍及各行各业，内容十分广泛，可用于耐腐蚀、耐磨、修复、强化、装饰等，也可用于光、电、磁、声、热、化学、生物等方面。表面技术所涉及的基体材料不仅包括金属材料，还包括无机非金属材料、高分子材料及复合材料。表面技术的种类繁多，将这些技术适当用于构件、零部件和元器件，能够获得非常可观的效益。表面技术应用的重要性主要如下。

① 材料的疲劳断裂、磨损、腐蚀、氧化、烧损以及辐照损伤等，一般都是从表面开始的，由其带来的破坏和损失十分惊人。因此，采用各种表面技术，加强材料表面保护具有十分重要的意义。

② 随着经济和科学技术的迅速发展，人们对各种产品抵御环境作用能力和长期运行的可靠性、稳定性提出了越来越高的要求。而构件、零部件和元器件的性能和质量，主要取决于材料表面的性能和质量。例如，由于表面技术有了很大改进，材料表面成分和结构可得到严格的控制，同时又能进行高精度的微细加工，因而许多电子元器件大大缩小了产品的体积，减轻了质量，而且生产的重复性、成品率和产品的可靠性、稳定性都获得显著提高。

③ 许多产品的性能主要取决于表面的特性和状态，而表面（层）很薄，用材很少，因此表面技术可实现以最低的经济成本来生产优质产品；同时，许多产品要求材料表面和内部具有不同性能或者对材料提出其他一些棘手的难题，如"材料硬而不脆""耐磨而易切削""体积小而功能多"等，此时表面技术就成了必不可少的途径。

④ 应用表面技术可在广阔的领域中生产各种新材料和新器件。目前表面技术已在制备高临界温度超导膜、金刚石膜、纳米多层膜、纳米粉末、纳米晶体材料、多孔硅、C60（富勒烯）等新型材料中起到关键作用，同时又是许多光学、光电子、微电子、磁性、量子、热工、声学、生物等功能器件研究和生产上最重要的基础之一。表面技术的应用使材料表面具有原本没有的性能，大幅度拓宽了材料应用领域，充分发挥了材料的潜能。

### 12.4.2 表面技术主要目的

对于固体材料而言，表面技术的主要目的如下：

① 提高材料抵御环境作用的能力；

② 赋予材料表面某种力学性能、装饰性能以及包括光、电、磁、声、热、吸附和分离等在内的各种特殊物理和化学性能；

③ 针对固体表面的失效机理，结合各种特殊性能要求，实施特定的表面加工来制备性能优异的构件、零部件和元器件等先进产品。

### 12.4.3　表面技术提高途径

表面技术主要通过以下两种途径来提高材料抵御环境作用能力和赋予材料表面某种功能特性。

① 施加各种覆盖层。主要采用各种涂层技术，包括电镀、电刷镀、化学镀、涂装、黏结、堆焊、熔结、热喷涂、塑料粉末涂覆、热浸涂、搪瓷涂覆、陶瓷涂覆、真空蒸镀、溅射镀、离子镀、化学气相沉积、分子束外延制膜、离子束合成薄膜技术等。此外，还有其他形式的覆盖层，例如各种金属经氧化和磷化处理后的膜层、贴片的整体覆盖层以及缓蚀剂的暂时覆盖层等。

② 采用机械、物理、化学等方法，改变材料表面的形貌、化学成分、相组成、微观结构、缺陷状态或应力状态，即采用各种表面改性技术，主要有喷丸强化、表面热处理、化学热处理、等离子体扩渗处理、激光表面处理、电子束表面处理、离子注入表面改性等。

### 12.4.4　表面技术基础和应用理论

表面技术是一门与应用技术结合十分密切的学科，其理论基础是表面科学。表面科学主要包括表面物理、表面化学、表面分析技术三部分内容。表面物理和表面化学主要研究两相间所发生的物理和化学过程，从理论体系上讲，包括微观理论和宏观理论两个方面。微观主要指在原子、分子水平上研究表面的组成、原子的结构及运输现象、电子结构与运动及其对表面宏观性质的影响；在宏观尺度上，主要是从能量角度研究各种表面现象。表面分析技术是揭示表面现象的微观实质和各种动力学过程的必要手段，主要包括表面的原子排列结构、原子类型和电子状态等内容。上述三部分相互补充、相互依存，表面科学不仅有重要的基础研究意义，而且与许多技术科学密切相关，在应用上具有非常重要的意义。

表面技术的应用理论主要包括表面失效分析、摩擦磨损理论、腐蚀与防护理论、表面结合、复合理论与功能效应等，这些理论对表面技术的发展与应用具有直接的指导意义。

### 12.4.5　表面技术应用

① 表面技术在结构材料以及工程构件和机械零部件上的应用。结构材料主要用来制造工程建筑中的构件、机械装备中的零部件以及工具、模具等，在性能上以力学性能为主，同时在许多场合又要求兼有良好的耐腐蚀性和装饰性。表面技术在这方面起着防护、耐磨、强化、修复、装饰等重要作用。

② 表面技术在功能材料和元器件上的应用。材料的许多性质和功能与表面组织结构密切相关，因而通过各种表面技术可制备或改进一系列功能材料及其元器件。

③ 表面技术在保护和优化环境方面的重要性日益突出。运用表面技术可以净化大气、抗菌灭菌、吸附杂质、去除藻类污垢，同时对生物医学、治疗疾病及绿色能源、优化环境起着很大的作用。

④ 表面技术在研究和生产新型材料中的应用。表面技术的种类甚多，方法繁杂，各种表面技术还可以适当地复合起来，通过复合技术，材料经表面处理或加工后可以获得许多不寻常的结构形式，因此表面技术在研制和生产新型材料方面十分重要。

## 12.5　表面涂覆技术及表面改性技术

表面涂覆技术是指用涂料通过各种方法涂布于材料表面的一种技术，已有非常广泛的应用。常用的涂覆技术，包括涂装、黏结、堆焊、热喷涂、电火花表面熔覆、热浸涂、陶瓷涂覆、搪瓷及塑料涂覆等。

　　表面改性技术是指采用某种工艺手段使材料表面获得与其基体材料的组织结构、性能不同的一种技术。材料经表面改性处理后既能发挥基体材料的力学性能，又能使材料表面获得各种特殊性能（如耐磨，耐腐蚀，耐高温，合适的射线吸收、辐射和反射能力，超导性能，润滑，绝缘等）。表面改性技术可以掩盖基体材料表面缺陷，延长材料和构件使用寿命，节约稀、贵材料，节约能源，改善环境，并对各种高新技术的发展具有重要作用。

## 12.5.1　表面涂覆技术

### 12.5.1.1　涂装

　　有机涂料通过一定方法涂覆于材料或制件表面，形成涂膜的全部工艺过程，称为涂装。

　　涂装用的有机涂料是涂于材料或制件表面而能形成具有保护、装饰及特殊性能（如绝缘、防腐、标志等）固体涂膜的一类液体或固体材料的总称。

　　（1）涂料主要组成　涂料主要由成膜物质、颜料、溶剂和助剂四部分组成。

　　（2）涂装工艺　使涂料在被涂的表面形成涂膜的全部工艺过程称为涂装工艺。具体的涂装工艺要根据工件的材质、形状、使用要求、涂装用工具、涂装时的环境、生产成本等加以合理选用。涂装工艺的一般工序如下。

　　① 涂前表面预处理。为获得优质涂层，涂前表面预处理十分重要，对于不同工件材料和使用要求，有各种具体规范，总括起来主要有以下内容：

　　a. 清除工件表面的各种污垢；

　　b. 对清洗过的金属工件进行各种化学处理，以提高涂层的附着力和耐腐蚀性；

　　c. 若前道切削加工未能消除工件表面的加工缺陷和得到合适的表面粗糙度，则在涂前要用机械方法进行处理。

　　② 涂布。涂布的方法很多，常用的方法如下：手工涂布法，浸涂、淋涂和转鼓涂布法，空气喷涂法，无空气喷涂法，静电涂布法，电泳涂布法，粉末涂布法，自动喷涂法，辊涂法，抽涂法和离心涂布法等。

　　③ 干燥固化。涂料主要靠溶剂蒸发以及熔融、缩合、聚合等物理或化学作用而成膜。

### 12.5.1.2　黏结与黏涂

　　用黏结剂将各种材料或制件连接成为一个牢固整体的方法，称为黏结或黏合。作为黏结技术的一个分支，黏涂技术获得迅速发展，该技术是将特种功能的黏结剂（通常是在黏结剂中加入二硫化钼、金属粉末、陶瓷粉末和纤维等特殊的填料）直接涂覆于材料或零件表面，成为一种有效的表面强化和修补手段。

　　（1）黏结剂分类　黏结剂又称黏合剂，俗称胶，是由基料、固化剂、填料、增韧剂、稀释剂及其他辅料配合而成。按基料区分，黏结剂分为无机黏结剂和有机黏结剂。

　　近年来，由于高分子化学和合成材料工业的进步，促使了合成黏结剂迅速发展，其品种繁多，性能各异，用途广泛，几乎已经取代了天然黏结剂。合成黏结剂虽然耐热性和耐老化性通常不如无机黏结剂，但具有良好的电绝缘性、隔热性、抗震性、耐腐蚀性以及产品多样性，已占据黏结剂的主导地位。

　　黏结剂可黏结各种材料，特别适合于黏结弹性模量与厚度相差较大，不宜采用其他方法连接的材料，以及薄膜、薄片材料等。黏结也可作为修补零部件的一种方法。

　　（2）黏结剂应用　目前黏结剂应用甚广，主要集中在以下工业领域。

　　① 机械工业。例如：钻探机械制动衬片和离合器面片用改性酚醛黏料制成；机械紧固采用了厌氧胶；立车侧刀架用快固化丙烯酸酯结构胶定位，再用无机胶装配；大型制氧设备用聚氨酯超低温胶修复等。

　　② 电子电器工业。例如：印制电路板上安装芯片使用液体环氧胶或 UV 光固化型黏结剂；计算机、程控交换机的组装生产采用单组分高温快固化环氧胶；微型电机、继电器开关采用有机硅黏结剂等。

　　③ 汽车工业。例如：发动机罩内外挡板和行李箱用氯丁黏结剂；挡风玻璃和后窗玻璃用湿气

固化聚氨酯胶；车身两侧粘贴的聚氯乙烯保护条及装饰条用双面压敏胶带等。

④ 航空宇航工业。例如目前小型机体、大型机械 50％以上连接部位采用黏结结构。黏结剂以120℃固化的环氧/丁腈黏结剂为主，并以胶膜形式使用。

黏结剂还应用于纺织工业、木材工业和医疗卫生业等。

（3）黏涂技术　表面黏涂技术是将加入二硫化钼、金属粉末、陶瓷粉末和纤维等特殊填料的黏结剂，直接涂覆于材料或零件表面，使之具有耐磨、耐腐蚀、绝缘、导电、保温、防辐射等功能的新技术，目前主要应用于表面强化和修复。

黏涂具有黏结技术的大部分优点，如应力分布均匀以及容易做到密封、绝缘、耐腐蚀和隔热等。其工艺简单，不需要专门设备，而是将配好的胶涂覆于清理好的零件表面，待固化后进行修整即可。黏涂通常在室温操作，不会使零件产生热影响和变形等。

黏涂工艺适用范围广，能黏涂各种不同的材料。黏涂层厚度可以从几十微米到几十毫米，并且具有良好的结合强度。在修复应用方面，除一般零件外，对难于或无法焊接的材料制成的零件、薄壁零件、复杂形状的零件、具有爆炸危险的零件以及需要现场修复的零件等，黏涂也可使用。黏涂突出的优点，使其成为表面工程的一项重要技术。

### 12.5.1.3　堆焊

堆焊是在金属材料或零件表面熔焊上耐磨、耐腐蚀等特殊性能的金属层的一种工艺方法。通过堆焊可以修复尺寸不合格的金属零部件及产品，或制造双金属零部件。

堆焊工艺技术已被广泛地用于航天、兵器、能源、冶金、矿山、石油、化工设备、建筑、农机、纺织以及工模具的制造与修复方面或领域。

（1）堆焊材料的分类　所有堆焊材料可归纳为铁基、镍基、钴基、碳化钨基和铜基等几种类型。铁基堆焊材料性能变化范围广，韧性和耐磨性匹配好，能满足许多不同的要求，而且价格低，所以应用最广泛。镍基、钴基堆焊材料价格较高，但高强性能好，耐腐蚀，主要用于要求耐高温磨损、耐高温腐蚀的场合。铜基堆焊材料耐腐蚀性好，并能减少金属间的磨损。碳化钨基堆焊材料价格较高，但在耐严重磨料磨损的条件下，占有重要地位。

（2）常用堆焊材料及堆焊工艺

① 铁基堆焊材料及堆焊工艺。铁基堆焊材料按合金元素含量分为低合金、中合金和高合金三种。为防止堆焊层开裂（高铬铸铁允许堆焊裂纹存在），工件通常需焊前预热和焊后缓冷。

② 镍基堆焊材料及工艺。镍基堆焊材料中除了高镍堆焊材料用于铸铁堆焊时常作为过渡层外，其他常用的镍基堆焊材料是 Ni-Cr-B-Si、Ni-Cr-Mo-W 以及近年来开发研制的 Ni-Cr-W-Si 和 Ni-Mo-Fe。镍基堆焊材料比铁基有更高的热强度和更好的耐热腐蚀性，但价格远高于铁基，故应用相当有限。只有要求堆焊层耐热或耐腐蚀以及耐低应力磨料磨损时，才用镍基堆焊材料。

镍基堆焊材料常用堆焊方法为焊条电弧堆焊、氧-乙炔喷涂、等离子堆焊等。在低碳钢、低合金钢和不锈钢上堆焊镍基堆焊材料时，一般不要求预热。尽量采用小线能量，焊后一般不热处理，工件含碳量高时，应先堆焊过渡层。

③ 钴基堆焊材料和堆焊工艺。钴基堆焊材料主要指钴铬钨堆焊材料，即通常所谓司太利合金。该堆焊层在 650℃左右仍能保持较高的硬度。这是钴基堆焊材料得到较多应用的重要原因。钴基堆焊材料价格昂贵，所以尽量用镍和铁基堆焊材料代替。

为节约昂贵的钴基堆焊材料，应尽量采用低稀释率的氧-乙炔堆焊或粉末等离子堆焊，当工件较大时也可采用焊条电弧堆焊。

氧-乙炔堆焊质量很好，常用于 D802 的堆焊。其工艺原则是采用 3～4 倍乙炔过剩焰，以获得还原性气氛，并使母材表面增碳，降低工件表面熔点和浸润温度，使堆焊易于进行，对于较厚的工件采用中性焰预热 430℃堆焊，焊后缓冷。

粉末等离子堆焊要求焊前严格清除工件表面的氧化物和油污。堆焊工艺要控制适当，以避免堆焊层稀释率过高；大工件应焊前预热，焊后缓冷。

焊条电弧焊稀释率较大，对堆焊层性能不利，一般适用于要求高耐磨性的较大工件的堆焊。焊条焊前须 150℃烘干 1h，宜采用直流反接，小电流短弧堆焊。

#### 12.5.1.4 热喷涂

热喷涂技术是采用气体、液体燃料或电弧、等离子弧、激光等作热源，使金属、合金、金属陶瓷、氧化物、碳化物、塑料以及它们的复合材料等喷涂材料加热到熔融或半熔融状态，通过高速气流使其雾化，然后喷射并沉积到经过预处理的工件表面，从而形成附着牢固的表面层的加工方法。若将喷涂层再加热重熔，则产生冶金结合。

采用热喷涂技术不仅能使零件表面获得各种不同的性能，如耐磨、耐热、耐腐蚀、抗氧化和润滑等性能，而且在许多材料（金属、合金、陶瓷、水泥、塑料、石膏、木材等）表面上都能进行喷涂，喷涂工艺灵活；喷涂层厚度达 $0.5\sim5mm$，而且对基体材料的组织和性能的影响甚小。

（1）热喷涂原理 喷涂时，首先将喷涂材料加热到熔融或半熔融状态；接着是熔滴雾化阶段；然后是（被气流或热源射流推动向前喷射的）飞行阶段；最后以一定的动能冲击基体表面，在强烈碰撞下展平成扁平状涂层并瞬间凝固，如图 12-20(a) 所示。在凝固冷却的 0.1s 中，此扁平状态层继续受环境和热气流影响，如图 12-20(b) 所示，每隔 0.1s 第二层薄片形成，通过已形成的薄片向基体或涂层进行热传导，逐渐形成层状结构的涂层。热喷涂层形成过程如图 12-20(c) 所示。

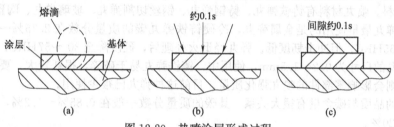

图 12-20 热喷涂层形成过程

（2）热喷涂种类和特点

① 热喷涂种类。按涂层加热和结合方式，热喷涂有喷涂和喷熔两种，前者是基体不熔化，涂层与基体呈机械结合；后者则是涂层经再加热重熔，涂层与基体互熔并扩散形成冶金结合。热喷涂与堆焊的根本区别在于母材基体不熔化或极少熔化。

热喷涂技术按照加热喷涂材料的热源种类分为火焰喷涂、电弧喷涂、高频喷涂、等离子弧喷涂、爆炸喷涂、激光喷涂和重熔、电子束喷涂。

② 热喷涂特点。适用范围广，涂层材料可以是金属和非金属以及复合材料，被喷涂工件也可以是金属和非金属；工艺灵活，喷涂既可在整体表面上进行，也可在指定区域内涂覆；喷涂层的厚度可调范围大，涂层厚度可从几十微米到几毫米；工件受热程度可以控制，工件不会发生畸变，不改变工件的金相组织；生产率高，大多数工艺方法的生产率可达到每小时喷涂数千克喷涂材料，有些工艺方法可高达 50kg/h 以上。

（3）热喷涂材料 热喷涂材料：热喷涂线材（碳钢及低合金钢丝、不锈钢丝、铝丝、锌丝、钼丝、铅及铅合金丝、铜及铜合金丝等）；热喷涂粉末（金属及合金粉末、陶瓷粉末、复合材料粉末、塑料等）。

（4）热喷涂工艺 工件经清整处理和预热后，一般先在表面喷一层打底层（或称过渡层），然后再喷涂工作层。具体喷涂工艺因喷涂方法不同而有所差异。

### 12.5.2 表面改性技术

#### 12.5.2.1 表面形变强化

表面形变强化是提高金属材料疲劳强度的重要工艺措施之一，基本原理是通过机械手段（滚压、内挤压和喷丸等）在金属表面产生压缩变形，使表面形成形变硬化层，此形变硬化层的深度可达 $0.5\sim1.5mm$。

（1）表面形变强化主要方法 表面形变强化是近年来国内外广泛研究应用的工艺之一，强化效果显著，成本低廉。常用的金属表面形变强化方法主要有滚压、内挤压和喷丸等工艺，尤以喷丸强化应用最为广泛。

① 滚压。图 12-21（a）为表面滚压强化示意，目前滚压强化用的滚轮、滚压力大小等尚无标准。对于圆角、沟槽等可通过滚压获得表层形变强化，并能在表面产生约 5mm 深的残余压应力，其分布如图 12-21（b）所示。

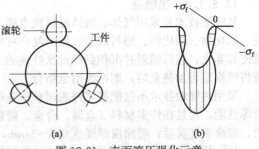

图 12-21　表面滚压强化示意

② 内挤压。内挤压是使孔的内表面获得形变强化的工艺措施，效果明显。

③ 喷丸。喷丸是国内外广泛应用的一种再结晶温度以下的表面强化方法，即利用高速弹丸强烈冲击零部件表面，使之产生形变硬化层并引进残余压应力。喷丸强化已广泛用于弹簧、齿轮、链条、轴、叶片、火车轮等零部件，可显著提高抗弯曲疲劳、抗腐蚀疲劳、抗应力腐蚀疲劳、抗微动磨损、耐点蚀（孔蚀）能力。

（2）喷丸表面形变强化工艺及应用

① 喷丸材料。喷丸材料有铸铁弹丸、铸钢弹丸、钢丝切割弹丸、玻璃弹丸、陶瓷弹丸等。

冷硬铸铁弹丸最早使用的是金属弹丸，冷硬铸铁弹丸碳的质量分数在 2.75%～3.60%，硬度很高，为 58～65HRC，但冲击韧性低。弹丸经退火处理后，硬度降至 30～57HRC，可提高弹丸的韧性。铸铁弹丸的尺寸为 0.2～1.5mm，使用中，铸铁弹丸易于破碎，损耗较大，要及时分离排除破碎弹丸，否则会影响零部件的喷丸强化质量。目前这种弹丸已很少使用。

铸钢弹丸的品质与碳含量有很大关系。其碳的质量分数一般在 0.85%～1.2%，锰的质量分数在 0.60%～1.20%。

目前使用的钢丝切割弹丸是用碳的质量分数一般为 0.7% 的弹簧钢丝（或不锈钢丝）切制成段，经磨圆加工制成的。常用钢丝直径为 0.4～1.2mm，硬度为 45～50HRC 为最佳，使用寿命比铸铁弹丸高 20 倍左右。

玻璃弹丸是近十几年发展起来的新型喷丸材料，已在国防工业和飞机制造业中获得广泛应用，玻璃弹丸含质量分数 67% 以上的 $SiO_2$，直径在 0.05～0.40mm 范围内，硬度为 46～50HRC，脆性较大，密度在 2.45～2.55g/cm³ 范围内。目前市场上按直径分为小于 0.05mm、0.05～0.15mm、0.16～0.25mm 和 0.26～0.35mm 四种。

② 喷丸强化用设备。喷丸采用的专用设备，按驱动弹丸的方式可分为机械离心式喷丸机和气动式喷丸机两大类。喷丸机又有干喷和湿喷之分：干喷式工作条件差；湿喷式是将弹丸混合在液态中呈悬浮状，然后喷丸，因此工作条件有所改善。

无论哪类设备，喷丸强化的全过程必须实现自动化，而且喷嘴距离、冲击角度和移动（或回转）速度等的调节都要稳定可靠。喷丸设备必须具有稳定重现强化处理强度和有效区的能力。

**12.5.2.2　表面热处理**

表面热处理是指仅对零部件表层加热、冷却，以改变表层组织和性能而不改变成分的一种工艺，是应用最广泛的材料表面改性技术之一。当工件表面层快速加热时，工件截面上的温度分布是不均匀的，工件表层温度高且由表及里逐渐降低，从而得到硬化的表面层，即通过表面层的相变达到强化工件表面的目的。

表面热处理工艺包括：感应加热表面淬火、火焰加热表面淬火、接触电阻加热表面淬火、浴炉加热表面淬火、表面光亮热处理等。

（1）感应加热表面淬火　生产中常用工艺是高频和中频感应加热淬火，近年来又发展了超声频、双频感应加热淬火工艺。当感应线圈通以交流电后，感应线圈内即形成交流磁场。置于感应线圈内的被加热零件产生感应电动势，零件内将产生闭合电流（即涡流），在每一瞬间，涡流的方向与感应线圈中电流方向相反。被加热的金属零件电阻极小、涡电流很大，可迅速将零件加热。对于铁磁材料，除涡流加热外，还有磁滞热效应，可以使零件加热速度更快。

感应加热方式有同时加热和连续加热，用同时加热方式淬火时，零件需要淬火的整个区域被感应器包围，通电加热到淬火温度后迅速冷却淬火，可以直接从感应器的喷水孔中喷水冷却，也可以将工件移出感应器迅速浸入淬火槽中冷却。此法适用于大批量生产的零件。用连续加热方式淬火时，零件与感应器相对移动，使加热和冷却连续进行，适用于淬硬区较长、设备功率又达不到同时加热要求的情况。

（2）火焰加热表面淬火　火焰加热表面淬火是应用氧-乙炔或其他可燃气体对零件表面加热，随后淬火冷却的工艺。与感应加热表面淬火等方法相比，具有设备简单、操作灵活、适用钢种广泛、零件表面清洁、一般无氧化和脱碳、畸变小等优点。常用于大尺寸和质量大的工件，尤其适用于批量小、品种多的零件或局部区域的表面淬火，如大型齿轮、轴、轧辊和导轨等。但加热温度不易控制，噪声大，劳动条件差，混合气体不够安全，不易获得薄的表面淬火层。

（3）接触电阻加热表面淬火　接触电阻加热表面淬火是利用触头（铜滚轮或炭棒）和工件间的接触电阻使工件表面加热，并依靠自身热传导来实现冷却淬火。该方法设备简单，操作灵活，工件变形小，淬火后不需回火。接触电阻加热表面淬火能显著提高工件的耐磨性和抗擦伤能力，但淬硬层较薄（0.15～0.30mm），金相组织及硬度的均匀性都较差，目前多用于气缸套、曲轴等的淬火。

（4）浴炉加热表面淬火　将工件浸入高温盐浴（或金属浴）中，短时加热，使表层达到规定淬火温度，然后激冷的方法称为浴炉加热表面淬火。此方法不必添置特殊设备，操作简便，特别适合于单件小批量生产。所有可淬硬的钢种均可进行浴炉加热表面淬火，但以中碳钢和高碳钢为宜，高合金钢加热前需预热。

浴炉加热表面淬火加热速度比高频和火焰淬火低，采用的浸液冷却效果没有喷射强烈，所以淬硬层较深，表面硬度较低。

（5）表面光亮热处理　对高精度零件进行光亮热处理有两种方法，即真空热处理和保护热处理。较先进的方法是真空热处理，真空热处理设备投资大，维护困难，操作技术比较复杂，但涂料品种多，工艺成熟，应用广泛。表面光亮热处理在各种钢等材料的淬火、固溶、时效、中间退火、锻造加热或热成型时均可应用。

### 12.5.2.3 金属表面化学热处理

金属表面化学热处理是利用元素扩散性能，使合金元素渗入金属表层的一种热处理工艺。其基本工艺是：将工件置于含有渗入元素的活性介质中加热到一定温度，使活性介质分解（包括活性组分向工件表面扩散以及界面反应产物向介质内部扩散）并释放出欲渗入元素的活性原子，活性原子被表面吸附并溶入表面，溶入表面的原子向金属表层扩散渗入，形成一定厚度的扩散层，从而改变表层的成分、组织和性能。

（1）金属表面化学热处理目的

① 提高金属表面的强度、硬度和耐磨性。例如，渗氮可使金属表面硬度达到950～1200HV，渗硼可使金属表面硬度达到1400～2000HV等，可使工件表面具有极高的耐磨性。

② 提高材料疲劳强度。例如，渗碳、渗氮、渗铬等渗层中由于相变使体积发生变化，导致表层产生很大的残余压应力，从而提高疲劳强度。

③ 使金属表面具有良好的抗黏附、抗咬合的能力和降低摩擦系数，如渗硫等。

④ 提高金属表面的耐腐蚀性，如渗氮、渗铝等。

（2）化学热处理种类　根据渗入元素的介质不同，化学热处理可分以下几类。

① 渗硼。渗硼就是把工件置于含有硼原子的介质中加热到一定温度，保温一段时间后，在工件表面形成一层坚硬的渗硼层。其主要目的在于提高金属表面的硬度、耐磨性和耐腐蚀性，可用于钢铁材料、金属陶瓷和某些有色金属材料，如钛、钽和镍基合金。但该方法成本较高。

② 渗碳、渗氮、碳氮共渗。渗碳、渗氮、碳氮共渗等可提高材料表面硬度、耐磨性和疲劳强度，在工业中得以广泛应用。

③ 渗金属。渗金属方法是使工件表面形成一层金属碳化物的工艺方法，即渗入元素与工件表层中的碳结合形成金属碳化物的化合物层，次层为过渡层。此类工艺方法适用于高碳钢，渗入元素主要包括W、Mo、Ta、V、Nb、Cr等碳化物形成元素。为获得碳化物层，基材的碳的质量分数必须超过0.45%。

④ 其他渗元素。渗硅是将含硅的化合物通过置换、还原和加热分解得到活性硅，活性硅被材

料表面所吸收并向内扩散，从而形成含硅的表层。渗硅的主要目的是提高工件的耐腐蚀性、稳定性、硬度和耐磨性。

渗硫的目的是在钢铁零件表面生成 FeS 薄膜，以降低摩擦系数，提高抗咬合性能。工业上应用较多的是在 150～250℃进行的低温电解渗硫。

多元共渗，包括多元渗硼、氧氮共渗。

⑤ 表面氧化和着色处理。在水蒸气中对金属进行加热时，在金属表面将生成 $Fe_3O_4$，处理温度约为 550℃；通过水蒸气处理后，金属表面的摩擦系数将大为降低。用阳极氧化法可使铝、镁表面生成氧化铝膜、氧化镁膜，改善其耐磨性。

金属着色是金属表面加工的一个环节，用硫化法和氧化法等可使铜及铜合金生成氧化亚铜（$Cu_2O$）或氧化铜（$CuO$）的黑色膜。钢铁包括不锈钢也可着黑色，铝及铝合金可着灰色和灰黑色等多种颜色，从而起到美化装饰作用。

#### 12.5.2.4 激光表面处理

激光表面处理是高能密度表面处理技术中的一种主要手段，其在一定条件下具有传统表面处理技术或其他高能密度表面处理技术不能或不易达到的特点，这使得激光表面处理技术在表面处理的领域内占据了一定地位。目前，国内外对激光表面处理技术进行了大量试验研究。研究和应用已经表明，激光表面处理技术已成为高能粒子束表面处理方法中的一种主要手段。

激光表面处理目的是改变表面层的成分和显微结构，激光表面处理工艺包括激光相变硬化、激光熔覆、激光合金化、激光非晶化和激光冲击硬化等，从而提高表面性能，以适应基体材料的需要。目前，激光表面处理技术已用于汽车再制造等领域，并正显示出越来越广泛的工业应用前景。

#### 12.5.2.5 电子束表面处理

高速运动的电子具有波的性质。当高速电子束照射到金属表面时，电子能深入金属表面一定深度，与基体金属的原子核及电子发生相互作用。电子与原子核的碰撞可看作弹性碰撞，能量传递主要是通过电子束的电子与金属表层电子碰撞而完成的。所传递的能量立即以热能形式传递给金属表层原子，从而使被处理金属的表层温度迅速升高。这与激光加热有所不同，激光加热时被处理金属表面吸收光子能量，但激光并未穿过金属表面。目前电子束加速电压达 125kV，输出功率达 150kW，能量密度达 $10^3\,MW/m^2$，这是激光器无法比拟的。因此，电子束加热的深度和范围比激光大。

(1) 电子束表面处理设备　处理设备包括：高压电源、电子枪、低真空工作室、传动机构、高真空系统和电子控制系统。

(2) 电子束表面处理的应用

① 薄形三爪弹簧片电子束表面处理。三爪弹簧片材料为 T7 钢，要求硬度为 800HV，采用 1.75 kW 电子束能量，扫描频率为 50Hz，加热时间为 0.5s。

② 美国 SKF 工业公司等共同研究成功了航空发动机主轴轴承圈的电子束表面相变硬化技术。用 Cr 的质量分数为 4.0%、Mo 的质量分数为 4.0%的美国 50 钢所制造的轴承圈易在工作条件下产生疲劳裂纹，导致突然断裂。采用电子束进行表面相变硬化后，在轴承旋转接触面上得到 0.76mm 的淬硬层，从而有效地防止了疲劳裂纹的产生和扩展，提高了轴承圈的寿命。

## 12.6 表面微细加工技术及表面复合处理技术

表面加工技术，尤其是表面微细加工技术，是表面技术的一个重要组成部分。目前高新技术不断涌现，大量先进产品对加工技术的要求越来越高，在精细化方面已从微米级、亚微米级发展到纳米级，表面加工技术的重要性日益提高。

微电子工业的发展在很大程度上取决于微细加工技术的发展，所谓的微细加工是一种加工尺度从微米到纳米量级的制造微小尺寸元器件或薄膜图形的先进制造技术。微细加工技术不仅是大规模和超大规模、特大规模集成电路的发展基础，也是半导体微波技术、声表面波技术、光集成等许多先进技术的发展基础。在其他许多制造部门中，涉及加工尺度从微米至纳米量级的精密、超精密加工技术也将越来越多，例如，用于汽车、飞机、精密机械的微米级精密加工。

单一表面技术往往具有一定的局限性，为满足人们对材料越来越高的使用要求，近年来综合运用两种或两种以上的表面处理技术的复合表面处理技术得到迅速发展。将两种或两种以上的表面处理技术工艺方法用于同一工件的处理，不仅可以发挥各种表面处理技术的各自特点，而且更能显示组合使用的突出效果，这种组合起来的处理工艺称为复合表面处理技术。复合表面处理技术在德国、法国、美国和日本等国家已获广泛应用，并获得了良好效果。

## 12.6.1 表面微细加工技术简介

(1) 光刻加工 光刻加工是用照相复印的方法将光刻掩模上的图形印制在涂有光致抗蚀剂的薄膜或基材表面，然后进行选择性腐蚀，刻蚀出规定图形。所用的基材有各种金属、半导体和介质材料。光致抗蚀剂俗称光刻胶或感光胶，是一类经光照后能发生交联、分解或聚合等光化学反应的高分子溶液。

光刻工艺按技术要求不同而有所不同，但基本过程通常包括涂胶、曝光、显影、坚膜、腐蚀、去胶等步骤。在制造大规模、超大规模集成电路等场合，需采用电子计算机辅助技术，把集成电路的设计和制版结合起来，即进行自动制版。

(2) 电子束加工 电子束加工是利用阴极发射电子，经加速、聚焦成电子束，直接射到放置于真空室中的工件上，按规定要求进行加工。该技术具有小束径、易控制、精度高以及对各种材料均可加工等优点，因而应用广泛，目前加工方法主要有以下两类。

① 高能量密度加工，即电子束经加速和聚焦后能量密度高达 $10^6 \sim 10^9 \mathrm{W/cm^2}$。当冲击到工件表面很小的面积上时，在几分之一微秒内将大部分能量转变为热能，使受冲击工件局部位置达到几千摄氏度高温而熔化和气化。

② 低能量密度加工，即用低能量电子束轰击高分子材料，发生化学反应，进行加工。电子束加工装置通常由电子枪、真空系统、控制系统和电源等部分所组成。电子枪产生一定强度电子束，可利用静电透镜或磁透镜将电子束进一步聚成极细束径，其束径大小随应用要求而确定。如用于微细加工时约为 $10\mu m$ 或更小；用于电子束曝光的微小束径是平行度高的电子束中央部分，仅有 $1\mu m$ 量级。

(3) 离子束加工 离子束加工是利用离子源中电离产生的离子，引出后经加速、聚焦形成离子束，向真空室中的工件表面进行冲击，以其动能进行加工，目前主要用于离子束注入、刻蚀、曝光、清洁和镀膜等方面。

(4) 激光束加工 激光束加工是利用激光束具有高亮度（输出功率高），方向性好，相干性、单色性强，可在空间和时间上将能量高度集中起来等优点，对工件进行加工。当激光束聚焦在工件上时，焦点处功率密度可达 $10^7 \sim 10^{11}\mathrm{W/cm^2}$，温度可超过10000℃。

① 激光束加工的优点。

a. 不需要工具，适合于自动化连续操作；

b. 不受切削力影响，容易保证加工精度；

c. 能加工所有材料；

d. 加工速度快，效率高，热影响区小；

e. 可加工深孔和窄缝，直径或宽度可小到几微米，深度可达直径或宽度的10倍以上；

f. 可透过玻璃对工件进行加工；

g. 工件可不放在真空室中，不需要对X射线进行防护，装置较为简单；

h. 激光束传递方便，容易控制。

目前用于激光束加工的能源多为固体激光器和气体激光器。固体激光器通常为多模输出，以高频率的掺钕钇铝石榴石激光器为最常使用。气体激光器一般用大功率的二氧化碳激光器。

② 激光束加工技术的主要应用。

a. 激光打孔。如喷丝头打孔，发动机和燃料喷嘴加工，钟表和仪表用的宝石轴承打孔，金刚石拉丝模加工等。

b. 激光切割或划片。如集成电路基板的划片和微型切割等。

c. 激光焊接。目前主要用于薄片和丝等工件的装配，如微波器件中的速调管内的钽片和钼片的焊接、集成电路中薄膜焊接、功能元器件外壳密封焊接等。

d. 激光热处理，如表面淬火、激光合金化等。

e. 铝合金的激光熔覆。采用适当的工艺，完全可以获得稀释度很小而又有良好结合力的熔覆层。铝合金的激光熔覆已在国外得到应用，例如丰田汽车的发动机阀板，过去是把烧结合金或耐磨合金镶于气缸头，后来用激光熔覆代替，使阀板的耐磨性、润滑性、耐凝集性、冷却性、耐久性都提高了。

实际上激光加工有着更广泛的应用，从光与物质相互作用的机理看，激光加工大致可以分为热效应加工和光化学反应加工两大类。

激光热效应加工是指用高功率密度激光束照射到金属或非金属材料上，使其产生基于快速热效应的各种加工过程，如切割、打孔、焊接、去重、表面处理等。

激光光化学反应加工主要指高功率密度激光与物质发生作用时，可以诱发或控制物质的化学反应来完成各种加工过程，如半导体工业中的光化学气相沉积、激光刻蚀、退火、掺杂和氧化，以及某些非金属材料的切割、打孔和标记等。这种加工过程，热效应处于次要地位，故又称激光冷加工。

（5）超声波加工　超声波加工是利用超声波进行加工的一种方法，可用来清洗、焊接以及对硬脆材料进行加工等。

超声波加工适合于加工各种硬脆材料，尤其是不导电的非金属硬脆材料，如玻璃、陶瓷、石英、铁氧体、硅、锗、玛瑙、宝石、金刚石等。对于导电的硬质金属材料如淬火钢、硬质合金等，也能进行加工，但加工效率较低。加工的尺寸精度可达 $\pm 0.01mm$，表面粗糙度可达 $0.63\sim 0.08\mu m$。主要用于加工硬脆材料圆孔、弯曲孔、型孔、型腔，也可进行套料切割、雕刻以及研磨金刚石、拉丝模等。此外，也可加工薄、窄缝和低刚度零件。

超声波加工在焊接、清洗等方面有许多应用。超声波焊接是两焊件在压力作用下，利用超声波的高频振荡，使焊件接触面产生强烈的摩擦作用，表面得到清理，并且局部被加热升温而实现焊接的一种压焊方法。用于塑料焊接时，超声振动与静压力方向一致，而在金属焊接时超声振动与静压力方向垂直。振动方式有纵向振动、弯曲振动、扭转振动等。接头可以是焊点。相互重叠焊点形成的连续焊缝，用线状声极一次焊成直线焊缝，用环状声极一次焊成圆环形、方框形等封闭焊缝。相应的焊接机有超声波点焊机、缝焊机、线焊机、环焊机。超声波焊接适于焊接高导电、高导热性金属，以及焊接异种金属、金属与非金属、塑料等，可焊接薄至 $2\mu m$ 的金箔。

表面微细加工技术除以上介绍的几种以外，还有电火花加工、电解加工、电铸加工等，表面微细加工技术在现代加工技术中的应用越来越广泛。

## 12.6.2　表面复合处理技术

（1）复合表面化学热处理　复合表面化学热处理是指将两种或两种以上热处理方法复合起来的加工技术，在生产实际中已得到广泛应用。

① 渗钛与离子渗氮的复合处理强化方法是先将工件进行渗钛的化学热处理，然后再进行离子渗氮的化学热处理，经过这两种化学热处理复合处理后，在工件表面形成硬度极高、耐磨性很好且具有较好耐腐蚀性的金黄色 TiN 化合物层。其性能明显高于单一渗钛层和单一渗氮层的性能。

② 渗碳、渗氮、碳氮共渗对提高零件表面的强度和硬度有十分显著的效果，但这些渗层表面抗黏着能力并不令人十分满意。在渗碳、渗氮、碳氮共渗层上再进行渗硫处理，可以降低摩擦系数，提高抗黏着磨损的能力，提高耐磨性。如渗碳淬火与低温电解渗硫复合处理工艺是先将工件按技术条件要求进行渗碳淬火，在其表面获得高硬度、高耐磨性和较高的疲劳性能，然后再将工件置于温度为 $190℃\pm 5℃$ 的盐浴中进行电解渗硫。渗硫后获得复合渗层，渗硫层是呈多孔鳞片状的硫化物，其中的间隙和孔洞能储存润滑油，因此具有很好的自润滑性能，有利于降低摩擦系数，改善润滑性能和抗咬合性能，减少磨损。

（2）表面热处理与表面化学热处理复合强化处理　表面热处理与表面化学热处理的复合强化处

理在工业上的应用实例较多。

① 液体碳氮共渗与高频感应加热表面淬火的复合强化。液体碳氮共渗可提高工件的表面硬度、耐磨性和疲劳性能，但该项工艺有渗层浅、硬度不理想等缺点。若将液体碳氮共渗后的工件再进行高频感应加热表面淬火，则表面硬度可达 $60\sim65$HRC，硬化层深度达 $1.2\sim2.0$mm，零件的疲劳强度也比单纯高频淬火的零件明显增加。其弯曲疲劳强度提高 $10\%\sim15\%$，接触疲劳强度提高 $15\%\sim20\%$。

② 渗碳与高频感应加热表面淬火的复合强化。一般渗碳后要经过整体淬火与回火，虽然渗层深，其硬度也能满足要求，但仍有变形大、需要重复加热等缺点。使用该复合处理方法，不仅能使表面达到高硬度，而且可减少热处理变形。

③ 氧化处理与渗氮化学热处理的复合处理工艺。氧化处理与渗氮化学热处理的复合称为氧氮化处理，就是在渗氮处理的氨气中加入体积分数为 $5\%\sim25\%$ 的水分，处理温度为 550℃，适合于高速钢刀具。高速钢刀具经过这种复合处理后，钢的外表层被多孔性质的氧化膜（$Fe_3O_4$）覆盖，其内层形成由氮与氧富化的渗氮层。其耐磨性、抗咬合性能均显著提高，改善了高速钢刀具的切削性能。

④ 激光与离子渗氮复合处理。钛的质量分数为 $0.2\%$ 的钛合金经激光处理后再离子渗氮，硬化层硬度从单纯渗氮处理的 600HV 提高到 700HV，钛的质量分数为 $1\%$ 的钛合金经激光处理后再离子渗氮，硬化层硬度从单纯渗氮处理的 645HV 提高到 790HV。

(3) 热处理与表面形变强化的复合处理工艺

① 普通淬火回火与喷丸处理的复合处理工艺在生产中应用很广泛，如齿轮、弹簧、曲轴等重要受力件经过淬火回火后再经喷丸表面形变处理，其疲劳强度、耐磨性和使用寿命都有明显提高。

② 复合表面热处理与喷丸处理的复合工艺。例如，离子渗氮后经过高频表面淬火后再进行喷丸处理，不仅使组织细致，而且还可以获得具有较高硬度和疲劳强度的表面。

③ 表面形变处理与热处理的复合强化工艺。例如，工件经喷丸处理后再经过离子渗氮，虽然工件的表面硬度提高不明显，但能明显增加渗层深度，缩短化学热处理的处理时间，具有较高的工程实际意义。

(4) 镀覆层与热处理的复合处理工艺　镀覆后的工件再经过适当的热处理，使镀覆层金属原子向基体扩散，不仅增强了镀覆层与基体的结合强度，同时也能改变表面镀层本身的成分，防止镀覆层剥落并获得较高的强韧性，可提高表面抗擦伤、耐磨损和耐腐蚀的能力。

① 在钢铁工件表面电镀 $20\mu m$ 左右厚的含铜（铜的质量分数约 $30\%$）的铜锡合金，然后在氮气保护下进行热扩散处理。首先进行升温，在 200℃ 左右保温 4h，再加热到 $580\sim600℃$ 保温 $4\sim6$h，处理后表层是 $1\sim2\mu m$ 厚的锡基含铜固溶体，硬度约 170HV，有减摩和抗咬合作用；其下为 $15\sim20\mu m$ 厚的金属化合物 $Cu_4Sn$ 层，硬度约为 550HV，这样钢铁表面覆盖了一层高耐磨性和高抗咬合能力的青铜镀层。

② 在钢铁表面上电镀一层锡锑镀层，然后在 550℃ 进行扩散处理，可获得表面硬度为 600HV（表层碳的质量分数为 $0.35\%$）的耐磨耐腐蚀表面层，也可在钢表面上通过化学镀获得镍磷合金镀层，再经 $400\sim700℃$ 扩散处理，提高了表面层硬度，并具有优良的耐磨性、密合性和耐腐蚀性。这种方法已用于制造玻璃制品的模具、活塞和轴类等零件。

③ 铜合金先镀 $7\sim10$mm 厚锡合金，然后加热到 400℃ 左右（铝青铜加热到 450℃ 左右）保温扩散，最表层是抗咬合性能良好的锡基固溶体，其下是 $Cu_3Sn$ 层和 $Cu_4Sn$ 层，硬度约为 450HV（锡青钢）或 600HV（含铅黄铜）。提高了铜合金工件的抗咬合、抗擦伤、抗磨料磨损和黏着磨损性能，并提高表面接触疲劳强度和抗腐蚀能力。

④ 在铝合金表面同时镀 $20\sim30\mu m$ 厚的铟和铜，或先后镀锌、铜和铟，然后加热到 150℃ 进行热扩散处理。处理后外表层为 $1\sim2\mu m$ 厚的含铜与锌的铟基固溶体，第二层是铟和铜含量大致相等的金属间化合物（硬度 $400\sim450$HV）；靠近基体的为 $3\sim7\mu m$ 厚的含铟铜基固溶体。该表层具有良好的抗咬合性和耐磨性。

⑤ 锌浴淬火法是淬火与镀锌相结合的复合处理工艺。如将含碳的质量分数为 $0.15\%\sim2.3\%$ 的

硼钢在保护气氛中加热到 900℃，然后淬入 450℃ 的含铝的锌浴中等温转变，同时镀锌。该复合处理缩短了工时，降低了能耗，提高了工件性能。

(5) 覆盖层与表面冶金化的复合处理工艺　利用各种工艺方法先在工件表面上形成所要求的含有合金元素的镀层、涂层、沉积层或薄膜，然后再用激光、电子束、电弧或其他加热方法使其快速熔化，形成符合要求的经过改性的表面层。

柴油机铸铁阀片经过镀铬、激光合金化处理，表层的表面硬度达 60HRC。该层深度达 0.76mm，延长了使用寿命。45 钢经过 Fe-B-C 激光合金化后，表面硬度可达 1200HV 以上，提高了耐磨性和耐腐蚀性。

(6) 离子辅助涂覆　等离子体辅助沉积技术是将离子镀和溅射沉积所应用的等离子体与气相反应物相结合，产生一种称为等离子体辅助化学气相沉积法（PACVD）的技术。若用离子束代替等离子体来完成类似效应的技术则称为离子辅助涂覆。该技术具有灵活性和重复性，可在低温操作，且快速、可控，通常用于高度精密表面处理以及普通技术不能处理的一些表面。

# 12.7　报废汽车零部件增材制造

增材制造又称 3D 打印，是信息技术、新材料技术与制造技术多学科融合发展的一种先进制造技术。增材制造作为有望产生"第三次工业革命"的代表性技术，引领大批量制造模式向个性化制造模式发展。

美国材料与试验协会（ASTM）F42 国际委员会对增材制造和 3D 打印有明确的概念定义。增材制造（additive manufacturing，AM）技术是通过 CAD 设计数据采用材料逐层累加的方法制造实体零件的技术。相对于传统的材料去除（切削加工）技术，是一种"自下而上"材料累加的制造方法。自 20 世纪 80 年代末开始，增材制造技术逐步发展，其间也被称为"材料累加制造"（material additive manufacturing）、"快速原型"（rapid prototyping）、"分层制造"（layered manufacturing）、"实体自由制造"（solid free-form fabrication）、"3D 打印技术"（3D printing）等。

增材制造技术摒弃了传统的刀具、夹具及多道加工工序，仅凭三维设计数据便能在单一设备上快速而精确地制造出任意复杂形状的零件，从而实现"自由制造"，解决了许多过去难以制造的复杂结构零件的成型问题，并大大减少了加工工序，缩短了加工周期。而且，越是复杂结构的产品，其制造速度的提升作用越显著。近年来，增材制造技术获得了快速的发展，并与多种材料和先进工艺相结合，开发出了多种类型的增材制造设备。目前，已有设备种类达到 20 多种，在消费电子产品、汽车、航天航空、医疗、军工、艺术设计等多个领域都获得了广泛应用。

## 12.7.1　报废汽车零部件增材制造的优越性

与传统再制造手段相比，增材制造技术生产报废汽车零部件可以快速成型。运用快速成型技术能及时发现产品设计差错，缩短开发周期，降低研发成本，快速验证关键、复杂零部件或样机的原理及可行性，例如缸盖、同步器开发，以及橡胶、塑料类零件的单件生产。增材制造技术不需要金属加工或任何模具，能够省去模具开发、铸造、锻造等繁杂工序，节省试制环节中大量的人员、设备投入。据调查，目前国内零部件模具开发周期一般在 45d 以上，而增材制造技术可以在没有任何刀具、模具及工装夹具的情况下，快速实现零件的单件生产。根据零件的复杂程度，加工时间仅需 1~7d，与传统铸造或锻造加工方式相比，增材制造技术具有绝对的高效率。

增材制造设备所使用的原材料并不局限于树脂或工程塑料，金属材质同样适用。金属材质通过激光或电子束直接熔化成金属粉末，逐层堆积金属，形成金属直接成型技术。该技术在报废汽车零部件再制造领域显现突出优势：一方面，可以直接制造复杂结构的金属零部件，省去开发模具、再制造零部件的工序；另一方面，增材制造目前的技术水平可以使汽车金属零部件的力学性能和精度达到锻造件的性能指标，能够保证汽车零部件对于精度和强度的需求。

美国福特汽车公司运用增材制造技术制造了不同类型的汽车零部件，比如福特 C-MAX 和福特福星混合动力汽车的转子、阻尼器外壳和变速器，福特翼虎混合动力汽车使用的 Eco Boost 四缸发动机和福特 2011 版探险家的刹车片。目前我国已有报废汽车零部件再制造企业通过增材制造技术制作缸体、缸盖、变速器齿轮等产品，并采用增材制造技术修复受损的汽车零部件。

### 12.7.2 增材制造对汽车零部件制造业的影响

目前美国已将增材制造技术广泛应用于汽车零部件的制造与再制造领域，我国也正在探索增材制造技术在该领域中的应用，增材制造技术主要优点在于以下几个方面。

（1）加快汽车更新换代　增材制造技术集概念设计、技术验证与生产制造于一体，将极大缩短概念汽车从"概念"到"定形"的时间，缩短汽车设计研发的周期，从而加快汽车更新换代。增材制造技术能使赛车的技术研发和性能改进更加快捷，能将现代汽车制造技术发挥到极致；增材制造技术同样能使跑车、特种车辆的研发更加灵活，使汽车具备更多功能，以充分满足人们的不同需求。总之，增材制造技术的不断发展将使个性化的定制产品成为主流，在互联网和搜索引擎的链接下，社会需求将同制造无缝衔接，促成个性化、实时化、经济化的生产和消费模式，对汽车制造业产生很大的影响。

（2）简化生产环节　增材制造技术将对传统制造业产生"革命性"冲击，将改变从模具、部件、半成品到成品等生产流程。传统的劳动力、设备投资、工人技能、生产型管理将变得不再重要。由此可见，增材制造将对劳动密集型的汽车及其零配件产业带来较大冲击，促使行业向高效模式转变。

（3）便捷汽车零部件再制造　增材制造技术会对汽车零部件再制造产生深远的影响。当高档轿车的贵重零部件如曲轴、缸体、缸盖出现磨损、裂纹等故障时，技术人员可利用增材制造技术进行修复，延长关键零部件的使用寿命，降低零部件制造成本，甚至直接把损毁的部件、紧缺的零件增材制造出来，减少备件库存和备件资金占用。

当前，以增材制造技术为重要代表的第三次工业革命初现端倪，它使生产制造不再受限于大型、复杂、昂贵的传统工业过程，人类将以新的合作方式进行生产制造，制造过程与管理模式将发生极大变革。因此，增材制造在未来必将带来一场产业革命并深刻影响着报废汽车零部件制造产业。

### 12.7.3 增材制造汽车零部件存在的问题

尽管增材制造技术已成功地将传统复杂的生产工艺简单化，将材料领域的疑难问题程序化，拥有诸多优势，但就目前的发展来看，推广增材制造技术的应用还存在一些问题。受技术装备、新型材料、设计软件、质量安全和公共环境等的制约和影响，增材制造目前仅适用于小批量、小尺寸、高精度、造型复杂的零部件的加工制造，尚难以代替传统制造业大规模、大批量的加工制造优势。

由于报废汽车零部件产品再制造成本较高且相较于传统制造业，再制造所需材料种类较少，导致增材制造技术在报废汽车零部件制造领域中的推广应用受到一定制约。增材制造技术取代传统铸造、锻造技术进行汽车零部件的大批量、规模化生产尚存在差距。只有将增材制造技术的个性化、复杂化、高难度的特点与传统制造业的规模化、批量化、精细化相结合，与制造技术、信息技术、材料技术相结合，才能不断推动增材制造技术在汽车零部件产业的创新发展。

## 12.8　汽车零部件及发动机总成再制造工艺

再制造工艺是一种可实现资源持续利用的工艺，是修复和再使用耗损设备零件的全部技术和活动的总过程。研究出更好的再制造工艺，会降低再制造的成本，使购买者享受再制造产品与全新产品相同的售后服务。在一些发达国家，废旧机电产品再制造已有几十年的发展历史，在再制造产品的技术标准、生产工艺、加工设备到废旧产品回收、销售和售后服务等方面形成了一套完整的产业体系。

### 12.8.1 汽车零部件再制造工艺

（1）工艺过程 汽车零部件再制造是把汽车零部件经过若干个加工工序，恢复出厂时的使用功能的一种加工制造，是一个可逆的过程，因此采用逆向工程的思维。发动机零部件再制造的逆向工程，是消化、吸收先进技术，并结合一系列工作方法的技术组合，是对已有发动机进行解剖、深化和再创造的过程。汽车零部件再制造逆向工程框架如图 12-22 所示。

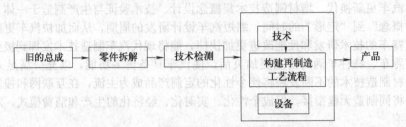

图 12-22 汽车零部件再制造逆向工程框架

（2）总体工艺要求 发动机零部件再制造可以采取先零件、后总成，先配件、后组装的循序渐进的工艺路线，同时要有科学的再制造工艺流程。例如在德国，汽车零部件拆解企业在流水线上，将汽车以逆向制造程序分解，发动机、金属车架、塑料、导线和稀有金属等被分门别类堆放在一起，完好的部件被作为再制造的母体，其余材料则作为回收料进行再生处理。

### 12.8.2 发动机总成再制造工艺

在国内，已经有发展较快的汽车总成再制造公司。其中发动机是很有代表性的汽车再制造总成，其典型零部件有缸体、缸盖、曲轴、连杆、各种传感器及其他小件等，发动机总成再制造工艺流程如图 12-23 所示。针对零部件的尺寸超差和材料缺陷这两大类因素，采用先进的再制造设备对其进行加工，可以挽救大部分次品，重新赋予其生命。

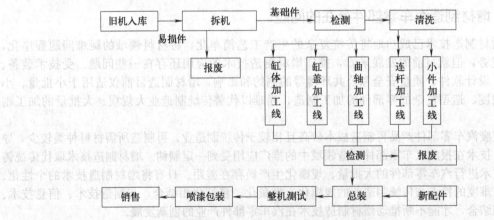

图 12-23 发动机总成再制造工艺流程

（1）旧机检测 旧发动机是进行再制造产品生产的原材料，必须满足再制造条件。其质量的好坏直接影响生产成本，所以旧发动机入厂前必须进行严格检测。

（2）拆机及清洗 拆机、清洗发动机是再制造过程的主要环节。根据零部件的用途、材料特性，需选择不同的清洗方法。例如，初步检查时直接剔除易损件（如轴瓦、活塞、活塞环、垫片和橡胶件等）；拆机时，剔除那些明显损坏的零部件或清洗后目检判定无法进行再制造的零部件。

（3）缸盖 其再制造工艺顺序为水检、喷油器衬套更换、气门导管更换、气门座圈更换和加工、缸盖下平面的平面度校正和缸盖装配等。对超差缸孔进行再制造的关键在于设备的加工精度，通常缸孔的圆度小于 0.005mm，直线度要求达到 0.005mm 以内，缸孔内表面必须有符合要求的平台网纹。缸盖再制造工艺流程见表 12-3。

**表 12-3　缸盖再制造工艺流程**

| 序号 | 加工项目 | 投入关键设备 | 工艺性能与优点 |
|---|---|---|---|
| 1 | 水检 | 专用加热密封性检测机 | 检测水道密封性,消除漏水隐患 |
| 2 | 更换碗形塞、铜套 | — | — |
| 3 | 更换气门导管 | — | — |
| 4 | 精铰气门导管 | 专用气门导管铰刀及设备 | — |
| 5 | 更换气门座圈 | 采用液氮进行更换 | 座圈无脱落现象 |
| 6 | 精铰气门座圈 | 专用气悬浮座圈加工设备 | 在线可测密封性,无须研磨气门 |
| 7 | 修气门 | 数控修磨机床 | 研磨气门,恢复与气门座圈密封性 |
| 8 | 装配总成 | — | — |
| 9 | 铣磨平面 | 数控磨床 | 恢复表面缺陷 |

（4）气缸体　气缸体常见的损伤有上平面度超限、水套壁裂纹、气缸磨损超过最后一级修理尺寸等。气缸体再制造工艺流程见表 12-4。

**表 12-4　气缸体再制造工艺流程**

| 工序号 | 工序名称 | 设备 | 工序号 | 工序名称 | 设备 |
|---|---|---|---|---|---|
| 1 | 清洗 | 清洗机 | 7 | 镶套前镗缸 | 镗缸机 T-8014 |
| 2 | 水压试验 | 水压试验台 | 8 | 镶套 | 油压机 |
| 3 | 焊接 | 电焊机 | 9 | 镶套后镗缸 | 镗缸机 T-8014 |
| 4 | 焊缝整修 | 手砂轮 | 10 | 激光淬火 | 固体激光加工机 |
| 5 | 水压试验 | 水压试验台 | 11 | 镗缸 | 珩磨机 |
| 6 | 磨削上平面 | 专用平面磨床 | 12 | 检验 | |

（5）曲轴　首先要消除曲轴内应力，然后进行曲轴加工、曲轴探伤、曲轴热处理，最后将曲轴抛光及曲轴进行清洗。曲轴有 −0.25mm 和 −0.50mm 等几个修理级别，使用曲轴磨床修复其尺寸，对于需要渗碳或氮化处理的曲轴，磨削之后必须再次进行同样的处理。曲轴再制造工艺流程见表 12-5。

**表 12-5　曲轴再制造工艺流程**

| 工序号 | 加工项目 | 投入设备 | 工艺性能及优点 |
|---|---|---|---|
| 1 | 轴连杆密封轴颈 | AMC 的曲轴磨床,保证精度 | 轻度受损的曲轴,修理后可再次装机使用 |
| 2 | 检验、测量、校直 | 专用工装器具 | 一定限度内,恢复其跳动参数,检测其有无暗伤,消除隐患 |
| 3 | 探伤 | 磁力探伤机 | 彻底清除油道死角,保证清洁度 |
| 4 | 清洗油道 | 综合利用煤油、清洗剂、高压风 | 提高表面硬度和粗糙度 |
| 5 | 氮化、精磨、抛光 | 专用曲轴氮化炉 | 延长使用寿命 |
| 6 | 装齿轮法兰 | — | 氮化后,必要的工序 |
| 7 | 修止推面 | — | |

（6）连杆　连杆再制造先要进行连杆探伤处理，再进行大头孔珩磨、小头孔更换衬套、加工衬套孔、连杆重量分组，最后进行连杆大、小头孔平行及扭曲的检查。

（7）其他小零部件　主要包括气门检查、加工；挺柱检查、加工、热处理；气门弹簧检查；凸轮轴检查；其他零件检查等。表面疏松、有砂眼等不影响零部件结构强度和密封性能的轻微缺陷，在不影响再制造可行性的前提下，可以进行再制造。此类缺陷往往在工件的精加工阶段才会被发现，虽然此类缺陷不会影响工件的密封、润滑和配合，但是按照工厂检验制度的规定，通常被视为废品。

## 12.8.3　发动机总成再制造关键工艺

汽车再制造的关键是发动机的再制造，本节主要以发动机为例分析其再制造工艺。

（1）发动机再制造拆解　拆解是产品进行再制造的前提，无法拆解的产品谈不上再制造。拆解设计必须考虑以下准则：拆解工作量最小原则，结构可拆解准则，拆解易于操作原则等。

（2）发动机再制造清洗　清洗是指清除工件表面液体和固体的污染物，使工件表面达到一定的洁净程度。例如，某发动机翻新厂对分类好的零部件采用化学药剂浸泡、喷丸等手段进行清洗。在进行喷丸时，需对螺纹等一些表面贴上覆盖物以进行保护。

（3）发动机再制造修复　一般采用以下三种方式来对产品性能进行修复。

① 强化修复法。以采用高新表面工程技术修复磨损件为特点，主要提高产品零部件的表面综合性能，延长其使用寿命。

② 功能替换法。以采用最新多功能模块替换旧模块或增加新模块为特点，主要用于恢复甚至提高产品的功能、环保性、可靠性等，优化产品。

③ 改造完善法。以局部结构改造为特点，主要用于修补原产品的缺陷，提高可靠性，使再制造产品适合服役环境或条件。其修复技术有以下几种。

① 现代表面技术。现代表面技术具有优质、高效、低耗等先进制造技术特征，是再制造的重要手段之一。采用多种现代表面技术可直接针对许多贵重零部件的失效原因，实施局部表面强化或修复，重新恢复其使用价值，如纳米电刷镀技术、高速电弧喷涂技术、纳米固体润滑干膜技术。

② 黏结技术。利用各种黏结剂修复不宜采用其他方法修复的零部件，可收到很好的效果。

③ 再制造零部件"毛坯"成型技术。采用铸、锻、焊方法修复零件或形成再制造"毛坯"。

④ 再制造零部件再加工技术。采用传统常规加工方法，如车、钳、铣、刨、钻、镗、拉、磨等，及其发展的各种数控、高速、强力、精密等新方法进行再制造加工。采用传统特种加工方法，如电火花、电解、超声波、激光等，及其发展的各种自动化、柔性化、精密化、集成化、智能化等新型的高效特种加工技术进行再制造加工。

# 12.9　再制造汽车零部件质量检验

早在 2008 年 3 月国家发展改革委就正式发布了《汽车零部件再制造试点管理办法》，确定了首批 14 家汽车零部件再制造试点企业，同时将开展再制造试点的汽车零部件产品范围暂定如下：发动机、变速箱、发电机、起动机、转向器五类产品。

再制造汽车零部件的检验是再制造工作中的一个关键工序，检验工作对汽车总成、零部件再制造的质量、物质消耗、生产率、成本等都有决定性的影响。因此，针对不同零部件的不同缺陷，应选用合适的检验量具、仪器，采用正确的检验方法，严格检验再制造零部件的技术状态，从而确定取舍，制定零部件再制造方案，恢复零件性能。

## 12.9.1　汽车零部件损伤类型与常见缺陷

### 12.9.1.1　机械损伤

零件的机械性损伤是导致汽车丧失工作能力的主要因素，按其产生的原因可分为零件磨损、零件变形和零件疲劳断裂。

（1）零件磨损　根据金属磨损实验方法相关规定，磨损就是"物体表面相接触并做相对运动时，材料自该表面逐渐损失以致表面损伤的现象"。通常将磨损按其表面破坏机理和特征分为磨料磨损、黏着磨损、表面疲劳磨损和腐蚀磨损。各类磨损的内容及特点见表 12-6。

表 12-6　各类磨损的内容及特点

| 类型 | 内容 | 磨损表面特征 | 举例 |
|---|---|---|---|
| 磨料磨损 | 在摩擦过程中，因硬的颗粒或硬的凸起物冲刷摩擦表面而引起材料脱离的现象 | 刮伤、沟槽、擦痕 | 农业及矿山机械零件、内燃机的气缸壁等 |
| 黏着磨损 | 摩擦副相对运动中，由于固相焊合，接触表面的材料由一个表面转移到另一个表面的现象 | 擦伤、锥形坑、鱼鳞片状、麻点、沟槽 | 内燃机的铝活塞与缸壁、轴瓦等 |

续表

| 类型 | 内容 | 磨损表面特征 | 举例 |
|---|---|---|---|
| 表面疲劳磨损 | 两接触表面作滚动或滚动滑动复合摩擦时，因周期性载荷作用，使表面产生变形和应力，从而使材料产生裂纹并分离出微片或颗粒的磨损 | 裂纹、麻点、剥落 | 滚动轴承、齿轮副、凸轮和挺杆 |
| 腐蚀磨损 | 在摩擦过程中，金属与周围介质发生化学或电化学反应，产生材料损失的现象 | 有反应物产生（形成膜、颗粒） | 曲轴轴颈的氧化磨损、气缸套低温腐蚀等 |

① 磨料磨损。表面与磨料相互摩擦而引起表面材料损失的现象称为磨料磨损。一般地说，凡是硬质颗粒或硬质凸出物（包括硬金属）都是磨料。磨料磨损主要包括两种情况：第一种情况是粗糙的金属表面在相对较软的金属表面滑动时产生的磨损；第二种情况是硬金属与软金属摩擦时，由游离的硬磨料引起的磨损。磨料磨损是最常见的磨损形式。统计分析表明，在各类磨损形式中，其大约占总数的 50%；同时，它也是危害最为严重的磨损形式。

② 黏着磨损。由于黏附作用使两摩擦表面的材料迁移而引起的机械磨损，称为黏着磨损。按摩擦表面的破坏程度可分为 5 类，黏着磨损类别见表 12-7。

表 12-7 黏着磨损类别

| 类别 | 破坏现象 | 损坏原因 | 实例 |
|---|---|---|---|
| 轻微磨损 | 剪切破坏发生在黏着结合面上，且表面转移的材料极轻微 | 黏着结合强度比摩擦副的两种基体金属都弱 | 缸套和活塞环的正常磨损 |
| 涂抹 | 剪切破坏发生在离黏着结合面不远的较软金属浅层内，软金属涂抹在硬金属表面 | 黏着结合强度大于较软金属的剪切强度 | 重载蜗轮副的蜗杆 |
| 擦伤 | 剪切破坏主要发生在软金属的亚表层内；有时硬金属亚表面也有划痕 | 黏着结合强度比两种基体金属都高，转移到硬面上的黏着物质又划伤软金属表面 | 发动机的铝活塞侧壁与缸体摩擦 |
| 撕脱 | 剪切破坏发生在摩擦副一方或两方金属较深处 | 黏着结合强度大于任一基体金属的剪切强度，剪切应力高于黏着结合强度 | 主轴-轴瓦摩擦副轴承表面 |
| 咬死 | 摩擦副之间咬死，不能相对运动 | 黏着结合强度比任一基体金属的剪切强度都高，而且黏着区域大，剪切应力低于黏着结合强度 | 不锈钢螺栓与不锈钢螺母在拧紧过程中常发生 |

③ 表面疲劳磨损。接触面作滚动或滚动滑动复合摩擦时，在循环接触应力的作用下，材料表面因疲劳而产生物质损耗的现象称为表面疲劳磨损。表面疲劳磨损分为非扩展性和扩展性两类。

a. 非扩展性表面疲劳磨损。在新的摩擦表面上，接触点较少，单位面积上的压力较大，容易产生小麻点的现象。随着接触的扩大，单位面积的实际压力降低，小麻点停止扩大。对于塑性较好的金属表面，因加工硬化提高了表面强度，使小麻点不能继续扩展，机件可继续正常工作。

b. 扩展性表面疲劳磨损。当两接触面上的交变压力较大时，由于材料塑性稍差或润滑选择不当，在磨合阶段就产生小麻点。有的在短时间内，而有的在稍长时间内，小麻点就会发展成痘状凹坑，使机件失效。对表面疲劳磨损的研究表明，其磨损过程有两个阶段：首先是疲劳核心裂纹的形成；其次是疲劳裂纹的扩展，直至材料微粒的脱落。从表面疲劳磨损的机理可知，疲劳磨损与裂纹的形成和扩展有关，故凡能够阻止裂纹形成和扩展的方法都能减少表面疲劳磨损。

④ 腐蚀磨损。摩擦过程中，金属同时与周围介质发生化学或电化学反应，使腐蚀和磨损共同作用而导致零件表面物质的损失，这种现象称为腐蚀磨损。由于介质的性质、介质作用在摩擦表面上的状态以及摩擦材料性能的不同，摩擦表面出现的状态也不同，故常将腐蚀磨损分为氧化磨损、特殊介质腐蚀磨损和微动腐蚀磨损。

a. 氧化磨损。氧化磨损就是摩擦副表层的氧化膜不断被除去，又反复形成的过程。氧化磨损速率决定于所形成氧化膜的形状和氧化膜与基体的结合力，同时也决定于金属表面的塑性变形抗力。若形成的氧化膜是脆性的，它与底材金属结合的抗剪切性能差或是氧化速度小于磨损速度，则氧化膜极易磨损；反之，若形成的氧化膜韧性好，它与底材金属结合的抗剪切性能好或氧化速度大于磨损速度，则氧化膜起着保护摩擦表面的作用，因此，磨损率相当小。曲轴颈发生氧化磨损后，摩擦表面沿滑动方向的磨痕细而均匀。

b. 特殊介质腐蚀磨损。特殊介质腐蚀磨损的磨损机理与氧化磨损相似。不过随着腐蚀速度增加，磨损速度加快，金属表面又可能与特殊介质起作用，生成耐磨性较好的保护膜。

c. 微动腐蚀磨损。微动腐蚀磨损发生在摩擦副之间，尽管它们没有宏观的相对运动，但在外界变动载荷的作用下，会产生小振幅（振幅小于 $100\mu m$，一般为 $2\sim20\mu m$）的相对滑动。此时，表面上会产生大量微小的氧化物磨损粉末，这种由微动和腐蚀共同作用造成的磨损被称为微动腐蚀磨损。显然，微动磨损多发生在相对静止的配合副上，如键连接处、螺栓连接处以及过盈配合的轮和轴等部位。若振动应力足够大，微动磨损处可能形成表面应力集中源，进而引发疲劳裂纹的发展，最终导致完全的破坏。因此，微动磨损被视为一种复合形式的磨损。

(2) 零件变形　汽车在使用过程中，由于受力的作用，使零件的尺寸或形状产生改变的现象称为零件的变形。汽车零件，特别是基础零件和车架等零件的变形，将严重影响相应总成和汽车的使用性能及寿命。

① 零件变形的基本概念。

a. 金属的弹性变形。弹性变形是指金属在卸除外力后能完全恢复的那部分变形。弹性变形的机理是晶体中的原子在外力作用下偏离了原来的平衡位置，使原子间距发生变化，从而造成晶格的伸缩或扭曲。因此，弹性变形量很小，一般不超过材料原长度的 $0.10\%\sim1.0\%$。而且，金属在弹性变形范围内，符合胡克定律，即应力与应变为正比关系。

许多金属材料在低于弹性极限应力的作用下，会产生滞后弹性变形。所谓滞后弹性变形，就是材料在一定应力作用下，不能瞬时地达到其新的平衡位置，当卸除载荷时，也不能瞬时恢复原状的现象，简称为弹性后效。

b. 金属的塑性变形。塑性变形是指材料在外力去除后，不能恢复的那部分永久变形。实际使用的金属材料，大多数是多晶体结构，且大部分是合金。由金属材料学的基本理论可知：多晶体结构的变形抗力比单晶体结构高，而且使变形复杂化。因此，晶粒越细，单位体积的晶界越多，塑性变形抗力越大，即强度越高。

金属塑性变形后会引起组织结构和性能的变化，使晶界向某个方向延展，所承受的应力也有方向性，即由原来的各向同性变为各向异性。金属塑性变形还会产生加工硬化现象，同时在金属内部还会产生应力（或残余应力）。另外，塑性变形使原子活泼能力提高，造成金属的耐腐蚀性下降。

② 基础件变形对总成使用寿命的影响。汽车零件的变形是十分常见的。有些零件如曲轴、连杆等，由于形状简单，变形产生的危害比较直观，变形的检查和校正也比较简单。但是，对于一些基础件如气缸体、变速器壳、桥壳和车架等，其形状复杂、相互位置精度要求高，变形的测量检查及变形的校正均较为困难。

气缸体经使用后，甚至长期放置的备用气缸体，绝大多数会产生不同程度的变形。气缸轴线与曲轴轴线的垂直度对发动机的使用寿命影响最大，经发动机台架试验证明，当垂直度偏差在200mm 长度上达到 $0.17\sim0.18$mm 时，发动机气缸的磨损增加 $30\%\sim40\%$，也就是发动机的使用寿命相应缩短了 30% 以上。这是因为该垂直度偏差过大，将使活塞在气缸内产生倾斜，从而使活塞环和活塞与缸壁的局部接触应力增大，加剧了摩擦和磨损。

当主轴承座孔同轴度及圆度超过公差要求时，可能使曲轴在轴瓦中翘曲，不但增加了曲轴的附加载荷，加速了曲轴及轴瓦的磨损，严重时还常常导致曲轴的断裂事故。

汽车变速器壳的变形也是比较严重的问题，变速器壳变形主要表现为轴承座孔轴线的同轴度、平行度以及前后端面的垂直度等超过公差要求。

变速器各轴承座孔轴线的同轴度、平行度是影响变速器使用寿命和正常工作的重要因素。试验表明，当平行度偏差达到 0.19mm 时，其转矩的不均匀性比新的变速器要高一倍左右；同时，它还破坏了齿轮的正常啮合，造成齿轮偏磨，产生较大的轴向分力，不仅加剧了轮齿的磨损，有时还造成变速器工作中自动跳挡。

（3）零件疲劳断裂　疲劳断裂是指零件在反复多次的应力或能量负荷循环后发生的断裂现象。零件在使用过程中发生的断裂，约有 60%～80% 属于疲劳断裂。其特点是断裂时应力低于材料的抗拉强度或屈服极限。不论是脆性材料还是塑性材料，其疲劳断裂在宏观上均表现为无明显塑性变形的脆性断裂。

经实验研究表明，零件在疲劳载荷作用下，因位错运动而造成的不均匀滑移带是产生疲劳裂纹的根本原因。表面缺陷或材料内部缺陷起着尖缺口的作用，产生应力集中，促使疲劳断裂的形成。承受交变载荷的零件，在较低的应力（低于屈服极限）下，在其表面（当表面经强化处理后可转移至表面以下或内部）将出现不均匀的滑移带。在某些强烈滑移带内，各小滑移带的滑移不均匀性更为严重，其高度差造成许多如锯齿状的显微缺口。在两侧高度差较大的滑移面间较尖锐的缺口处，由于应力和应变集中的不断加强，而形成滑移裂缝。

零件的表面难免存在加工缺陷（如刀痕、磨削裂缝、锻造或热处理过热或裂缝等）、截面尺寸突变（如台肩、尖角、键槽和小孔等）以及各种腐蚀缺陷（如晶界腐蚀、应力腐蚀、蚀坑等），这些地方将产生较大的应力集中，容易产生疲劳裂纹。

金属材料的第二相质点、非金属夹杂物、晶界和孪晶界、疏松、孔洞、气泡等处，有较高的应力集中（比工作应力高 2～3 倍），易造成该处滑移不均或夹杂物断裂而引起疲劳裂纹的产生。滑移带到达晶界或孪晶界处，滑移方向将发生改变，在该处也形成高应力区，使滑移不均匀。在交变应力的继续作用下，晶界处的变形和应力不断增加，最后晶界处或孪晶界处产生疲劳裂纹。

#### 12.9.1.2　腐蚀与气蚀

腐蚀是指金属受周围介质的作用而引起破坏的现象。金属零件的腐蚀是一个十分严重的问题。据统计，全世界每年因腐蚀而损坏的金属制品的质量约占金属年产量的 1/5～1/3。因此，研究金属的腐蚀具有非常重要的现实意义。零件腐蚀按其机理可分为化学腐蚀和电化学腐蚀。

（1）化学腐蚀　金属与介质直接发生化学作用而引起的损坏称为化学腐蚀。腐蚀产物直接生成于发生腐蚀的部位，并在金属表面形成表面膜。膜的性质决定化学腐蚀的速度，如膜完整严密，则有利于保护金属而减慢腐蚀。金属在干燥空气中的氧化，以及金属在不导电介质中的腐蚀均属于化学腐蚀。

（2）电化学腐蚀　金属表面与周围电解质溶液发生电化学作用，导致电子转移，进而产生的腐蚀称为电化学腐蚀。引起电化学腐蚀的原因是金属与电解质溶液接触形成原电池，产生了电化学反应，而使电极电位较低的部分遭受腐蚀。这种原电池，由于其电流无法利用，却使阳极金属受到腐蚀，因此称为腐蚀电池。两种金属制成的零件，由于其电极电位不同，可以形成腐蚀电池。即使同一金属，由于各部位接触的溶液成分不同，也可形成浓差腐蚀电池。况且，各种金属都不是绝对纯，常含有杂质，并存在化学成分不均匀、组织差异和应力差异等。这些现象均可导致电位不等，构成许多微小的局部电池。当金属表面有氧化膜或镀层时，常因氧化膜不完整、有孔隙，或镀层有破损、裂纹等，在电解质溶液存在的环境下，也形成局部腐蚀电池。

金属按电化学机理发生腐蚀时，同时进行两个过程：第一个是阳极过程，即金属原子变成离子进入溶液，并在金属上留下电子；第二个是阴极过程，即溶液中的去极化剂吸收掉金属上多余电子。氢离子和氧是常见的去极化剂。氢离子作为去极化剂的腐蚀过程称为析氢腐蚀。许多金属在盐酸或稀硫酸中均受到析氢腐蚀；氧作为去极化剂的腐蚀过程称为吸氧腐蚀。金属在盐或碱溶液中，或在大气、海水和土壤中，均可发生吸氧腐蚀。

（3）气蚀　气蚀（也称穴蚀）是当零件与液体接触并有相对运动时，零件表面出现的一种破坏现象。这种破坏的特点是在局部区域出现麻点、针孔，严重时呈聚集的蜂窝状的孔穴群。小孔的直径可达 1mm 甚至几毫米，深度可穿透零件。水冷柴油机缸套外壁、滑动轴承等都可能发生穴蚀破坏。由于柴油机的强化，缸套穴蚀破坏比较严重，成为影响缸套寿命的重要因素之一。

柴油机缸套穴蚀的特征是孔穴群常集中出现在连杆摆动平面的两侧，尤其在活塞侧压力大的一侧外壁最为严重。另外，在进水口的水流转向处，缸套支撑面及密封处也可能出现穴蚀破坏。

### 12.9.1.3 其他损伤

前面介绍了金属零件的失效模式和失效机理，并分析了导致损伤的主要影响因素。随着新技术和新材料在汽车制造中的广泛应用，电子元件、工程塑料和橡胶制品在汽车零件中所占的比例越来越大。因此，有关电子元器件失效、工程塑料及橡胶制品的损伤均成为常见的损伤形式。

（1）电子元器件的损伤 汽车电子元件及设备工作环境可归纳为以下几点：温度和湿度的变化范围宽、电源电压波动大、脉冲电压强、电磁相互干扰多、振动与冲击剧烈及尘埃与有害气体侵蚀等。

一般的电子元件对过电压和温度特别敏感。例如：晶体管的 PN 结易过压击穿；电解电容器在温度升高时，漏电将增加；晶闸管元件则对电流敏感。可将上述损伤归纳成以下几种形式。

① 元件击穿。元件击穿有许多原因，主要是过压击穿、过流击穿和过热击穿。击穿的现象有时表现为短路形式，有时表现为断路形式。由电路故障引起的过压、过流击穿是不可以恢复的。

据资料统计，汽车上的电器由于介质击穿造成的损坏大约为 85%，而其中约有 70% 的击穿故障是发生在新车上的；同时，电容器的击穿又常常会烧坏与其串联的电阻元件。

晶体管的击穿也是一种主要的故障现象。由于元件质量的问题，其稳定性较差。例如，由于自身热稳定性差而导致类似于击穿的故障，称为"热短路"或"热击穿"现象。

② 元件老化。元件老化是指性能退化。它包括许多现象，如电容器的容量减小、绝缘电阻绝缘性下降、晶体管的漏电增加、电阻值变化、可变电阻不能连续变化及继电器触点烧蚀等。对于继电器这类元件，往往还存在由于绝缘老化而导致的线圈烧坏、匝间短路、触点抖动，甚至无法调整初始动作电流等故障。

③ 连接故障。这类故障包括接线松脱、接触不良、潮湿、腐蚀等，会导致短路、断路。这类故障一般与元件无关。

（2）塑料的损伤 汽车制造技术的主要进步之一就是越来越广泛采用新型结构材料，其中更有前途的是合成材料，特别是塑料。塑料大致可分成热塑性塑料和热固性塑料。热塑性塑料对热具有可逆反应，热固性塑料则没有。一般来说，热固性塑料无论是耐热性和耐溶剂性都比热塑性塑料好得多。

① 老化。塑料在自然条件下长期放置，逐渐发生物理化学变化，并引起变色、变形、龟裂，从而降低其力学性能等，这种现象称为老化。引起老化的原因是零件使用的环境条件，如热和光的作用，氧、臭氧及其他元素的作用，风和雨的作用，机械外力的作用等，其中氧化对老化的影响最大。此外，和金属并用时金属离子也会使其老化。通过改变组成和使用添加剂等方法可以延缓塑料的老化，增加使用的耐久性。

② 疲劳破坏。塑料零件在实际使用的时候，当承受随时间变动的载荷时尽管其最大应力小于静破坏应力，但在某种程度的反复作用后仍有破坏现象发生。在反复应力条件下材料不发生疲劳破坏的应力最大极限值称为疲劳强度。为了防止塑料的疲劳破坏，其所受的交变应力应小于其疲劳强度。

③ 磨损。除不光滑磨损外，塑料作为轴承和齿轮使用时，光滑面之间的滑动或滚动也易于导致磨损。滑动速度增大，摩擦热就升高，最后产生发热熔化、分解或者变色等故障。PV 值（负载压力与速度之间的对应值）是各种塑料在用作轴承时的标准，这个标准适用于短时间或间歇工作情况。如果连续使用，那么实际 PV 值只是该标准的 1/3～1/2。

按所具有的 PV 值大小，磨损可分为两组：一组是达到一定的 PV 值且熔融而产生强的磨损（如聚酰胺树脂和聚乙烯树脂等）；另一组则完全看不出熔融现象，且 PV 值小（如聚四氟乙烯）。它们的磨损机理各不相同，主要原因是摩擦面的温度不同。

④ 刮痕。这是塑料零件在使用中容易产生的损伤，这种情况只能根据压痕硬度、划痕硬度、耐磨性、抗擦伤加以判定。

⑤ 龟裂。塑料零件在使用中由于各种原因引起的一种损伤形式。龟裂可分为一般环境应力龟裂、溶剂龟裂及热应力龟裂三种。龟裂是由于几种原因复合而同时引起的，所以损伤现象分析比较困难。应力龟裂现象由分子结构、结晶状态支配，因此受原料及成型加工条件的影响较大。

（3）橡胶制品的损伤 汽车上使用的橡胶制品主要有轮胎、胶管、散热器热水胶管、液压油管以及各类油封等。其典型的工作环境和损伤形式介绍如下。

① 轮胎。汽车行驶时，轮胎在负荷和路面阻力的作用下，连续发生复杂的形变，使内部受力和发热。温度的升高，将严重地影响橡胶的性能和轮胎的组织，从而大大增加了轮胎的磨损而缩短了其使用寿命。

轮胎损伤形式主要如下：帘线过度伸长，甚至拉断；接地面积减小，胎面中部磨损增加，在花纹底部开裂。另外，轮胎因变形摩擦而产生热量，促使胎温升高，当超过一定的温度时（一般为100℃），胎体强度大大降低，很容易引起脱层、爆破等损坏。

② 胶管。燃油胶管由内层橡胶和外层橡胶两种不同橡胶双层复合而成。内层采用的是耐汽油性能优异的丁腈橡胶（NBR），外层则采用耐臭氧性能优良的环氧氯丙烷橡胶。此外，靠近发动机位置的燃油胶管使用了氟橡胶。它们的主要损伤形式是高温老化。

③ 散热器热水胶管。冷却液中加有乙二醇防冻液和防锈液。因此，热水胶管除要求耐热性能外，还要求耐腐蚀性优良。过去以苯乙烯-丁二烯橡胶（SBR）为主，现在主要采用耐热性优良的三元乙丙橡胶（EPDM）。其损伤形式主要也是老化。

④ 液压油管。作为液压制动系统输油和转向助力系统的供油管，其寿命主要由介质的性质、环境温度和工作负荷所决定。对于某些使用位置上的部件来说，振动和冲击等外力也会成为老化的因素。

⑤ 油封件。油封件的工作特点决定了其对耐疲劳性有很高要求；同时，还受液体的性质和环境温度的影响，因此其主要损伤形式是老化和机械破坏。

⑥ 减振橡胶。发动机橡胶支承块，其破坏主要是疲劳和老化，要求具有良好的动态抗疲劳特性。从耐久性考虑，还要求具有高温机械特性，主要使用天然橡胶（NR）材料。但是，目前也采用具有良好减振性和防振性的丁基橡胶。另外，提高减振性会使耐久性不稳定，故应综合考虑。

### 12.9.1.4 汽车零部件常见缺陷

（1）铸件常见缺陷　铸造是指将熔化的金属浇注到已制好的铸型空腔中，待其冷却凝固后，获得具有所需形状、大小的毛坯或零件的方法。在铸造过程中，常见的铸件缺陷如下。

① 气孔。图 12-24 所示为气孔，气孔是在铸件内部、表面或表层处所存在的大小不等的光滑孔洞。气孔主要是由于铸型透气性差、型砂含水过多或金属含有气体太多所致。

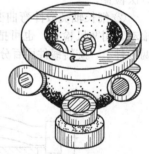

图 12-24　气孔

在汽车零部件上，气孔常存在于后桥外壳、变速器外壳、分动器外壳、水泵外壳等部位。

② 缩孔和缩松。图 12-25 为缩孔，金属在冷却凝固过程中，会产生体积收缩。当铸件外层已冷凝结成壳体，内部的金属液继续冷凝时，如没有另外的金属液补充其收缩的体积，则完全凝固后就会在铸件中形成孔洞。图 12-26 为缩松，缩松为细小而分散的缩孔。缩孔、缩松的内表面粗糙不平，常发生在铸件壁较厚的部位。

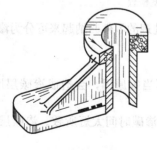

图 12-25　缩孔

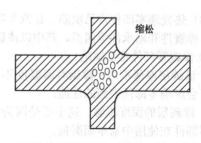

图 12-26　缩松

在汽车零部件上，缩松常出现在活塞环的平面、气门导管的内表面及其外部的下端、活塞的销孔、干式缸套的内表面等部位。

③ 渣孔和砂眼。指在铸件内部或表面处存在的形状不规则、里面填充熔渣或型砂的孔洞。渣孔如图 12-27 所示，砂眼如图 12-28 所示。在汽车零部件上，渣孔、砂眼常出现在气门导管外部的下端、活塞环的平面、气缸套筒等部位。

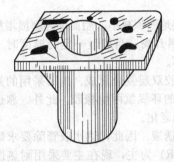

图 12-27　渣孔

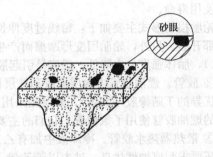

图 12-28　砂眼

④ 裂纹。裂纹一般出现在铸件壁厚相差较大的过渡部位。例如裂纹常会出现在水泵壳的轴承座孔部位和缸套的两端面，特别是下端口及有的活塞的分模线部位，裂纹如图 12-29 所示。

（2）锻件常见缺陷及检查　锻造是指将金属材料加热到一定温度，在外力（锤击力、压力）作用下，发生塑性变形而获得毛坯或零件的方法。

① 表面缺陷。表面缺陷包含裂纹、折叠、过烧、碰伤等，一般目测就能发现此类缺陷。若难以判断，可用磁粉及其他探伤方法检查。

② 细长轴类锻件弯曲变形。检查时可将被检轴放在平板上滚动，用塞尺检查；也可把锻件两端支承在两 V 形块上或顶在两顶件上，旋转锻件用百分表测量。细长轴类锻件的弯曲度检查如图 12-30 所示。

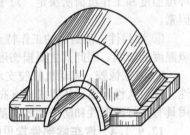

图 12-29　裂纹

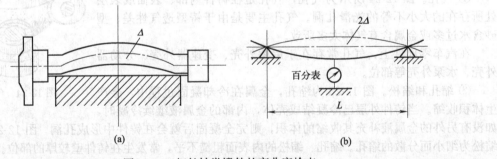

图 12-30　细长轴类锻件的弯曲度检查

（3）热处理零部件常见缺陷　在汽车零部件中，经过热处理的零件归纳起来可分为渗碳件、调质件、弹簧件和轴承件等四类，其中以渗碳件、调质件为多。

① 渗碳零部件常见缺陷。

a. 渗碳层厚薄不均。渗碳时因温度不均，或零件放置不当等原因，会造成渗碳层厚薄不均，严重者会影响零部件表面的性能。

b. 渗碳层的深度不够。这主要是因为渗碳温度不够，或渗碳时间太短所致。渗碳层的深度不够使零部件在使用中易早期磨损。

c. 硬度不足。这主要是零部件渗碳后，淬火的加热温度不够，或回火温度过高所致。硬度不足会降低器材表面的耐磨性，缩短使用寿命。

d. 晶粒粗大。这主要是渗碳后，热处理时的加热温度过高，或保温时间太长所致。晶粒粗大，使零部件的强度、塑性和韧性都降低。

② 调质零部件常见缺陷。调质零件的缺陷大多产生在淬火阶段。

a. 变形。变形是淬火处理最常见的缺陷,如轴类零件发生弯曲、薄壁零件发生扭曲等。变形是由于淬火时加热不均或零件各部分冷却快慢不一致,而引起的内应力所造成的。变形严重影响零件的装配和使用性能。

b. 裂纹。裂纹也是在淬火过程中,因操作不当而产生的内应力超过了零件材料的强度所致。开裂的零件都不合格。

c. 淬火软点与硬度不足。软点是指淬火后的零件表面,在局部区域表现硬度不高的现象。零件的软点与硬度不足相似,均会使其耐磨性降低,影响零件的使用性能和寿命。淬火软点与硬度不足产生的原因主要是零件原材料的组织不均、回火温度过高或保温时间过长。

d. 过热与过烧。淬火时,加热温度过高或保温时间过长而使钢的内部组织显著粗大,强度、塑性、韧性大幅度下降的现象称为过热。如果加热温度更高,接近钢的熔点,钢就会被局部熔化,该现象称为过烧。过热可以用正火处理予以消除,而过烧的零件只能报废。

（4）电镀零部件常见缺陷及检查 由于被镀零件表面所覆盖的金属不同,故在汽车零部件上,电镀主要是镀铬、镀锌、镀锡和镀铜等四种。

① 镀铬。在汽车配件中,一些轿车会用到装饰性镀铬件,有的汽车活塞环中的第一道气环采用镀铬环来提高其耐磨性。镀铬层常见缺陷及其检查方法如下。

a. 外观缺陷。镀层粗糙、起泡、烧焦、脱落、局部无镀层及有树状结晶等,正常镀层应是结晶细致均匀、颜色正常、结合力良好。

b. 铬层厚度不均匀。可用磁性测厚仪测量铬层厚度及各部位的厚度差。

c. 孔隙率过高。可采用铁锈溶液试验来测定孔隙率。铁锈溶液配方：铁氰化钾为10g/L；氯化钠为20g/L。测定方法：用酒精洗净被测表面,将过滤纸在加热至82～94℃的铁锈试验液中浸湿后,贴在被测表面上；保持20min后取下滤纸,检查滤纸和被测表面有无蓝色小点；若有,说明铬层上有孔隙,在10mm²的铬层上有3～5个孔是合格的。

产生上述缺陷的原因,主要是电流密度、电镀液温度、镀前处理及操作不当。

② 镀锌。镀锌是为了防止钢铁零件锈蚀,其主要优点是加工方便。在汽车零部件中,轮胎螺钉、制动软管接头等都采用镀锌作防护层。镀锌零部件的常见缺陷及其检查方法如下。

a. 外观缺陷。镀层粗糙、起泡、剥落、局部无镀层等。允许有轻微的水痕及夹具接触点,钝化膜允许有轻微的划伤。

b. 结合强度差、镀层发脆。镀层的结合强度检查,可用钢针或刀片在镀层上交叉划割,通过观察交叉处有无起皮、脱层现象来测定。

c. 厚度不够。镀层厚度可用磁性测厚仪、塞规、螺纹环规检查,也可用点滴法检查。

点滴法是用吸管吸取溶液,在测定点进行点滴,每滴溶液保持1min后用药棉擦去,再滴第二滴,直到暴露出基体金属为止,根据总滴数计算镀层厚度。不同温度下所除去的镀层厚度见表12-8。点滴液的配方：碘化钾（KI）为200g/L；碘（$I_2$）为100g/L。

表 12-8 不同温度下所除去的镀层厚度

| 温度/℃ | 10 | 15 | 20 | 25 | 30 | 35 |
|---|---|---|---|---|---|---|
| 除去镀层厚度/μm | 0.78 | 1.01 | 1.24 | 1.45 | 1.63 | 1.77 |

③ 镀锡。镀锡主要用在曲轴及连杆轴承、偏心轴轴承的瓦背上,以使其与轴承座孔间形成紧密接触。镀锡层的常见缺陷及其检查方法如下。

a. 外观缺陷。镀层粗糙,呈树枝状、海绵状结晶,有起泡、烧焦、针孔、麻点剥皮,局部无镀层及边缘过厚凸起等。镀层外观应为淡灰色的平滑表面,结晶细致、均匀。

b. 镀层太薄。镀层厚度可用磁性测厚仪检查,也可用点滴法测定。溶液配方：三氯化铁（$FeCl_3$,化学纯）为75g/L；硫酸铜（$CuSO_4$,化学纯）为50g/L；盐酸（HCl,化学纯）为300g/L。

测定方法：在清洗干净的镀锡层表面上滴一滴溶液,待30s后,用滤纸吸干,在同一地方滴上第二滴溶液；反复进行操作至出现基体金属为止，然后按下式计算。

$$镀层厚度(\mu m)＝(n-1)K \tag{12-9}$$

式中　$n$——试验用的溶液滴数；

　　　$K$——温度系数，$\mu m$。

镀锡层温度系数见表 12-9。

表 12-9　镀锡层温度系数

| 温度/℃ | 9 | 15 | 19 | 23 | 25 |
|---|---|---|---|---|---|
| 温度系数 $K/\mu m$ | 0.88 | 0.94 | 1.02 | 1.10 | 1.14 |

④ 镀铜。在汽车零部件中，转向系统的横直拉杆球销颈部、变速器副轴端头采用镀铜以防止渗碳，有的减速器盆形齿轮也采用镀铜，以减少摩擦和噪声。镀铜层常见缺陷及其检查方法如下。

a. 外观缺陷。镀层呈暗红色、黑色，表面粗糙、起泡、烧焦、脱落，局部无镀层及有树枝状、海绵状结晶等。正常镀层应为玫瑰红色，结晶细致、均匀。

b. 结合不牢。当弯折、划切和敲击时，出现脱落、起皮现象。

c. 厚度不均匀。可用磁性测厚仪测定，也可用点滴法测定厚度。点滴法测量用的是浓度为 44g/L 的硝酸银（$AgNO_3$）溶液，每滴溶液除去的镀铜层厚度见表 12-10。

表 12-10　每滴溶液除去的镀铜层厚度

| 温度/℃ | 10 | 15 | 20 | 25 | 30 |
|---|---|---|---|---|---|
| 除去镀层厚度/$\mu m$ | 0.79 | 0.89 | 1.08 | 1.20 | 1.26 |

（5）氧化（发蓝）处理零件常见缺陷及检查　钢铁零件的氧化处理又称发蓝，是使零件表面生成一层很薄的黑蓝色氧化膜，以防锈蚀。汽车上的气门弹簧、离合器压力板弹簧、缸盖螺栓、连杆螺栓等常做氧化处理。

① 常见缺陷。氧化膜表面发花，有绿色或红色沉淀物，存在针孔、裂纹、花斑点、机械损伤及氧化膜太薄等现象。

② 质量检查。

a. 外观检查。观察外观有无上述缺陷，氧化膜颜色是否正常。根据零件材料不同，其颜色也有差异。碳素钢和低合金钢零件在氧化后呈黑色和黑蓝色，铸钢呈暗褐色，高合金钢呈褐色或紫红色，但氧化膜应是均匀致密的。

b. 抗腐蚀检验。一般应根据使用要求进行氧化膜的抗腐蚀试验。可采用以下两种方法：将氧化零件放入 3% 的硫酸铜溶液里，在室温下浸泡 20s 后取出，用水洗净，在氧化膜表面上不得出现铜的红色斑点（硫酸铜溶液的配制方法：将 3g 纯硫酸铜溶液溶解在 97mL 的蒸馏水里后，再加入少量的氧化铜，仔细搅拌均匀，然后将剩余的氧化铜滤掉即成）；用酒精擦净表面，滴上硫酸铜溶液若干滴，20s 后不得出现铜的红色斑点。

（6）磷化处理零件常见缺陷及检查　钢铁零件的磷化处理就是使零件表面获得一层不溶于水的磷酸盐薄膜。磷化处理比氧化处理抗蚀能力强，并能提高零件表面的耐磨性，但有脆性。磷化处理所需设备简单，操作方便，成本低，生产效率高，所以汽车零部件如活塞环等采用磷化的方法来提高其耐磨性。

① 常见缺陷。磷化膜很薄、不均匀，结晶粗大、局部无磷化膜等。

② 质量检查。

a. 外观检查磷化膜应呈灰色或深灰色，结晶均匀、致密牢固、膜面完整。因对表面去油、除锈或喷砂不均匀，粗糙度不同以及零件经过焊接或淬火等原因，允许磷化膜颜色不一致，但不允许磷化膜呈褐色。

b. 耐腐蚀性检验可选用下述方法之一。

硫酸铜溶液点滴法：在室温（15～25℃）下，用酒精擦净磷化零件表面，滴几滴 3% 的硫酸铜（化学纯）溶液，30s 后不得出现玫瑰红斑为合格。也可吸取少量按以下配方制成的溶液，在室温下滴于磷化膜上；硫酸铜为 71.05g；氯化钠（NaCl）为 132.9g；0.1mol/L 盐酸（HCl）为 13.2mL；蒸馏水为 986mL。根据膜层的厚度，观察液滴变色时间，点滴液变色时间见表 12-11。

表 12-11 点滴液变色时间

| 膜的类型 | 合格的变色时间/min | 膜的类型 | 合格的变色时间/min |
|---|---|---|---|
| 厚膜 | ≥5 | 薄膜 | 1 |
| 中等膜 | ≥2 | — | — |

氯化钠溶液浸泡法：将磷化零件浸入 3% 的 NaCl 溶液中，在室温下保持 15min，取出用水洗净，在空气中干燥 30min，若不出现褐黄色的锈点为合格。

（7）橡胶制品的常见缺陷及检查　橡胶制品的质量主要靠工艺保证。在生产和检验中存在的缺陷，有些虽属外观缺陷，但也反映了内在质量问题。在橡胶制品技术标准中，规定了允许缺陷的类别、数量、大小及部位，就是为了在保证使用质量的前提下，使一些只有小毛病的产品能合理运用或降等使用，不会浪费。常见缺陷一般分为物理性和化学性两类。物理缺陷大多是因外力造成的，如修理时损伤、受压变形等，较易分析和鉴别。化学性缺陷的形成有下列多种原因。

① 喷霜和喷硫。橡胶制品胶料中部分配合剂从内部析出到达表面，好像在外部均匀地喷了一层薄霜称为喷霜。很多情况是胶料内部的硫析出表面，形成微小致密的结晶硫，即喷硫。通常将喷硫也包含在喷霜范围内。该缺陷大多是由于配料时配比不对、硫化时欠硫等造成的，影响其内在质量。

喷霜要和喷蜡区别开来，因为喷蜡是有意识地使胶料内部的少量蜡类配合剂等析出表面，甚至产品完工后喷上一层薄薄的蜡液，使产品表面与大气隔离，起物理防老作用。所以，喷霜和喷蜡反映在外观上都是灰白色，但用手摸时能够区别，喷霜是一层细密的粉末，而喷蜡则有油腻感。

② 缺胶和起泡。缺胶是指产品表面出现少胶、凹陷现象；起泡是指橡胶制品在生产或使用过程中，产生局部鼓起和脱层现象。产生的原因主要是工艺不合理。

③ 老化和开裂。橡胶制品或生胶在使用和保管过程中，重要的力学性能，如弹性、机械强度、硬度、抗溶胀性能及绝缘性能发生变化，出现橡胶变色、发黏、变硬、发脆及龟裂等现象，以致失去使用价值，该现象称为橡胶的老化。老化是橡胶的最大缺点，直接影响生胶及橡胶制品的性能和使用寿命。

老化一般是由于配方设计不好，保管不当（特别是阳光直射及大气中氧、臭氧的影响），使用条件恶劣等原因造成的。天然橡胶制品老化以后，发黏现象多，而顺丁橡胶、丁苯橡胶、氯丁橡胶、丁腈橡胶制品老化后，主要表现为硬度增加。

开裂是指外力造成的机械性损伤，开裂多在局部。有些胶料耐撕裂性能差，扯断强度低，极易开裂；有的油封是用硅氟橡胶制造的，不耐撕裂，抗张力低。但其他性能很好，保管及使用时要特别注意。

④ 杂质和海绵。杂质是指原材料中胶料存在的杂物在硫化前未除去，硫化后呈现在制品表面，原因是原材料筛选不当等。海绵是指产品局部发生微小气孔现象，常常是许多小孔紧密分布，表面有时发黏，原因很多，一般通过炼胶工艺、硫化工艺加以解决。

⑤ 橡胶的简易鉴别法。

a. 橡胶相对密度和燃烧试验鉴别见表 12-12。

表 12-12 橡胶相对密度和燃烧试验鉴别

| 橡胶种类 | 相对密度 | 燃烧难易 | 火焰情况 | 试样状态 | 臭味 |
|---|---|---|---|---|---|
| 天然 | 0.9~0.92 | 易 | 黑烟、暗黄色 | 软化 | 天然橡胶特有臭味 |
| 丁苯 | 0.9~0.94 | 易 | 黑烟、暗黄色 | 软化 | 苯乙烯臭味 |
| 丁腈 | 0.9~1.00 | 易 | 黑烟、暗黄色 | 软化 | 类似蛋白质臭味 |
| 氯丁 | 1.2~1.25 | 稍难 | 黑烟、橙黄色 | 软化 | 盐酸臭 |
| 丁基 | 0.9~0.92 | 易 | 无烟、无尾的火焰 | 软化 | 带甜味臭 |
| 聚硫 | 1.3~1.60 | 易 | 无烟硫黄状 | — | 二氧化硫臭 |

b. 橡胶浓硫酸浸渍试验鉴别见表 12-13。试样厚约 3~5mm，宽约 5mm，浸入相对密度为 1.84

的浓硫酸内（10mL，装在试管内）观察变化。部分硫化胶内含碳酸钙，浸渍时产生二氧化碳气体，试验时应注意。

表 12-13　橡胶浓硫酸浸渍试验鉴别

| 种类 | 浸 20min 后状态 | 浸 1h 水洗后状态 |
| --- | --- | --- |
| 天然橡胶 | 变成赤褐色 | 灰白色、生胶不透明、硬脆、风干后带白色 |
| 丁苯橡胶 | 有气体，使刚果红试纸变蓝、变黑，稍溶胀 | 表面硬脆，变黑色 |
| 丁腈橡胶 | 变褐色、溶胀 | 急剧溶胀、变赤褐色，被破坏成硬质树脂状小粒 |
| 氯丁橡胶 | 带黑色 | 表面变色，硬而脆 |
| 丁基橡胶 | 不变 | 几乎不变，表面稍硬化 |
| 聚硫橡胶 | 看不出变化 | 看不出变化 |

## 12.9.2　再制造汽车零部件检验方法

### 12.9.2.1　零部件拆卸

汽车再制造主要是对总成、零部件的再制造，这里所指的拆解是从回收的废旧产品上拆卸可使用部件和可修复部件作为再制造的原材料和备用件。对于可修复部件来讲，它是再制造加工的毛坯件。总成拆解是劳动密集型工序，相对劳动强度较大，并且总成拆解方法和步骤直接影响到再制造产品质量和成本。应选用合理的方法以避免拆解零件的变形和损伤，缩短拆解时间，降低拆解费用。

总成拆解前均须进行外部清洗，清除尘土、油污和泥沙等污物。外部清洗一般采用压力为 0.2～1.0MPa 的冷水进行冲洗。对于密度较大的厚层污物，可在水中加入适量的化学清洗剂并提高喷射压力和温度以提升清洗效果。清洗过的总成或部件可保证拆卸质量和工位的清洁。应选用具有清洗效率高、效果好、节水等特点的专用清洗设备。

应根据拆解对象的具体状态，确定拆解深度。对于汽车总成一般需要拆解到部件和零件。在拆解过程中，对于易损零件和明显不能进行再制造加工的零件，应直接分选，归入材料再利用类或废弃处理类。

（1）注意事项

① 熟悉被拆总成的结构。拆解前，应熟悉被拆总成的结构，必要时应查阅相关资料。按拆卸工艺程序进行拆解，防止拆卸程序倒置，避免造成不应有的零件损伤。

② 采用正确的拆解方法。按由表及里、先组件后零件的顺序，将总成分解拆卸。然后，再依次拆成组合件和零件。

③ 合理使用拆解工具和设备。拆解时，所选用的工具要与被拆卸的零件相适应，如拆卸螺母、螺钉时，应根据相应尺寸，选取合适的扳手或套筒，尽可能不用活动扳手；对于衬套、齿轮和轴承等应尽可能用专用拉器或压力机。

④ 保证零件的再制造条件。对拆下来的零件应分类存放，以利于资源管理。

⑤ 遵守安全操作规程。严格按照安全操作规程进行操作，防止各类事故的发生。

（2）连接件拆卸

① 过盈配合件的拆卸。在拆解作业中，过盈配合件占有一定的比重；同时，这些零件在拆解过程中，要求不破坏它们的配合性质及不伤其工作表面。所以，为了保证拆解作业的质量，应尽可能采用专用设备。

过盈配合的拆卸方法与配合的过盈量大小有关。当过盈量较小时，如曲轴正时齿形轮应尽量采用拉器进行拆卸。当过盈量较大时，应用压力机拆卸。

在拆卸轴承的过程中，应使其受力均匀，压力（或拉力）的合力方向与轴线方向重合。作用力应作用于内座圈（或外座圈）上，以防止滚动体或滚道承受不必要的载荷。

② 螺纹连接件的拆卸。螺纹连接件拆卸的工作量，占总拆卸量的 50%～60%。为防止连接件的损坏，要采用正确的拆卸方法，还要选用尺寸合适的呆扳手或套筒扳手，不宜采用活动扳手。如果扳手开口过宽，会使螺帽棱角损坏。如果螺栓拧得过紧而不易拆卸时，不应采用过长的加长杆，

否则易发生螺钉折断。

对于多个螺栓紧固的连接件拆卸，首先应按规定的顺序将各螺栓拧松1~2圈；然后依次均匀拆卸，以免零件损坏和变形。对于拆卸后会因重力下落的零件，应使最后拆下的螺纹连接件既拆卸方便，又具有保持工件平衡的能力。在拆卸螺纹连接件时应尽量使用气动扳手或电动扳手。采用机械化工具，可以提高工作效率，降低劳动强度，提高拆卸质量和减少拆卸人员。

③ 特殊螺纹连接件的拆卸。双头螺栓拆装扳手如图12-31所示。当转动手柄时，偏心轮将螺栓卡住，再继续扳动手柄，便可将螺栓拆下。双头螺栓也可以用一对螺母旋入螺栓，并互相锁紧，然后用扳手把它连同螺栓一起拆卸下来。

图12-32为断头螺栓的拆除方法。断头在工件内不太紧时，可用淬火多棱锥头钢棒插入螺钉内并将其旋出，如图12-32(a)所示。也可在螺柱头部钻一小孔，在孔内攻反向螺纹，用反扣螺钉拧出断头螺钉，如图12-32(b)所示。断头螺钉高于机体表面时，可将高出的螺栓锉成方形或焊上一螺帽将其拧出，如图12-32(c)所示。

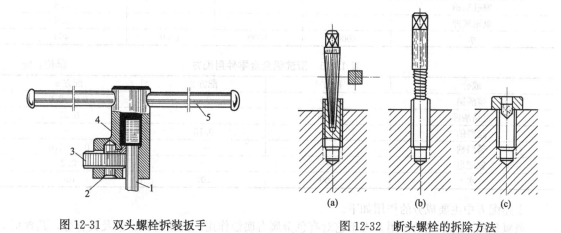

图12-31 双头螺栓拆装扳手
1—双头螺栓；2—轴销；3—滚花偏心轮；
4—扳手体；5—手柄

图12-32 断头螺栓的拆除方法

#### 12.9.2.2 零部件清洗

清洗是借助于清洗设备将清洗液作用于工件表面，除去工件表面的油脂污垢，并使工件表面达到一定清洁度的过程。拆解后的零件应根据形状、材料和类别等情况进行分类，然后分别采用合适的方法进行清洗。

常用的清洗方法有擦洗、高压或常压清洗、电解清洗、气相清洗和超声波清洗等。再制造清洗方法，应采用环保化清洗方法，以节约用水，并减少环境污染。

零部件清洗分为加工前和装配前的清洗。清洁度是再制造产品加工过程中的一项主要指标，如果用清洁度不良的产品进行装配，将出现过度磨损、精度下降和寿命缩短等现象。因此，总成拆成零件后，由于其表面的污物会直接影响加工质量、使用寿命和生产成本，所以必须进行零件清洗，以清除油污、积碳、水垢和旧漆层等。

(1) 油污的清除

① 清洗液。清洗液大致有三种，分别是碱溶液、水基金属清洗剂和有机溶剂。

a. 碱溶液。碱溶液是碱或碱性盐的水溶液。它除油主要是靠皂化和乳化作用。

汽车零件表面上的油污有动植物油和矿物油两大类。动植物油和碱性化合物溶液可发生皂化作用，生成肥皂和甘油而溶解于水中。而矿物油在碱性溶液中不能溶解，而是形成乳浊液。碱离子的活动性很强，使矿物油形成小油滴。但油和金属的附着力很大，使油与金属脱离不彻底；即使有时形成的油滴破裂，但油与金属会重新吸附，为此应在清洗时加入乳化剂。

乳化剂是一种活性物质，能降低液体表面张力。其分子的一端呈极性，与水吸引，称亲水基；另一端呈非极性，与油吸引，称亲油基。乳化剂既能吸附在油的界面上，又能吸附在水的界面上，降低了它们的表面张力，从而将油和水连接起来，防止了它们的相互排斥。乳化剂还通过其亲水基和亲油基的作用，有效地破坏了油滴与金属之间的附着力，使得油滴更容易从金属表面脱离。油被乳化后分散成被水包围的细小颗粒，并悬浮在溶液中形成乳浊液，从而将油污除去。清洗钢铁零件时，清洗钢铁零件用配方见表 12-14。清洗铝合金零件时，清洗铝合金零件用配方见表 12-15。

表 12-14　清洗钢铁零件用配方　　　　　　　　　单位：kg

| 成分 | 配方 1 | 配方 2 | 配方 3 | 配方 4 |
|---|---|---|---|---|
| 氢氧化钠（俗称苛性钠） | 7.5 | 20 | — | — |
| 碳酸钠 | 50 | — | 5 | — |
| 磷酸钠 | 10 | 50 | — | — |
| 软肥皂 | 1.5 | — | 5 | 3.6 |
| 硅酸钠（俗称水玻璃） | — | 30 | 2.5 | — |
| 磷酸三钠 | — | — | 1.25 | 9 |
| 磷酸氢二钠 | — | — | 1.25 | — |
| 偏硅酸钠 | — | — | — | 4.5 |
| 重铬酸钾 | — | — | — | 0.9 |
| 水 | 1000 | 1000 | 1000 | 450 |

表 12-15　清洗铝合金零件用配方　　　　　　　　　单位：kg

| 成分 | 配方 1 | 配方 2 | 配方 3 |
|---|---|---|---|
| 碳酸钠 | 1.0 | 0.4 | 1.5~2.0 |
| 重铬酸钾 | 0.05 | — | 0.05 |
| 硅酸钠 | — | 0.15 | — |
| 磷酸钠 | — | — | 0.5~1.0 |
| 软肥皂 | — | — | 0.2 |
| 水 | 100 | 100 | 100 |

上述配方中主要成分的作用如下。

氢氧化钠：起皂化的作用。由于它对有色金属有腐蚀作用，因而对铝、铜及其合金，其含量应控制在 2%（质量分数）以下。

碳酸钠：起软化水的作用，并且维持溶液有一定的碱性。因为碱性是影响清洗效果的一个重要因素，它决定清洗液对油污的皂化能力，同时又能降低溶液表面张力和水的硬度。

硅酸钠：主要起乳化作用。它对金属有防腐作用，特别对铝、镁、铜及其合金有特殊的保护作用。

磷酸钠：磷酸钠能增加溶液对零件的润湿能力，并有一定的乳化和缓蚀作用。它可与水中的钙、镁离子结合，生成难溶于水的钙盐和镁盐。由于它的碱性较强，用量不宜太多。

重铬酸钾：在清洗液中加入适量重铬酸钾，可防止金属除油后生锈。

对于碱性除油清洗液，一般加热至 80~90℃。油膜在高温溶液中黏度下降，由于表面张力和膨胀作用，油膜皱缩而破裂，形成小油滴。高温还能加速溶液的循环流动，可加速除油。但是，清洗液的温度不能过高，否则会使蒸发量过多，不经济。此外，机械搅拌作用有利于油污从金属表面上分离，使金属表面不断和新溶液接触，从而加速了除油过程。

零件除油后，需要用热水冲洗，去掉表面残留的碱液，防止零件被腐蚀。

b. 水基金属清洗剂。水基金属清洗剂是以表面活性剂为主的合成洗涤剂。有些加有碱性溶液，以提高表面活性剂的活性，并加入磷酸盐、硅酸盐等缓蚀剂。

表面活性剂能显著降低液体的表面张力，增加润湿能力，其类型有离子型和非离子型两种。离子型表面活性剂又可分为阴离子、阳离子和两性表面活性剂。由于非离子型及阴离子型表面活性剂对硬水、酸、碱及其他金属离子都有较好的化学稳定性，因此广泛用于水基金属的除油。

水基金属清洗剂在 80℃ 左右时，清洗效果较好。在清洗油污时，要根据油污的类别、厚度和密实程度，以及金属性质、清洗温度、经济性等因素综合考虑，选择不同的配方。

c. 有机溶剂。有机溶剂是指煤油、轻柴油、汽油、三氯乙烯、丙酮和乙醇（酒精）等。有机溶剂清除油污是以溶解污物为基础的。由于溶剂表面张力小，能够很好地使被清除表面润湿并迅速渗透到污物的微孔和裂隙中，然后借助于喷、刷等方法将油污去掉。

有机溶剂对金属无损伤，可溶解各类油脂。清洗时一般不需要加热，使用简便，清洗效果好，对金属无损伤。但它们大多数为易燃物，部分对人身体有害，清洗成本也高，主要适用于精密零件的清洗。

目前使用的大多为轻柴油、汽油和三氯乙烯。三氯乙烯是一种无色透明、易流动、易挥发、在常温下具有刺激性气味的液体，溶解油脂的能力很强，又不易燃烧。但它有毒性，使用时要采取严格的安全防护措施。

② 清洗设备。零件的清洗设备多采用隧道式和箱式清洗机。清洗设备能提高清洗压力和温度，使液体循环利用和过滤清洁，从而提高清洗效率、节约能量和减少污染。

清洗机如图12-33所示。清洗机设有全封闭式喷射清洗腔，清洗液喷射量为380L/min，工作区域为508mm×813mm，装载台的承载能力为227kg。借助大容量的碱性热清洗液槽，可用来清洗工件上的油脂和污垢。清洗机门打开时，可水平放置；带轮子的转盘能在上面拉出，零件装卸方便；防漏门保证清洗液不会泄漏到外面，使清洗车间干燥、清洁。其水泵功率为3.73kW，18个喷嘴提供压力为0.6MPa的热清洗液，保证快速、彻底地去除工件上的油脂和污垢。

图12-33 清洗机

（2）积碳的清除 积碳主要存在于发动机燃烧室中，并将产生以下不良的影响：减小燃烧室容积，影响散热；燃烧过程会出现许多炽热点，引起混合气先期燃烧，将使气门黏附在气门座上，使发动机特性变坏，甚至无法工作。此外，积碳微粒的脱落还能污染发动机润滑系统，导致早期磨损。为了保证发动机的正常工作性能，必须彻底清除机件上的积碳。

① 积碳形成过程。积碳是发动机燃油在高温和氧化的作用下形成的异物。积碳产生后，润滑油也会参与燃烧，使积碳形成加剧。发动机工作时，由于燃烧室供氧不足，燃油和渗入燃烧室中的润滑油不能完全燃烧，产生的油烟和烧焦润滑油的微粒，混入润滑油中，在发动机内被氧化成一种稠胶状液体——羟基酸，并进一步被氧化成一种半流体树脂状的胶质物，牢固地黏附在发动机零件上。此后，在高温的不断作用下，胶质物又聚缩成一些更为复杂的聚合物，形成硬质胶结碳，俗称积碳。

积碳的化学组分，可分为挥发物质（如油、羟基酸）和不易挥发物质（如沥青质和灰分等）。发动机工作时，温度越高，压力越大，形成的积碳也就越硬、越致密，与金属黏结越牢固。

② 积碳清除原理。在清除零件表面积碳的多种方法中，广泛采用的是化学方法。它是用化学溶液（俗称退碳剂）浸泡带积碳的零件，使积碳溶解或软化，再辅以洗、擦等办法将积碳清除。采用化学方法清除积碳的过程就是氧化的聚合物膨胀和溶解的过程。退碳剂与积碳接触后，首先在积碳层表面形成吸附层，然后由于分子间的运动，以及退碳剂分子和积碳分子极性基团的相互作用，就会使退碳剂分子逐渐向积碳层内层扩散，并能在积碳网状分子的极性基团间生成键结合，从而实现积碳的膨胀、软化和最终清除。

不过，退碳剂只能使积碳产生有限溶解，积碳并不能自动脱离金属表面而溶解在退碳剂中，还须配以机械作用以清除积碳。

③ 除积碳剂配方。退碳剂按性质可分为无机退碳剂和有机退碳剂两种。多数退碳剂都由积碳溶剂、稀释剂、缓蚀剂和活性剂四种成分组成。

a. 积碳溶剂。积碳溶剂有强极性溶剂、碱金属皂类溶剂和碱类溶剂等三种。

b. 稀释剂。加入稀释剂可使黏稠的积碳溶剂稀释，并使固体药剂在其中容易溶解，同时也可降低退碳剂成本。无机退碳剂用水稀释，有机退碳剂一般则用乙醇、苯、煤油和汽油等稀释。实际上，许多稀释剂也有退碳能力。

c. 缓蚀剂。缓蚀剂可以防止某些退碳剂中的碱性成分对有色金属的腐蚀。通常采用硅酸盐、铬酸盐和重铬酸钾。一般用量仅占退碳剂的 0.1%～0.5%（质量分数），过量会影响退碳效果。

d. 活性剂。活性剂能降低退碳剂本身的表面张力，使退碳剂与积碳结合更好。活性剂有醇类、胺类、有机酸类和酚类等。常用退碳剂配方分别见表 12-16 和表 12-17。

④ 除积碳工艺。

a. 无机退碳剂除积碳工艺。将原料配成混合液，加热至 90℃左右，把除积碳的零件放入退碳剂中，浸泡 2～3h；积碳软化后，用毛刷、抹布擦拭，热水冲洗，冲后吹干。

b. 有机退碳剂除积碳工艺。将工件放入退碳剂的密闭容器中，用蒸汽加热至 90℃左右，浸泡 2～3h；待积碳软化后，用毛刷刷掉、洗净。

表 12-16 常用退碳剂配方（一）

| 成分 | 铸钢件和铸铁件 | | | 铝合金件 | | |
|---|---|---|---|---|---|---|
| | 配方 1 | 配方 2 | 配方 3 | 配方 1 | 配方 2 | 配方 3 |
| 苛性钠/kg | 2.5 | 10 | 2.5 | — | — | — |
| 碳酸钠/kg | 3.3 | — | 3.1 | 1.85 | 2.0 | 1.0 |
| 硅酸钠/kg | 0.15 | — | 1.0 | 0.85 | 0.8 | — |
| 软肥皂/kg | 0.85 | — | 0.8 | 1.0 | 1.0 | 1.0 |
| 重铬酸钠/kg | — | 0.5 | 0.5 | — | 0.5 | 0.5 |
| 水/L | 100 | 100 | 100 | 100 | 100 | 100 |

表 12-17 常用退碳剂配方（二）

| 成分 | 质量分数/% | 备注 |
|---|---|---|
| 乙酸乙酯 | 4.5 | |
| 丙酮 | 1.5 | |
| 乙醇 | 22 | 积碳零件浸泡 2～3h，取出后用毛刷蘸取汽油将积碳刷掉；效果好、方便。但 |
| 苯 | 40.8 | 其对铜有腐蚀，对钢、铁、铝等均无腐蚀，要求有良好的通风 |
| 石蜡 | 1.2 | |
| 氨水 | 30 | |

（3）水垢的清除

① 水垢形成过程及影响。发动机冷却系如长期使用未经软化处理的硬水，将使发动机散热器内、水套内积存大量的水垢。通常水垢由碳酸钙、硫酸钙和硅酸盐组成。由于冷却系统内的硬水被加热，碳酸盐受热分解，硫酸盐、硅酸盐由于水分蒸发，其浓度将增加。当达到饱和状态时，它们就从水中析出，并沉积在水套、散热器等内表面上，这种沉积层称为水垢。

水垢的热导率极低。当水垢沉积在冷却系统零件内表面上过多时，会产生以下影响：大大降低发动机的冷却强度，从而导致发动机过热；造成运动件膨胀，配合间隙变小，力学性能下降，甚至发生"卡缸"现象；可能产生高温腐蚀，使零件磨损加剧，甚至产生烧蚀、裂纹等。

另外，水垢严重时，部分循环水道将被堵塞，冷却水流通不畅，发动机整体或局部产生高温，以致产生重大机械事故，使发动机无法工作。因此，必须及时地清除水垢。试验证明，汽车大修时，清除冷却系统水垢可以使发动机功率和燃料经济性指标提高 4%～6%。

② 水垢的清除原理及方法。水垢的清除方法很多，但多数是采用酸洗法和碱洗法。通过酸或碱的作用，使水垢由不溶解的物质转化为可溶性物质。在选用酸或碱溶液时，要根据水垢的性质加以选择，最好经过化验确定。如碳酸盐类水垢，可用盐酸溶液或苛性钠溶液除垢。

硫酸盐类水垢不易直接溶解于盐酸溶液，应用碳酸钠溶液处理，然后再用盐酸溶液清除。

除垢后，一般还有除锈的要求，所以酸溶液比碱溶液效果好，但酸对金属的腐蚀作用较大。为减少腐蚀而又不削弱盐酸对水垢的作用，常在酸溶液中添加一定量的缓蚀剂。缓蚀剂主要是基于吸附原理，即它吸附在金属表面上形成防止金属继续溶解的保护膜，从而减少酸对金属的腐蚀；也可使铁锈溶解，起到除锈作用。

③ 清洗钢铁零件上的水垢。对于含碳酸钙和硫酸钙较多的水垢，首先用质量分数为 8%～10%

的盐酸液加入 3～4g/L 的缓蚀剂（如乌洛托品）并加热至 50～80℃，处理零件 50～70min。然后取出零件或放出清洗液，再用含 5g/L 的重铬酸钾溶液清洗一遍；或将 5% 浓度的苛性钠水溶液注入水套内，中和残留的酸溶液，最后用清水冲洗干净。

对含硅酸盐较多的水垢，首先用 2%～3% 浓度的苛性钠溶液进行处理，温度控制在 30℃ 左右，浸泡 8～10h，放出清洗液；再用热水冲洗几次，洗净零件表面残留的碱质。

④ 清洗铝合金零件上的水垢。将磷酸 100g 注入 1L 水中，再加入 50g 铬酐，并仔细搅拌均匀。在 30℃ 左右，浸泡 30～60min 后，用清水冲洗，最后用 80～100℃ 的重铬酸钾水溶液（质量分数为 0.3%）冲洗即可。

（4）旧漆层的清除 旧漆层既影响防锈功能，又不美观。因此，应将其除掉，然后再涂上新漆。清除旧漆层可以用单独的溶剂，也可采用各种溶剂的混合液。清除漆层的各种溶液分为有机退漆剂和碱性溶液退漆剂两种。

① 有机退漆剂。有机退漆剂主要由溶剂、助溶剂、稀释剂、稠化剂等组成。溶剂有芳烃、醇类、醚类和酮类等；助溶剂可用乙醇、正丁醇等；稀释剂可用甲苯、二甲苯、轻质石油溶剂等；稠化剂常用石蜡、乙基纤维素等。在有机退漆剂中加入稠化剂是为了延缓活性组分的蒸发，以保证有机退漆剂的使用寿命。有机退漆剂配方见表 12-18。

表 12-18 有机退漆剂配方　　　　　　　　　　　单位：%（质量分数）

| 成分 | 二氯甲烷 | 甲酸 | 硝化纤维素 | 石蜡 | 乙基纤维素 | 乙醇 | 甲苯 | 缓冲剂 | 备注 |
|---|---|---|---|---|---|---|---|---|---|
| 配方1 | 83 | — | — | — | 6 | 8 | 10 | 0.02 | 后两种成分未计 |
| 配方2 | 70～80 | 6～7 | 5～6 | 1.2～1.8 | — | 8～10 | — | — | 算在百分比内 |

在表 12-18 中，退漆剂同时包含低分子溶剂（如二氯甲烷）及表面活性剂（如甲酸），它们可使退漆剂经漆膜很快扩散并使漆膜和底漆一起剥落。处理时间为 20～40min，膨胀后用木板刮掉，再用稀释剂或汽油擦拭。

② 碱性溶液退漆剂。碱性溶液退漆剂主要成分为溶剂、表面活性剂、缓蚀剂和稠化剂，配成水溶液使用。碱性溶液可使漆层软化或溶解。

碱性溶液退漆剂溶剂主要用苛性钠、磷酸三钠和碳酸钠等；表面活性剂可用脂肪酸皂、松香水、磺化蓖麻油等；缓蚀剂用硅酸钠（俗称水玻璃）；稠化剂用滑石粉、凝胶淀粉等。

### 12.9.2.3 零部件检验

检验是再制造过程中保证产品质量的重要环节。通过检验可以确定零件的状态并进行分类，还可以根据损伤情况确定再制造加工方法。由于被检验的零件是有着不同使用经历的废旧产品，所以各个零部件的状态不完全一致，这与新品制造过程中零件毛坯质量一致的特点不同。因此，将零件分为再使用件、再制造件和待处置件三类。

从广义上讲，汽车零部件检测就是"通过观察和判断，必要时结合测量、试验或估计所进行的符合性的评价"。检测实际上就是用一定的方法，测定产品特性，并将其结果与质量标准进行比较，从而判断其合格与否。再制造汽车零部件检测是指对某种再制造零部件的一个或多个特性，进行测量、检查或试验，并将结果与规定要求加以比较，从而确定每项特性是否合格的技术方法。因此，再制造汽车零部件的检测通常可归纳为外观检测与技术检测两种。为了做好再制造汽车零部件的检测工作，必须熟悉和掌握检测的方法。

（1）外观检测 当今许多工业产品，包括汽车零部件在内已经达到了"精雕细刻"的程度。但是，检测人员也应重视外观检测，促进生产厂家提高外观质量。

① 外观检测的内容。再制造汽车零部件检测的内容包括：核对零部件的车型、品名、规格、型号，检验零件的密封包装、产品标志和锈蚀变质等情况；检验零部件有无不符合产品技术要求、产品图样规定的外观质量缺陷等。

由于外观检验一般不依靠仪器设备，因此要求检测人员必须能够熟练地识别汽车零部件，掌握有关零部件密封包装和鉴别锈蚀变质方面的知识。一般对精度要求不高和对行车安全影响不大的零部件，或不便于进行技术检验的零部件，一般只在验收数量时进行外观检验。在外观检验时发现问题，再进行技术检验。

② 外观检测方法。再制造汽车零部件外观检测通常是借助检测人员的感觉器官，如凭眼看、手摸、耳听等来检测和判断零件技术状态的方法。这种方法简便易行，在实践中应用较广，车辆上差不多一半以上的零件，可用此法确定其技术状态。

a. 目测法。对于表面损伤的零件，如表面毛糙、沟槽、明显裂纹、刮伤、剥落（脱皮）、折断、缺口或破洞等损伤，零件的重大变形、严重磨损、表面退火或烧蚀，橡胶零件材料的变质等，都可以通过眼看、手摸或借助放大镜，观察、检验和确定其是否符合质量要求。

b. 敲击法。车辆上部分壳体及盘形零件有无裂纹，用铆钉连接的零件有无松动，轴承合金与底板结合是否紧密，可用敲击听音的方法进行检验。即用小锤轻击被检验零件，如发出清脆的金属敲击声，说明技术状态良好；如声音沙哑，可以判定零件有裂纹、松动或结合不紧。

c. 比较法。用新的标准零件与被检验的再制造零件相比较，从对比中鉴别被检验零件的技术状态。如用这种方法检验弹簧的自由长度和负荷下的长度，就可确定弹簧的技术状态。

外观检验只是零部件验收的一项内容，不能代替几何尺寸、内在性能、可靠性等检查，但其简单易行，在产品供应业务中，完全也应该列入产品入库验收的日常工作。应抓好外观检验，在这基础上再开展好其他检验，以切实把好质量关。

（2）技术检测　技术检测是指利用检验量具和仪器对零部件的再制造质量进行技术检查。技术检测是一项技术性较强的工作，要求检测人员必须熟悉检验所用量具和仪器的性能，掌握其检验的工艺方法和操作技能，熟悉汽车零部件的结构、性能，以及各零部件的技术标准，以提高检验的质量和效率。再制造汽车零部件技术检测一般有测量法和探测法两种。

① 测量法。通过量具或仪器检验器材的尺寸、加工精度，根据器材的技术标准，来确定零件是否合格。常用的量具和仪器如下：千分表、千分尺、游标卡尺、圆度仪、表面粗糙度仪、弹簧拉压试验器、汽车电气试验台等。使用这些量具和仪器检验准确、精度高。但要使用得当，同时使用前必须检查其本身的精度，正确选择测量部位。

② 探测法。对于隐伤，如曲轴、转向节等的细微裂纹，用上述方法是无法检测的，必须通过其他途径进行检验。

a. 浸油敲击法。先将需要检验的零件浸入煤油（或柴油）中片刻，取出后将表面擦干，撒上一层白粉，然后用小锤轻敲其非工作面，如有裂纹，由于振动，浸入裂纹的油溅出，使裂纹处白粉呈黄色线痕，根据线痕即可判定裂纹位置。用浸油敲击法检查转向节，如图 12-34 所示。

b. 磁力探伤法。磁力探伤是用探伤器将零件磁化，如零件表面有裂纹，裂纹部位的磁力线就会被中断而形成磁极，建立自己的磁场。若在零件表面上撒上细微颗粒的铁粉，铁粉被磁化吸附在裂纹处，从而暴露出裂纹的位置和大小。磁力探伤原理如图 12-35 所示。

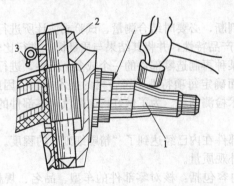

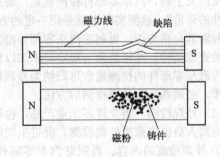

图 12-34　用浸油敲击法检查转向节
1—转向节；2—主销；3—黄油嘴

图 12-35　磁力探伤原理

零件上的裂纹，可能是纵向的、横向的或任意方向的，对于不同方向的裂纹，需要用不同的磁化方向来检查。因为只有使磁力线垂直裂纹时，裂纹才会被发现；当裂纹方向平行磁力线时，裂纹不切断磁力线，裂纹两边不会产生磁极，不能吸附铁粉，也就无法发现裂纹。所以，利用磁力探伤器检查零件裂纹时，必须估计裂纹可能产生的位置和方向，采用不同的磁化方法：纵向磁化；环形磁化。检查曲轴轴颈的横向裂纹如图 12-36 所示，检查平行轴线的纵向裂纹如图 12-37 所示。

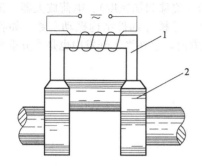

图 12-36　检查曲轴轴颈的横向裂纹
1—马蹄形电磁铁；2—被检查的曲轴

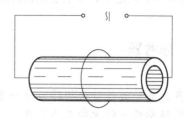

图 12-37　检查平行轴线的纵向裂纹

零件经磁化检验后，会留下一部分剩磁，必须彻底退去，否则，使用中会吸附铁屑，产生磨料磨损。退磁方法：采用直流电磁化的零件，只要将电流方向改变，并逐渐减小到零，即可退磁；在实际工作中，为简便起见，也可敲击磁化零件的非工作面，以达到退磁的目的。

磁力探伤只能检验钢铁零件裂纹的部位和大小，但检查不出深度。另外，对于有色金属零件、硬质合金零件等无法实现磁化，故不能用磁力探伤。

c. 荧光探伤及着色探伤。荧光探伤是在铸件被查表面上涂一层渗透性很强的渗透液（由 85％的煤油与 15％的航空汽油混合而成，在紫外线下发出强烈荧光，故又称为荧光液），待渗透液渗入表面缺陷的孔隙内，擦去表面上剩余的渗透液，撒上显示粉（细滑石粉），这时渗入孔隙中的渗透液将因毛细管作用而被显示粉吸出。在暗室中用荧光灯照射，缺陷部位呈亮白色，从而显示出铸件上缺陷的形状和位置。

此法简单，不需要专用设备，灵敏度高，能检查出极细的裂纹。但对铁磁性材料而言，油液渗透费时，不及磁粉探伤快，同时也不能检查表层内的缺陷。

着色探伤与荧光探伤相似，只不过是在渗透液中加入油溶性颜料（如苏丹红），不需要荧光灯照射，在普通灯光下可显示出缺陷的形状和位置，但灵敏度比荧光探伤低。

d. 压力试验。压力试验是用来检查铸件致密性的一种方法，如气缸、气缸盖等铸件一般都应经过压力试验。

压力试验通常是把具有一定压力的水或空气压入铸件内腔，若铸件有缩松、贯穿的裂纹等，水或空气就会通过铸件的壁渗透出来，从而发现缺陷的存在及其位置。试验的压力一般要超过铸件工作压力的 30％～50％。

用水进行的压力试验称为水压试验。因水不是弹性体，试验时较安全、经济、方便，因此水压试验是压力试验中应用最多的一种。当铸件因结构原因不易构成密封空腔而进行压力试验时，可倒入煤油来检查铸件的致密性。因为煤油黏度小，渗透性好，在铸件的外表面撒上细白粉可以发现煤油渗出的部位，即缺陷所在位置。对铸钢件的内部缺陷，如气孔、缩孔、内部裂纹等可用射线探伤或超声波探伤。

（3）汽车零部件结构（强度或性能）类试验　零部件结构强度试验装置属于汽车零部件试验装置的另一大类，可将其分为以下三类：

① 静强度试验。这一类试验设备主要组成如下。

a. 静扭试验机：用于传动轴、半轴、变速器以及所有需要校核扭转强度的零部件。

b. 拉压试验：用于桥壳、车架、车身、前桥、传动轴等零部件的弯曲强度和刚度试验以及车身、弹簧等零部件的拉压试验。

② 振动疲劳强度试验。该类试验主要用于结构件的弯曲疲劳强度试验、扭转疲劳强度试验和拉压疲劳寿命试验，如车桥、车架、驾驶室、前轴等部件的弯曲疲劳寿命试验和半轴、传动轴、转

向杆等零部件的扭转疲劳试验以及减振器、弹簧、车身等部件的拉压振动疲劳试验。其主要设备种类如下：液压脉动疲劳试验机、机械式振动疲劳试验机和扭转疲劳试验机等。

③ 模态分析试验。这种试验设备是由激振器、传感器（位移和加速度）、电荷放大器、记录仪及计算机数据处理系统组成的，主要用于测试车架、车身、后桥等部件结构振动参数，如各阶振型、固有频率、阻尼等，以便发现设计的缺陷及改进开发方向，这在汽车开发中也是十分重要的。

## 思考题

1. 简述表面改性技术的特点及分类。
2. 简述热喷涂技术的工作原理。
3. 简述汽车零件修复的主要方法。
4. 简述再制造汽车零部件的检测方法及流程。
5. 简述增材制造技术的定义及优势。

# 参 考 文 献

[1]  国家市场监督管理总局，国家标准化管理委员会．报废机动车回收拆解企业技术规范：GB 22128—2019 [S]．北京：中国标准出版社，2019.

[2]  朱胜，姚巨坤．绿色再制造工程 [M]．北京：机械工业出版社，2022.

[3]  屠卫星．旧机动车鉴定与评估 [M]．3版．北京：人民交通出版社，2019.

[4]  瑞佩尔．新能源汽车结构与原理 [M]．北京：化学工业出版社，2019.

[5]  陈静，吴书龙，牛伟．新能源汽车动力蓄电池及管理技术 [M]．北京：机械工业出版社，2022.

[6]  储江伟．汽车再生工程 [M]．3版．北京：人民交通出版社，2022.

[7]  钱苗根．现代表面技术 [M]．2版．北京：机械工业出版社，2016.

[8]  胡立伟，冉广仁．汽车维修企业设计与管理 [M]．2版．北京：人民交通出版社，2017.

[9]  王一斐．汽车维修企业管理 [M]．4版．北京：机械工业出版社，2021.

[10]  杨万成，唐贵．汽车零部件修复技术及典型实例 [M]．北京：化学工业出版社，2015.

[11]  姚为民．汽车构造：上册 [M]．7版．北京：人民交通出版社，2021.

[12]  姚为民．汽车构造：下册 [M]．7版．北京：人民交通出版社，2021.

[13]  杨智勇，曲直．桑塔纳轿车维修手册 [M]．北京：化学工业出版社，2013.

[14]  周春辉，肖福文．桑塔纳 2000AJR 发动机拆装实训 [M]．北京：中国财富出版社，2017.

[15]  储江伟．汽车维修工程 [M]．3版．北京：人民交通出版社，2018.

[16]  陈家瑞．汽车构造 [M]．3版．北京：机械工业出版社，2013.

[17]  余云龙，等．汽车拆卸与装配 [M]．北京：机械工业出版社，2001.

[18]  许兆棠．汽车服务企业管理基础 [M]．2版．北京：机械工业出版社，2023.

[19]  姚巨坤，朱胜，杜文博．绿色再制造关键技术及应用 [M]．北京：机械工业出版社，2022.

[20]  于海东．透视图解汽车构造·原理与拆装 [M]．北京：化学工业出版社，2017.

[21]  张迪．上海大众车系电路图 [M]．沈阳：辽宁科学技术出版社，2018.

[22]  庞昌乐．二手车评估与交易实务 [M]．4版．北京：北京理工大学出版社，2021.

[23]  马其华，黄修鲁．二手车鉴定评估与交易 [M]．北京：机械工业出版社，2022.

[24]  孙仁云，付百学．汽车电器与电子技术 [M]．3版．北京：机械工业出版社，2019.